Beiträge zur Graphischen Datenverarbeitung

Herausgeber:
Zentrum für Graphische Datenverarbeitung e.V. Darmstadt (ZGDV)

Springer
*Berlin
Heidelberg
New York
Barcelona
Budapest
Hongkong
London
Mailand
Paris
Santa Clara
Singapur
Tokio*

Florian Schröder

Visualisierung meteorologischer Daten

Mit 107 Abbildungen, davon 7 in Farbe

Springer

Reihenherausgeber

ZGDV, Zentrum für Graphische Datenverarbeitung e. V.
Wilhelminenstraße 7, D-64283 Darmstadt

Autor

Florian Schröder
Fraunhofer-Institut für Graphische Datenverarbeitung
Projektbereich Visualisierung
Abt. Visualisierung und VR
Wilhelminenstraße 7, D-64283 Darmstadt

Diese Ausgabe enthält die im Jahr 1996 an der Technischen Hochschule in Darmstadt, Fachbereich Informatik, unter dem Titel *Ein offenes Rahmensystem zur Visualisierung meteorologischer Daten* genehmigte Dissertation (Hochschulkennziffer D17).

ISBN-13:978-3-540-61596-5 Springer-Verlag Berlin Heidelberg New York

Die Deutsche Bibliothek – CIP-Einheitsaufnahme

Schröder, Florian:
Visualisierung meteorologischer Daten/Florian Schröder. – Berlin ; Heidelberg ; New York ; Barcelona ;
Budapest ; Hongkong ; London ; Mailand ; Paris ; Santa Clara ; Singapur ; Tokio ; Springer, 1997
  (Beiträge zur graphischen Datenverarbeitung)
  ISBN-13:978-3-540-61596-5   e-ISBN-13:978-3-642-60522-2
  DOI: 10.1007/978-3-642-60522-2

Satz: Reproduktionsfertige Vorlage vom Autor
Umschlagmotiv: Hessischer Rundfunk
Umschlaggestaltung: design & production GmbH, Heidelberg
SPIN 10546244   33/3142-5 4 3 2 1 0 – Gedruckt auf säurefreiem Papier

Danksagung

Die vorliegende Arbeit entstand während meiner Tätigkeit als wissenschaftlicher Mitarbeiter im Fraunhofer-Institut für Graphische Datenverarbeitung. An dieser Stelle möchte ich mich bei all denen bedanken, die am Gelingen dieser Arbeit beteiligt waren.

Mein besonderer Dank gilt dabei Herrn Professor Dr. J. L. Encarnação für das Überlassen des interessanten Themas sowie für seine fachliche und moralische Unterstützung. Herrn Professor Dr. Groß danke ich für die Übernahme des Korreferats. Ferner gilt mein Dank Herrn H. J. Koppert vom Deutschen Wetterdienst für die ständige qualifizierte Begleitung des Projektes und für die Unterstützung in meteorologischen Fragen.

Auch bei den Kollegen im Fraunhofer-Institut für Graphische Datenverarbeitung, im Zentrum für Graphische Datenverarbeitung und im Fachgebiet Graphisch-Interaktive Systeme der Technischen Hochschule Darmstadt möchte ich mich für die gute Zusammenarbeit bedanken. Besonders hervorheben möchte ich hierbei meinen ehemaligen langjährigen Abteilungsleiter Herrn Dr. M. Göbel sowie meine Kollegin Frau H. Aftahi, die beide einen sehr wesentlichen Teil zum Gelingen dieser Arbeit beigetragen haben. Mein Dank gilt auch den Kollegen Herrn Dr. G. Sakas und Frau M. Lux für ihre wertvolle Hilfe.

Des weiteren danke ich allen Studenten, die im Rahmen von Praktika und Diplomarbeiten oder als wissenschaftliche Hilfskräfte meine Arbeit wesentlich unterstützt haben: S. Ak, M. Bock, P. Fritzen, U. Kaiser, P. Roßbach und J. Weidenhausen.

Die Daten zu den Abbildungen in dieser Arbeit stammen vom Deutschen Wetterdienst, Abteilung Entwicklung und Anwendung (ehemals Referat W3) des Zentralamtes in Offenbach.

Meinen Eltern bin ich dankbar für alles, was sie für meine Bildung getan haben und mein besonderer Dank gilt natürlich auch Ute für ihre Unterstützung und Geduld. Vieles wurde dadurch leichter.

Florian Schröder
Darmstadt, im Oktober 1996

Inhaltsverzeichnis

Teil I
Einführung

1 Einleitung

Diese Dissertation behandelt die Visualisierung wissenschaftlich-technischer Daten in dem Bereich der Meteorologie. Auf diesem Fachgebiet leisten computergraphische Verfahren eine unverzichtbare Hilfe bei der Analyse der anfallenden Daten aus Messungen oder Simulationen. Es werden in der vorliegenden Arbeit dafür Anforderungen der Meteorologie an die Visualisierung herausgearbeitet sowie neue Konzepte entwickelt und realisiert, die eine optimale visuelle Umsetzung dieser Daten erlauben. Ergebnis ist schließlich ein offenes Rahmensystem, welches aus zwei Komponenten mit speziellen maßgeschneiderten Verfahren jeweils für die Visualisierung meteorologischer Daten für Experten und für Laien besteht. Diese Einleitung schildert die Problemstellung, skizziert die eigenen Ergebnisse und erläutert die Gliederung der Arbeit.

1.1 Wissenschaftlich-technische Visualisierung

Seit der Veröffentlichung einer Studie der National Science Foundation (NSF) in den USA von B. H. McCormick, T. A. DeFanti und M. Brown mit dem Titel „Visualization in Scientific Computing" 1987 haben dieser Begriff, der auch als „Scientific Visualization" und im deutschsprachigen Raum meist als „wissenschaftlich-technische Visualisierung" vorkommt, und die damit bezeichneten Techniken weltweite Anerkennung gewonnen [McCo87].

Mit dem Begriff „wissenschaftlich-technische Visualisierung" bezeichnet man die Technologie, Verfahren der Computergraphik einzusetzen, um Ergebnisse numerischer Analysen zu erforschen und Bedeutung aus komplexen, meist multidimensionalen und oft multivariaten Datensätzen zu extrahieren. Heute hat die Mehrzahl der Wissenschaftler der verschiedensten Disziplinen den Wert visueller Werkzeuge erkannt, die sie bei der Suche nach Einsichten in gemessene oder simulierte Daten und Algorithmenverhalten unterstützen.

Die Definition von „Visualization in Scientific Computing" in der oben erwähnten Studie lautet wie folgt:

„Visualization is a method of computing. It transforms the symbolic into the geometric, enabling researchers to observe their simulations and computations. Visualization offers a method of seeing the unseen. It enriches the process of scientific discovery and fosters profound and unexpected insights. In many fields it is already revolutionizing the way scientists do science."

„Visualization embraces both image understanding and image synthesis. That is, visualization is a tool both for interpreting image data fed into a computer, and for generating images from complex multi-dimensional data sets."

„The goal of visualization is to leverage existing scientific methods by providing new scientific insight through visual methods."

Schon heute können wesentlich mehr Daten gemessen und berechnet als gespeichert werden, und es lassen sich mehr Daten speichern als verstehen (C. Upson). Visualisierung kann Wissenschaftler bei der Analyse ihrer Daten unterstützen, indem sie das sehr mächtige visuelle Wahrnehmungsvermögen des Menschen anspricht und so teilweise das „information-without-interpretation dilemma" [McCo87] lösen kann.

1.2   Visualisierung in der Meteorologie

Die Meteorologie ist ein Gebiet, in dem eine richtige Interpretation der Flut von gemessenen und simulierten Daten ohne die Techniken der wissenschaftlich-technischen Visualisierung unmöglich wäre [Schi90]. Daher werden dort bereits seit dem Ende des 19. Jahrhunderts graphische Verfahren bei der Analyse der anfallenden Informationen eingesetzt [PaScJu88].

Diese graphischen Verfahren wurden zusammen mit den Methoden der Meteorologie weiterentwickelt. Durch Einführung des Telegraphen kam die Meteorologie um die Jahrhundertwende in das „synoptische Zeitalter", als verteilte gleichzeitige Messungen möglich wurden und die ersten groben Datengitter lieferten. Handgezeichnete Karten erlaubten es hier, Zusammenhänge in den Daten zu erkennen. In den 30er Jahren dieses Jahrhunderts folgte das „Radiosondenzeitalter", welches mit der Verfügbarkeit von Radiosonden an Meßballonen die dritte Dimension in die Daten brachte. Ferngesteuerte Meßgeräte und Vorhersagemodelle auf Computern ließen in den 60er Jahren das „datenreiche Zeitalter" anbrechen, wo sich die Informationen ohne computergraphische Verfahren, die zumeist auf Plots von Konturlinien in verschiedenen Höhen über einer Karte basierten, nicht mehr interpretieren ließen. Gegen Ende dieses Jahrhunderts wird eine einzelne numerische Wettervorhersagesimulation für einen einzelnen Tag etwa 100 Gigabyte an Daten berechnen. Dies verlangt nach neuartigen Visualisierungsalgorithmen, die auf die Besonderheiten der numerischen Modelle und ihrer Daten eingehen.

Diese numerischen Wettervorhersagemodelle „basieren auf einem geschlossenen System von physikalischen Gesetzen, im allgemeinen den Erhaltungsgleichungen für Masse, Impuls und Energie, geeigneten Anfangs- und Randbedingungen und einer numerischen Methode, um das System von Gleichungen zeitlich zu integrieren" [Damr92]. Beim Deutschen Wetterdienst werden täglich zweimal Berechnungen des Globalmodells und des darin genesteten Europamodells und Deutschlandmodells durchgeführt. Sie erlauben eine Prognose auf den unterschiedlichen Regionen mit Auflösungen von ca. 170 km bis ca. 14 km und von einer Dauer von 48 bis 168 Stunden [EdMa93].

Auf den Modellgittern, die durch diskrete Punkte im Raum und in der Zeit definiert sind, werden skalare Daten wie z. B. Temperatur, Druck oder Flüssigwassergehalt und Vektordaten für Wind berechnet. Aus diesen Variablen lassen sich weitere Werte ableiten, wie z. B. ein Turbulenzindex, oder Tupel von Werten als multivariate Daten auffassen, wie z. B. als wolkenspezifische Informationen. Erst mit geeigneten Methoden der wissenschaftlich-technischen Visualisierung lassen sich Bedeutung und Aussagen aus diesen Datensätzen extrahieren.

1.3   Aufgabenstellung und Zielsetzung der Arbeit

Für die Visualisierung meteorologischer Daten sind bereits unterschiedliche Systeme verfügbar und in Anwendung. Sie wurden teilweise von Meteorologen selbst oder von Computergraphik-Fachleuten für Meteorologen entwickelt. Auch wurde versucht, einige allgemeine Visualisierungssysteme an die Bedürfnisse der Meteorologie anzupassen.

Jedoch weisen bisher alle diese Systeme zur Visualisierung meteorologischer Daten bzw. die durchgeführten Ansätze, andere Systeme einzusetzen, die im folgenden aufgelisteten Nachteile bzw. Unzulänglichkeiten auf:

- Die Ausgabe numerischer Wettervorhersagemodelle kann bisher nicht effektiv auf dem Original-Datengitter visualisiert werden, welches irregulär, kurvilinear und hybrid ist sowie sich dynamisch den Wetterveränderungen anpaßt.
- Es fehlen ausgereifte Verfahren zur umfassenden Zeitkontrolle in der wissenschaftlich-technischen Visualisierung, die einen Einblick in und ein Verständnis für die Dynamik der Daten erlauben, die in der Meteorologie eine besonders bedeutende Rolle spielt. Einzelne Zeitschritte einer Wettervorhersage lassen sich nämlich nicht zeitlich isoliert, sondern nur in ihrem dynamischen Zusammenhang korrekt interpretieren.
- Bis jetzt verfügbare Systeme gehen zu wenig auf die stark unterschiedlichen Anforderungen der Visualisierung meteorologischer Daten für Experten und Laien ein. Bereits entwickelte Systeme für eine fernsehgerechte Aufbereitung meteorologischer Daten bieten lediglich leicht modifizierte Visualisierungstechniken, anstatt speziell für Laien entwickelte Algorithmen bereitzustellen. Solche Algorithmen fehlen bisher völlig.

- Die Berücksichtigung des Datenkontextes ist bisher stets mangelhaft erfolgt.
  Aber erst eine korrekte Berücksichtigung des geographischen sowie zeitlichen
  Kontextes der meteorologischen Informationen und des Kontextes, in dem der
  eigentliche Visualisierungsprozeß selbst steht, führen zu einer sinnvollen und
  wahrnehmungspsychologisch effektiven Visualisierung.

Ziel dieser Arbeit war es also, zunächst die Anforderungen der Meteorologie an die
wissenschaftlich-technische Visualisierung zu ermitteln sowie die bereits verfügbaren Visualisierungstechniken und bestehenden Systeme daraufhin zu untersuchen. Schließlich sollte ein offenes Rahmensystem konzipiert, entwickelt und
realisiert werden, welches Meteorologen mit Hilfe computergraphischer Verfahren
und interaktiven Mechanismen in optimaler Weise bei der Analyse und Präsentation ihrer Daten unterstützt sowie Lösungen für die oben aufgeführten Mängel des
momentanen Stands der Technik bietet.

1.4 Zusammenfassung der wichtigsten Ergebnisse

In dieser Arbeit wurden zunächst Techniken und Verfahren der wissenschaftlich-
technischen Visualisierung, die sich auf meteorologische Daten anwenden lassen,
vorgestellt und untersucht. Die speziellen Anforderungen aus dem Bereich der
Meteorologie an diese Techniken wurden erarbeitet und bereits bestehende
Systeme mit ihnen evaluiert. Im Bereich der Interaktion konnte hier ein neues Verfahren für die semantische Eingabe in datenflußorientierten Systemen entwickelt
werden. Aus dieser Analyse ließen sich Vorgaben für das eigene zu konzipierende
und entwickelnde Rahmensystem identifizieren.

Vor allem waren sehr früh zwei sich ergänzende, aber technisch wenig zu vereinbarende Einsatzgebiete für die wissenschaftlich-technische Visualisierung in der
Meteorologie erkennbar geworden. Zum einen sind hochinteraktive und exakte
visuelle Verfahren von größter Bedeutung bei der Analyse von Wetterphänomenen
und der Ergebnisse sowie des Verhaltens der Prognosemodelle selbst. Hier wird
von dem Visualisierungssystem eine extreme Flexibilität und die Unterstützung bei
der interaktiven Erforschung der Daten und Modelle mit für Meteorologen maßgeschneiderten Visualisierungsverfahren verlangt. Dieses System muß direkt auf der
Standarddatenbank aufsetzen und sowohl bekannte einfache Darstellungstechniken
wie auch aufwendigere Abbildungsverfahren von Volumendaten auf geometrische
Primitive für die Analyse anbieten.

Zum anderen bestand ein starker Bedarf an innovativen Algorithmen zur graphi-
schen Präsentation von Wettervorhersagen für ein breites Laienpublikum über das
Medium Fernsehen oder über interaktive Online-Dienste. Hier mußten neuartige
Visualisierungsverfahren entwickelt werden, welche die komplexen meteorologi-
schen Daten in für den Laienzuschauer intuitiv verständliche Bilder umsetzen.
Diese Verfahren müssen dabei weitgehend automatisiert sein, um aus dem numeri-

schen Modelloutput in kurzer Zeit viele Bildsequenzen in verschiedenem Design für verschiedene Fernsehanstalten produzieren zu können. Zusätzlich müssen sie schnell und flexibel genug sein, um auf online-Anfragen einzelner Teilnehmer individuelle Produkte liefern zu können.

Das im Rahmen dieser Arbeit konzipierte und implementierte Rahmensystem besteht daher aus den zwei Komponenten RASSIN und TriVis, die jeweils für eines der oben genannten Aufgabengebiete in Zusammenarbeit mit dem Deutschen Wetterdienst entwickelt und optimiert wurden. Für jede der beiden Komponenten wurden eigene innovative Verfahren erarbeitet und vorgestellt, die sie von vergleichbaren Applikationen unterscheiden.

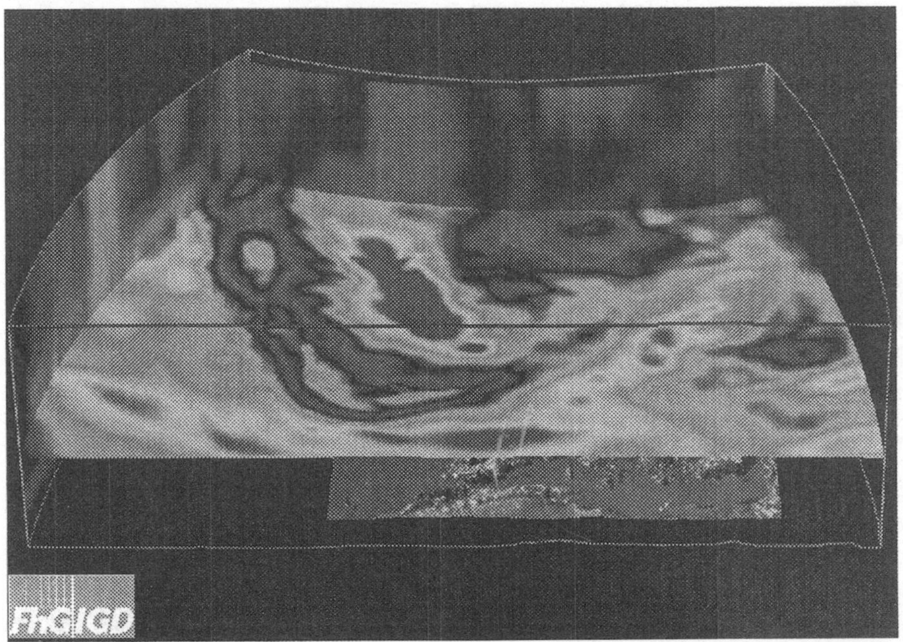

Abb. 1. Ein für Meteorologen visualisierter Datensatz des Europamodells

In RASSIN lassen sich die numerischen Modelldaten in Form von skalaren oder Vektordaten interaktiv auf ihrem Original-Modellgitter visualisieren. Dies wird durch eine neuartige Datenverwaltung erst möglich. Dabei werden sie stets mathematisch exakt zu ihrem geographischen Kontext dargestellt. Es wurde auch ein neuer Algorithmus entwickelt, der die dabei vorkommenden Geländegeometrien geeignet in ihrer Komplexität bei Beibehaltung des visuellen Eindrucks reduziert, um hohe Bildgenerierungsraten zu garantieren. Das System setzt auf Datenbanken im GRIB-Standard auf und wird im Sommer 1996 beim Deutschen Wetterdienst im Rahmen des VISUAL-Projektes in den Routinebetrieb eingeführt. Abb. 1 zeigt einen mit RASSIN visualisierten Datensatz, wo Schnittflächen in Pseudofarbdarstellung durch ein Volumen von Windgeschwindigkeiten über dem Vorhersagegebiet gelegt wurden.

Durch in dieser Arbeit entwickelte Verfahren zur umfassenden Kontrolle der Zeit in den Daten lassen sich dynamische Vorgänge besonders gut erforschen. Dabei helfen zum einen präzise Techniken der wissenschaftlichen Animation und zum anderen die neu geschaffene Möglichkeit des Austauschs einer Raum- mit der Zeitachse. Dies macht zeitliche Effekte als Eigenschaften von Geometrie und Textur der Visualisierungsobjekte sichtbar.

Mit TriVis ist die laiengerechte Visualisierung meteorologischer Daten zur Erstellung von Wettervorhersagefilmen für den Einsatz im Fernsehen ermöglicht worden. Stark automatisiert lassen sich so aus dem Modelloutput Filmclips erzeugen, die den Designanforderungen der einzelnen Sender entsprechen. So lassen sich Satellitendaten, beliebige skalare Daten und wolkenspezifische Daten jeweils mit Zusatzinformationen wie Isolinien, Fronten, Texten oder Symbolen in zwei- oder dreidimensionalen Szenen darstellen. Jeder Datentyp benötigte eigene Konzepte für die laiengerechte Aufbereitung. Für die wolkenspezifischen Daten konnten erstmals fraktale Funktionen für ein natürliches Aussehen bei gleichzeitiger Beibehaltung der Vorhersagegenauigkeit in der wissenschaftlich-technischen Visualisierung eingesetzt werden. Abb. 2 zeigt eine mit TriVis visualisierte Wolkenlage über Zentraleuropa.

Abb. 2. Für Laien visualisierte meteorologische Daten

Das System ist bereits bei drei nationalen Wetterdiensten und einer Fernsehanstalt installiert, und derzeit beziehen sieben Fernsehstationen täglich die mit TriVis erzeugten Filme für ihr Nachrichtenprogramm.

1.5 Gliederung und Struktur

Zu Beginn dieser Arbeit werden die in der Meteorologie vorkommenden Daten und Simulationsmodelle beschrieben. Hieraus ergeben sich ganz spezielle Anforderungen an die wissenschaftlich-technische Visualisierung. Anschließend werden die für die in der Meteorologie verwendeten Datentypen geeigneten Visualisierungstechniken vorgestellt und bewertet. Auf ihre Eignung für diese Anwendung werden dann repräsentativ für die Klassen der Turnkeysysteme und Application Builder verschiedene verfügbare Visualisierungssysteme verglichen und geprüft.

Im weiteren werden die wichtigsten Aspekte bei der Visualisierung meteorologischer Daten jeweils in eigenen Kapiteln diskutiert. So wird auf die Interaktion mit den Daten zur Wahrnehmung räumlicher Zusammenhänge durch Navigation eingegangen und die direkte Interaktion und semantische Eingabe bzgl. der Rohdaten geschildert. Als eigener Punkt wird die Bedeutung der Zeit in der wissenschaftlich-technischen Visualisierung herausgearbeitet und neue Konzepte zur umfassenden Kontrolle dieser vorgestellt. Anschließend wird die Kontextabhängigkeit der meteorologischen Daten diskutiert.

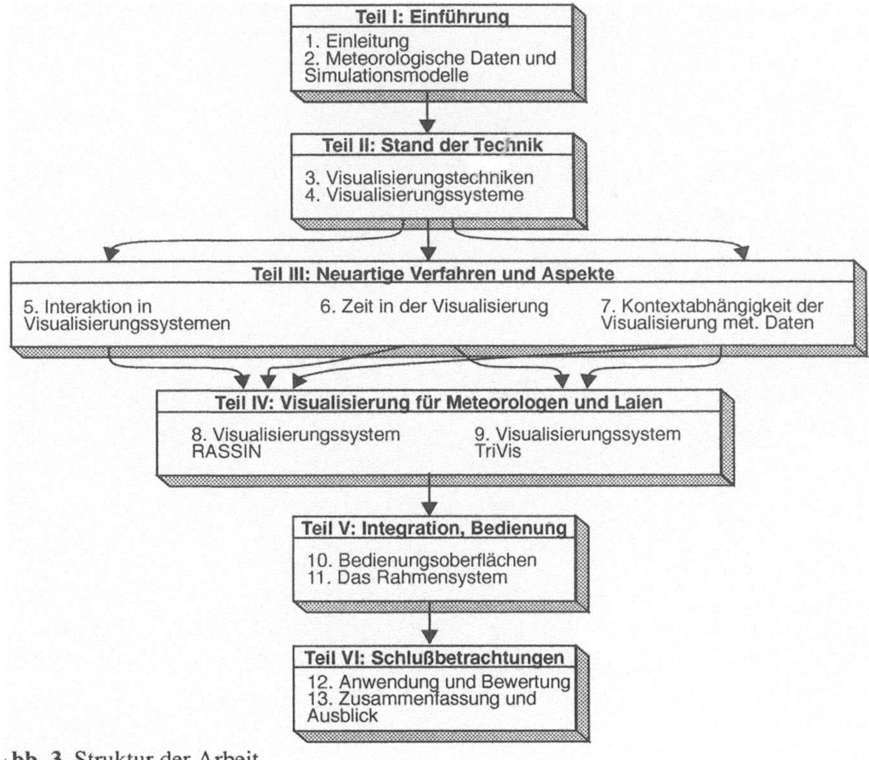

Abb. 3. Struktur der Arbeit

Schließlich werden die beiden Komponenten des Rahmensystems mit ihren Konzepten, neuartigen Verfahren und ihrer Realisierung eingehend geschildert. Zusätzlich werden optimale Mensch-Maschine-Kommunikationsmechanismen für interaktive Visualisierungssysteme im Bereich der Meteorologie und sich daraus ergebende Bedienungsoberflächenkonzepte vorgestellt. Daran schließt sich auch die Bewertung des Rahmensystems und die Vorstellung der Anwendung beim Deutschen Wetterdienst an. Abgeschlossen wird diese Arbeit mit einer Zusammenfassung und einem Ausblick auf mögliche weitere Forschungsarbeiten. Abb. 3 verdeutlicht die Struktur dieser Dissertation.

2 Meteorologische Daten und Simulationsmodelle

Das Wetter hat schon immer Menschen fasziniert und sie waren in ihrem Tun und in ihrer Existenz seit Ursprung der Menschheit von ihm abhängig. Heute spielt die jetzt mögliche Vorhersage des Wetters eine sehr bedeutende Rolle für viele Organisationen und Individuen. Die Landwirtschaft benötigt die Wetterprognose aus beruflichen Gründen, Regierungsorganisationen brauchen exakte Vorhersagen, um Schäden bei Naturkatastrophen wie Springtiden oder Hurrikanen zu begrenzen und die Luftfahrt macht davon ihre Flugrouten abhängig, um nur einige Beispiele zu nennen. Aber auch die breite Öffentlichkeit hat ein starkes Interesse an Wettervorhersagen. Dies zeigen die hohen Einschaltquoten bei Vorhersagepräsentationen im Fernsehen oder die Tatsache, daß es Fernsehsender gibt, die ausschließlich meteorologische Analysen und Prognosen ausstrahlen.

Dieses Kapitel soll in die Verarbeitung meteorologischer Daten so weit einführen, wie es für das Verständnis dieser Arbeit notwendig ist. Dabei wird ein Überblick von der Erfassung und Analyse bis zur Simulation auf meteorologischen Prognosemodellen gegeben. Abschließend wird dann die Bedeutung der Computergraphik für die Meteorologie herausgearbeitet.

2.1 Eingangsdaten

Eine wissenschaftliche Simulation kann nur so gut sein, wie die ihr zugrundeliegenden Eingangsdaten. Dies gilt natürlich auch für die Meteorologie und daher ist eine numerische Analyse des Anfangszustandes der Atmosphäre von entscheidender Bedeutung für die Qualität der Prognose.

Die Atmosphäre, in der sich das abspielt, was wir „Wetter" nennen, ist ein dreidimensionales Volumen mit einer Höhe von bis zu etwa 100 km um die Erdkugel herum. Es läßt sich also allein aus der Größe des Volumens der beträchtliche Aufwand erkennen, der nötig ist, einen solchen Anfangszustand einer Simulationsrechnung zu ermitteln.

Weltweit wird an über 7000 Bodenstationen mindestens viermal täglich unter anderem der Luftdruck, die Temperatur und der Wind in Bodennähe gemessen. Darüberhinaus gibt es über 600 aerologische Stationen, die zwei- bis viermal täglich Meßballone in Höhen bis zu 30 km aufsteigen lassen. Des weiteren leiten über 600 Schiffe, 400 Flugzeuge und viele Bojen Meßdaten an Stationen auf dem Festland weiter. Die geographische Verteilung dieser Daten ist aber sehr ungleichmäßig. Hauptsächlich werden in den bewohnten Gebieten der Erde und entlang der Hauptverkehrsrouten Daten erfaßt. Über den Ozeanen und auch über dem Festland der Südhalbkugel gibt es sehr große Lücken in der Datenbelegung. Neuerdings erlauben Satelliten eine Beobachtung des Wetters aus dem All. Der so ermittelte Atmosphärenzustand erfüllt aber noch nicht die ursprünglich hohen Erwartungen.

Die gemessenen Daten sind dabei stark unterschiedlich in Genauigkeit, Repräsentativität und Beobachtungsdichte. Die wertvollsten Daten liefern die Radiosonden an den Meßballonen. Zum einen erfassen sie auch die dritte Dimension, nämlich die Höhe über dem Erdboden und zum anderen messen sie sehr präzise mit Genauigkeiten von 1° Celsius für die Temperatur, 10% für die Luftfeuchtigkeit und 3 m/s für die Windkomponenten. Satelliten bieten zwar eine hervorragend hohe und gleichmäßige horizontale Auflösung aber mit ihnen läßt sich die vertikale Dimension nur sehr schlecht erfassen. Durch eine Analyse der verschiedenen Spektralbereiche eines Satelliten versuchen aufwendige Invertierungsprogramme z. B. den vertikalen Temperaturverlauf in wolkenlosen Gebieten möglichst gut zu rekonstruieren. Anhand von Bewegungen der Wolkenstrukturen auf Satellitenbildern lassen sich auch Windgeschwindigkeiten abschätzen. Dies funktioniert natürlich nur dort, wo Wolken vorhanden sind und ist dabei auch meist mit einem Fehler von etwa 5 bis 10 m/s behaftet. Die globalen Beobachtungsdaten werden schließlich in verschlüsselter Form über das Fernmeldesystem GTS (Global Telecommunication System), über das auch die Ergebnisse der Prognosemodelle ausgetauscht werden, zwischen den Wetterdiensten übermittelt.

Die so erfaßten und auf mögliche „Ausreißer" durch Meß-, Verschlüsselungs- oder Übermittlungsfehler überprüften Eingangsdaten liegen sowohl zeitlich als auch räumlich zu unregelmäßig bzw. zu ungleichmäßig vor, als daß sie direkt und ausschließlich als Basis für die Prognoserechnungen verwendet werden könnten. Es wird daher einer jeden Rechnung im Prinzip die korrigierte Prognose der vorhergegangenen Rechnung zugrunde gelegt. Man korrigiert unter Beachtung der physikalischen Gesetzmäßigkeiten der Meteorologie die vom letzten Modellauf prognostizierten Werte anhand der tatsächlich eingetroffenen Wetterlage, soweit man sie durch die Meßwerte kennt. So erlaubt also der Einsatz des Vorhersagemodells, die meteorologischen Eingangsdaten und Informationen aus datenreichen in datenarme Gebiete zu extrapolieren [Pro84]. Die Analyse des Wetterzustandes muß durch Initialisierungsverfahren in ein physikalisch konsistentes dreidimensionales Bild der Atmosphäre überführt werden. Damit hat man stets einen im meteorologischen Modell schlüssigen Anfangszustand für die nächste Rechnung.

Außer den eigentlichen meteorologischen Daten als Eingabe in das Simulationsmodell sind natürlich auch noch die äußeren Einflüsse auf das Wetter wie die

Strahlung und die den Wetterverlauf bekannterweise stark beeinflussenden Eigenschaften der Erdoberfläche zu berücksichtigen - die sogenannten externen Parameter. Wichtig ist, ob sich unter dem jeweils zu simulierenden Punkt Meerwasser oder Landmasse befindet, da das Meer mit seiner großen Wärmekapazität z. B. die Oberflächentemperatur während eines Tages kaum ändert. Über Land hängt diese aber stark von der Sonneneinstrahlung, der Bewölkung und atmosphärischen Wärmeeinflüssen ab. Deshalb werden hier Bodentyp, Bewuchs, Landnutzung und Reflexionseigenschaften des Bodens ebenfalls als Eingabedaten für das Modell benötigt. Die Höhe über dem Meeresspiegel und die Bodenrauhigkeit müssen dem Modell zur Verfügung stehen, da sie turbulente Wirbel in Bodennähe beeinflussen, die Wärme und Feuchtigkeit transportieren.

2.2 Modelle

Numerische Wettervorhersagemodelle lassen sich zunächsteinmal nach ihrer horizontalen Erstreckung und der mit ihnen erfaßbaren bzw. simulierbaren atmosphärischen Phänomene unterscheiden. Die Skalendefinition reicht dabei von der Makro-Skala mit allgemeinen Zirkulationen bis hin zur Mikro-Skala mit sogar Thermik und kleinräumigen Turbulenzen. Abb. 4 zeigt das Skalendiagramm nach Orlanski.

Horizontale Erstreckung	Atmosphärische Phänomene	Skalendefinition	
bis 10000 km	Allgemeine Zirkulation, Lange Wellen	Makro-Skala a	GM
bis 2500 km	Barokline Wellen	Makro-Skala b	
bis 250 km	Fronten	Meso-Skala a	EM
bis 25 km	Orographische Effekte, Land-See-Winde, Wolkenhaufen	Meso-Skala b	DM
bis 2,5 km	Urbane Wärmeinseln, Interne Schwerewellen, Gewitterzellen	Meso-Skala g	
bis 250 m	Konvektion	Mikro-Skala a	
bis 25 m	Thermik	Mikro-Skala b	
	Kleinräumige Turbulenz	Mikro-Skala g	

Abb. 4. Skalendiagramm nach Orlanski (Quelle: [Damr92])

Alle Modelle jedoch „basieren auf einem geschlossenen System von physikalischen Gesetzen, im allgemeinen den Erhaltungsgleichungen für Masse, Impuls und

Energie, geeigneten Anfangs- und Randbedingungen und einer numerischen Methode, um das System von Gleichungen zeitlich zu integrieren" [Damr92].

Die in Abb. 4 vorgestellten Skalen stehen alle in einer sehr engen Wechselwirkung untereinander durch die Nichtlinearität der Modellgleichungen. Geschehnisse in einer Skala beeinflussen also nach einiger Zeit alle anderen Skalen. Da die vorhandenen Modelle heute noch nicht in der Lage sind, breite Spektren dieser Skalen abzudecken, hängt es von der Anwendung ab, auf welche Skalen sich die Modelle konzentrieren. So gibt es eigene meso- und mikroskalige Modelle bei der Stadtplanung oder dem Werkskatastrophenschutz von Chemieunternehmen, um lokale Winde und Schadstofftransport möglichst exakt zu simulieren (siehe auch [Rud89]). Eine Gesamtwetterlage wird dabei als gegeben und evtl. sogar als konstant angenommen. Bei der numerischen Wettervorhersage für den gesamten Globus werden nur noch makroskalige Effekte berücksichtigt und kleinere Vorgänge lediglich über Approximationen oder externe Parameter berücksichtigt.

Die von den Prognoserechnungen zu lösenden Gleichungssysteme werden bei Gitterpunktemodellen hauptsächlich durch zwei Vorgehensweisen überhaupt in praktikabler Zeit integrierbar gemacht. Zum einen werden unter Beachtung numerischer Stabilitäts- und Konvergenzkriterien sämtliche Differentiale durch Differenzen ersetzt. Des weiteren werden alle Modellvariablen nur an diskreten Stellen sowohl im Raum als auch in der Zeit berechnet. Durch die Ausdehnungen und Auflösungen dieses vierdimensionalen Gitters entlang seiner Achsen kann dann innerhalb gewisser Grenzen die Komplexität des Problems und die Größe der vom Modell noch simulierbaren atmosphärischen Strukturen bestimmt werden.

Der Deutsche Wetterdienst verwendet drei numerische Wettervorhersagemodelle, nämlich das Globalmodell für den makro-skaligen Bereich, das Europamodell für Teile des makro- und mesoskaligen Bereichs und das Deutschlandmodell für den mittleren meso-skaligen Bereich.

2.2.1   Das Globalmodell

Das Globalmodell (auch als Baroklines Modell bezeichnet) ist im Gegensatz zu dem Europa- und dem Deutschlandmodell, bei welchen es sich um Gitterpunktemodelle handelt, ein Spektralmodell mit 106 Wellen um einen Großkreis um den Globus. Der Wellenzahlraum eignet sich dabei besonders für Ableitungen, während das Modell für Berechnungen physikalischer Prozesse und zur Visualisierung auf ein Gitter überführt wird, welches den ganzen Globus mit einer Auflösung von 1,125° in Längen- und Breitengraden (ca. 170 km Abstände zwischen den Gitterpunkten) überspannt. Das Globalmodell stellt eine Vorhersage von bis zu 168 Stunden zur Verfügung, die in 15-minütlichen Zeitschritten berechnet werden. Es werden allerdings aus Gründen der Rechenperformanz und der Einschränkung des Speicherverbrauchs auf Massenspeichern nicht alle berechneten Zeitschritte aus dem Modell exportiert. Dies ist in Zeitabständen von drei oder sechs Stunden üblich.

Die Berechnung findet dabei in 19 vertikalen Schichten statt, bei denen vor allem die bodennahen sowie im Gegensatz zu den übrigen Modellen auch die Schichten der Stratosphäre höher aufgelöst sind. Dieses besondere Merkmal resultiert darin, daß hier die Stratosphärenvorhersagen meistens genauer sind, als die der übrigen Modelle.

Das Modellgitter besteht also aus 320 x 160 x 19 Gitterpunkten, für die jeweils die meteorologischen Daten wie Temperatur, Wind, Druck, etc. simuliert werden. Mit diesem Modell lassen sich großräumige atmosphärische Bewegungsvorgänge wie z. B. Zyklonen und Antizyklonen gut berechnen und beschreiben. Die mit dem Globalmodell simulierten Werte dienen in dreistündigem Rhythmus dem darin genesteten Europamodell als Randwerte.

2.2.2 Das Europamodell

Um zu einer besseren Lokalvorhersage zu kommen, versucht jeder nationale Wetterdienst das Rechengitter des Vorhersagemodells über einem begrenzten Gebiet seines regionalen Bereichs zu verfeinern. Beim Deutschen Wetterdienst ist dies zunächst das Europamodell, welches auf den Bereich des Nordatlantik und Europas beschränkt ist (der Ausschnitt reicht von dem Nordosten Nordamerikas bis nach Osteuropa und von Island bis zur Küste Nordafrikas).

Dieses Modell hat dabei eine horizontale Auflösung von 0.5° in Längen und Breitengraden (entspricht etwa 50 km Gitterauflösung) und berechnet seine Daten für 20 vertikale Schichten. Da die bodennahen Wetterverhältnisse am stärksten durch orographische Effekte und meteorologische Prozesse von geringer Größenordnung, die besonders nahe des Bodens auftreten, beeinflußt werden, ist dieses Modell wie auch das Deutschlandmodell in den bodennahen Schichten besonders hoch aufgelöst. Das Modellgitter des Europamodells, das also aus 181 x 129 x 20 Berechnungspunkten besteht, wird weiter unten ausführlicher beschrieben.

Die meteorologische Simulation berechnet in Zeitabständen von fünf Minuten die Datenwerte auf den Gitterpunkten. Jede Stunde werden die Ergebnisse dieser Prognoseberechnungen für das in dieses Modell gebettete Deutschlandmodell als Randwerte abgegeben und alle zwei oder drei Stunden auf Massenspeichern abgelegt.

2.2.3 Das Deutschlandmodell

Um noch genauere Vorhersagen für Deutschland machen zu können und um mesoskalige Effekte besser abzudecken, wird beim Deutschen Wetterdienst zusätzlich zum Globalmodell und Europamodell das in das letztere genestete Deutschlandmodell eingesetzt.

Dieses Modell zeichnet sich vor allem durch eine hohe horizontale Auflösung von ca. 14 km aus, mit der mesoskalige Phänomene bis zu 25 km Größe wie beispielsweise Land-Seewind Zirkulationen vorhersagbar sind. Es besitzt auch 20 Schichten, die eine exaktere Berechnung durch die damit verbesserte vertikale Auflösung erlauben.

Die Berechnungen werden mit dem Deutschlandmodell für bis zu 48 Stunden in vierminütlichen Abständen durchgeführt. Die Ergebnisse lassen sich jede Stunde auf Massenspeichern ablegen.

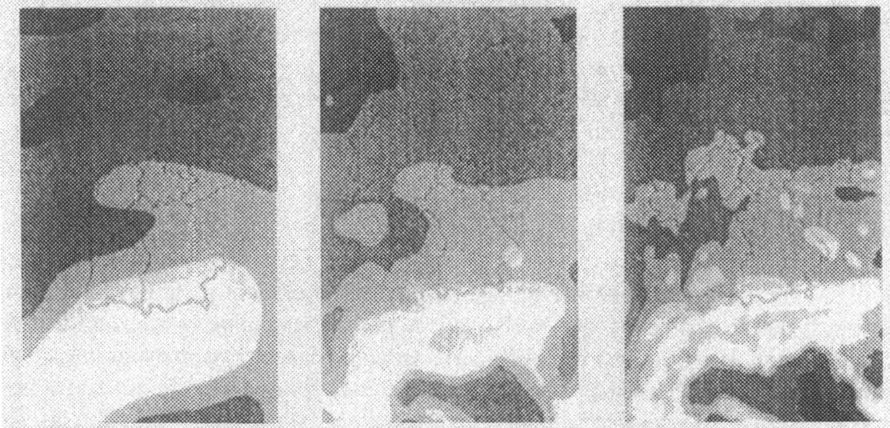

Abb. 5. Mit dem Globalmodell, Europamodell und Deutschlandmodell berechnete Temperaturverteilung (Quelle: [Damr92])

Die Abb. 5 zeigt eine Temperaturprognose für Deutschland und Teile der Anrainerstaaten mit dem Globalmodell, Europamodell und Deutschlandmodell berechnet. Die höhere horizontale Auflösung läßt sich deutlich an der verbesserten Berücksichtigung der geographischen Verhältnisse erkennen.

2.3 Physikalische Parametrisierung

Jedes numerische Vorhersagemodell steht vor dem Problem, daß es atmosphärische Strukturen, die nicht deutlich größer als seine Maschenweite sind, nicht explizit berücksichtigen kann. So lassen sich Luftwirbel hinter Gebäuden, Gewitterzellen oder Effekte von kleinen Inseln auf die Luftzirkulation von heutigen Modellen überhaupt nicht berücksichtigen. Das Globalmodell kann so z. B. auch Phänomene nicht erfassen, die vom Europamodell abgedeckt werden können (siehe das Skalendiagramm in Abb. 4).

Wegen der bereits erwähnten Nichtlinearität der Modellgleichungen können subskalige Prozesse, die vielleicht von einem Modell durch seine Maschenweite nicht mehr aufzulösen sind, sehr wohl einen starken Einfluß auf die Phänomene im Skalenbereich des Modells haben. Daher sind auch solche subskaligen Prozesse unbedingt in jedem Modell zu berücksichtigen.

Dies wird durch die physikalische Parametrisierung erreicht, bei der es im Prinzip darum geht, solche nicht mehr vom Modell erfaßbaren Einflüsse, als Eingabeparameter für das Modell zu verstehen - ähnlich wie das bereits bei den oben vorgestellten externen Parametern der Fall ist. Diese physikalische Parametrisierung erfordert aber das Berücksichtigen der sehr starken Wechselwirkungen und Rückkopplungsmechanismen (die bei den externen Parametern nicht vorhanden sind) zwischen den Prozessen, welche im Modell simuliert werden und diesen physikalischen Parametern. Die physikalische Parametrisierung steigert die Komplexität der Simulationsmodelle drastisch.

In [Damr92] wird dazu das folgende Beispiel genannt: In einem Modell wird die simulierbare Temperaturverteilung beeinflußt von der Strahlung und Cumulus-Konvektion, die nicht vom Modell simulierbar sind. Allerdings können umgekehrt nur bei bestimmten Temperatur- und Feuchtigkeitsverteilungen Cumuluswolken entstehen, die dann wieder eine deutliche Auswirkung auf die Strahlung haben.

2.4 Das Modellgitter des Europamodells

An dieser Stelle soll nun exemplarisch das Modellgitter des Europamodells des Deutschen Wetterdienstes näher vorgestellt werden. Es unterscheidet sich vom Globalmodell und vom Deutschlandmodell hauptsächlich in der horizontalen und vertikalen Auflösung. Außerdem ist jedoch hier die Stratosphäre nicht so hoch aufgelöst, wie beim Globalmodell.

2.4.1 Horizontale Gitteraufteilung

Das Europamodell ist das zentrale numerische Wettervorhersagemodell des Deutschen Wetterdienstes für den europäischen Bereich. Das Modellgebiet umfaßt in etwa das sogenannte D-Format [EdMa93] und deckt so mit seinen Daten den Bereich von 6.0°N, 35.7°W (südwestliche Ecke) bis 62.2°N, 108.0°E (nordöstliche Ecke) ab (siehe auch Abb. 6).

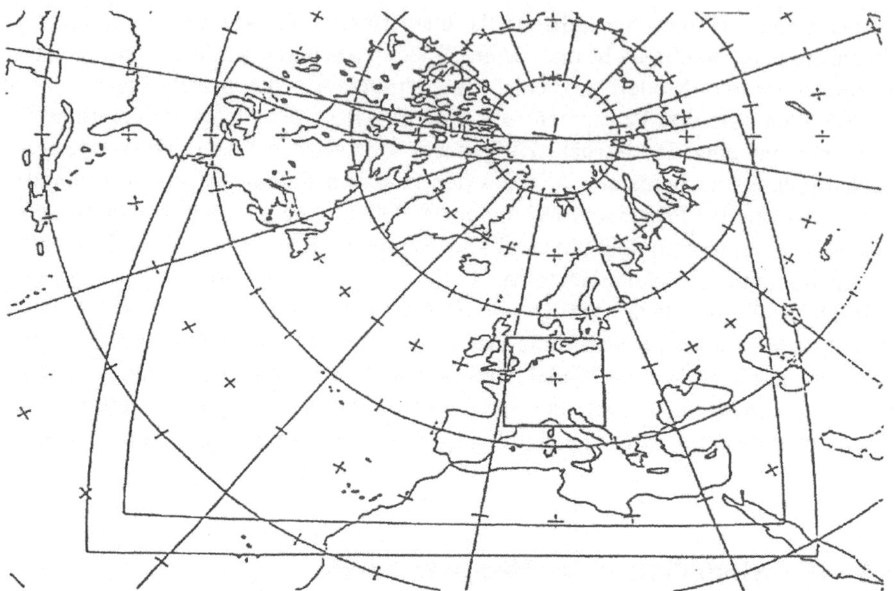

Abb. 6. Modellgebiet des Europamodells (sichtbar ist auch der Ausschnitt des Deutschlandmodells), dargestellt in polarstereographischer Projektion

Für die Anordnung der zu berechnenden Variablen wird in der Horizontalen das Arakawa-C Gitter verwendet (siehe auch Abb. 7). Dabei liegen die einzelnen Variablen an verschiedenen Stellen in diesem Gitter vor, dessen λ und φ Werte der Datenbank die Massenpunkte bestimmen. Die horizontalen Windkomponenten u und v sind dabei jeweils an verschiedenen Seitenmitten angeordnet, während die vertikale Komponente w in den Quadratmitten berechnet wird. Die übrigen Variablen wie Temperatur (T), Druck (p) oder Feuchtigkeit q sind an den Gitterpunkten, den sogenannten Massenpunkten, definiert. Diese Verteilung der Variablen innerhalb der Horizontalen des Gitters wird bei geradzahligen Zeitschritten verwendet. Bei ungeraden Zeitschritten sind alle Variablen um eine halbe Gitterdiagonale verschoben [Pro81].

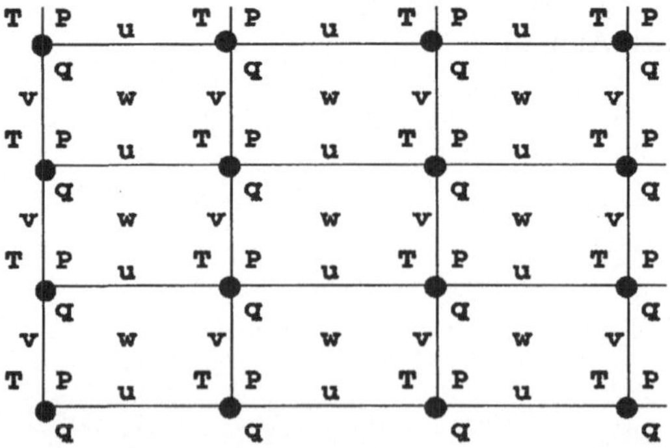

Abb. 7. Horizontale Verteilung der Variablen im Gitter des Europamodells

2.4.2 Vertikale Gitteraufteilung

Das Europamodell berechnet seine numerischen Werte in 20 Schichten, die horizontal wie oben beschrieben aufgeteilt sind. Jede Schicht wird dabei von zwei Modellflächen begrenzt, was in 21 Modellflächen resultiert.

Die vertikale Aufteilung in die Schichten entspricht hier dabei dem sogenannten hybriden Koordinatensystem (η System). Die Aufteilung ist hybrid, da die Modellflächen in der Stratosphäre, genauer gesagt, oberhalb einer bestimmten Isobar-Fläche, im p-System isobar sind. Unterhalb dieser Isobar-Fläche, also in der Troposphäre, folgen die Modellflächen stärker (zunehmend mit geringer werdender Höhe) der Modellorographie (Orographie = Beschreibung der Relief-formen des Landes). Der Einfluß des bei der numerischen Simulation verwendeten Geländemodells ist also in den untersten Schichten am stärksten und verringert sich mit zunehmender Höhe bis zum Ende der Troposphäre.

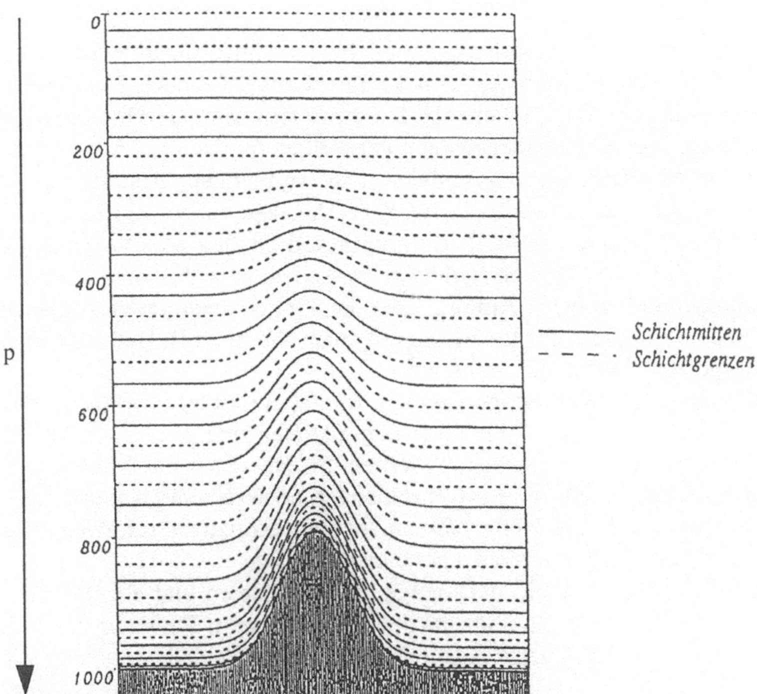

Abb. 8. Vertikale Schichtenaufteilung des Europamodells

Beim p-System bestimmt also der Luftdruck (p) die vertikalen Koordinaten des Modellgitters. Die Atmosphäre endet nach oben hin mit einem Luftdruck von p = 0. Durch das Gewicht der Luftsäule nimmt dieser Wert nach unten hin zu, bis der Erdboden erreicht ist und sich dort der Bodendruck der Luft bestimmen läßt. Dieser Druck an der Erdoberfläche $p(\lambda, \varphi, t)$ ist Ausgangswert für die Bestimmung der vertikalen Koordinaten. Natürlich ist aber der Luftdruck in der Atmosphäre nicht konstant, sondern ständigen Veränderungen unterlegen, die durch dynamische meteorologische Effekte, z. B. durch die Änderung des Massenfeldes, hervorgerufen werden.

Das dynamische Verhalten des Luftdrucks wirkt sich also direkt auf die Lage der Modellflächen in der Atmosphäre aus, was eine Berücksichtigung sämtlicher diesen beeinflussenden Parameter, die vom Modell erfaßt sind, für die Bestimmung der vertikalen Gitterkoordinaten verlangt. Abb. 8 verdeutlicht die Lage der isobaren Modellschichten und der Modellflächen (Schichtgrenzen). Wie die entsprechenden Höhenwerte zu berechnen sind, wird in Kap. 8.3 diskutiert.

2.5   Berechnete und abgeleitete Daten

Die numerischen Wettervorhersagemodelle berechnen für ihre Gitterpunkte explizit die Zustandsvariablen wie Druck, Temperatur, Feuchte, Flüssigwassergehalt, Geopotential oder Wind [Damr92]. Diese werden dann als Mittelwerte für das sie umgebende Modell-Volumenelement angesehen.

Nun ist es allerdings sehr schwierig, in tag-täglicher Routine aus dem rohen Modelloutput eine verständliche Wettervorhersage zu gewinnen. Die Empfänger einer solchen Vorhersage (z. B. Luftfahrtgesellschaften oder Seeämter) interessieren sich nicht für Druckdifferenzen zwischen benachbarten Gitterpunkten an bestimmten Stellen in der Atmosphäre oder ähnlich detaillierten Angaben. Sie verlangen eine Prognose der für sie signifikanten Werte (z. B. Luft-Turbulenzen, Vereisungsgefahr, Stürme, Unwetter etc.).

Um eine solche Vorhersage aus dem Modelloutput zu gewinnen, müssen diese für den entsprechenden Empfänger signifikanten und relevanten Werte aus dem Modell extrahiert oder abgeleitet werden. So berechnet das Modell weder die zu erwartende Heftigkeit von Luft-Turbulenzen noch die Vereisungsgefahr für Tragflächen explizit. Diese Werte müssen aus den explizit berechneten Werten durch geeignete Ableitungsfunktionen gewonnen werden.

Darüberhinaus ist allein die Menge an berechneten und abgeleiteten Daten zu groß (und sie wird in Zukunft mit leistungsfähigeren Rechnern noch dramatisch anwachsen), als daß Meteorologen sämtliche vom Modell berechneten interessanten, wichtigen oder gar warnwürdigen Effekte in der täglichen Routine erkennen und für die Vorhersage berücksichtigen könnten.

Dieses Problem der Datenkomplexität wird mit zwei Werkzeugen angegangen: Zum einen durchlaufen die vom Modell berechneten Datensätze eine Gruppe von mehr oder weniger komplexen Analyse-, Filter- und in Zukunft auch Warnmodulen. Dies soll in Zukunft um aufwendige Expertensysteme erweitert werden, um die stark wachsende Datenflut besser zu beherrschen. Aufgabe dieser Module ist es, die Meteorologen auf interessante Bereiche und Effekte in den Daten hinzuweisen, die einer ausführlicheren Betrachtung bedürfen. Außerdem werden so zukünftig automatisch viele warnwürdige Wetterlagen und Situationen erkannt. Auch leiten diese Module die entsprechenden gewünschten Parameter aus dem Modelloutput ab und stellen sie der weiteren Nachverarbeitung zur Verfügung.

Zum zweiten wird den Meteorologen mit Visualisierungssystemen auf Graphikworkstations das Interpretieren der so gewonnen Informationen vereinfacht (siehe auch unten). Abb. 9 zeigt den Prozeß von der Berechnung der Rohdaten bis zur Erstellung von Wetterkarten.

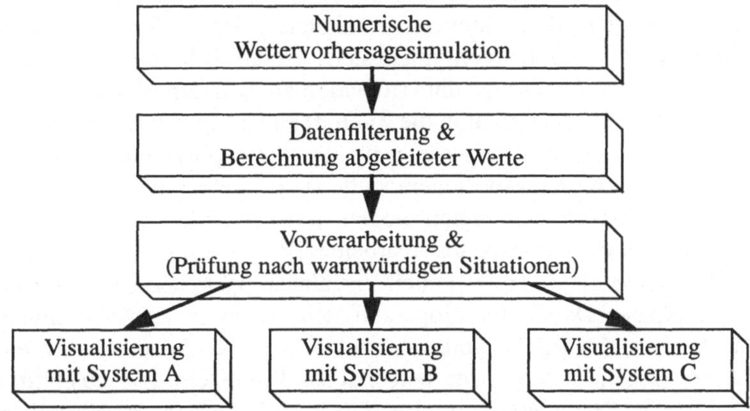

Abb. 9. Der Prozeß von der Berechnung der Rohdaten bis zur Erstellung von Wetterkarten

2.6 Bedeutung der Computergraphik für die Meteorologie

Wie bereits erwähnt, hat die Meteorologie sehr starken Bedarf an computergraphischen Visualisierungstechniken, um die dort anfallenden Datenmengen von enormem Ausmaß für große Volumen der Atmosphäre zur Überwachung und Prognose von Wetter analysieren und bewerten zu können [Schi90][PaScJu88].

Rückblickend kann man sagen, daß die Meteorologie eine Entwicklung durchlief von dem „synoptischen Zeitalter" Ende des 19. Jahrhunderts, welches durch die Telegraphie eingeleitet wurde und wo man erstmals gleichzeitige Messungen von bodennahen Phänomenen auf einem sehr groben zweidimensionalen Gitter durchführen konnte, über das „Radiosondenzeitalter" in den 30er Jahren, wo dreidimensionale Messungen durch Radiosonden an Meßballonen auf immer noch groben Gittern ermöglicht wurden bis hin zum heutigen „datenreichen Zeitalter", welches in den 60er Jahren mit der Verfügbarkeit von ferngesteuerten Meßgeräten und numerischen Vorhersagemodellen auf den ersten Computern anbrach. Seit diesem „datenreichen Zeitalter" sind computergraphische Verfahren in der Meteorologie unverzichtbar. Es begann mit einfachen kartographischen Liniendiagrammen von großen Plottern und man bedient sich heute moderner Graphikworkstations, die etliche Millionen Dreiecke pro Sekunde darstellen können, um hochinteraktiv dreidimensionale meteorologische Datenfelder zu erforschen.

Während des synoptischen Zeitalters waren vor allem Liniendiagramme für Isolinien und Fronten sowie Wettersymbole für die Meßstationen benötigt, was sich von Hand erledigen ließ. Das Radiosondenzeitalter brachte die dritte Dimension und man behalf sich mit übereinandergelegten zweidimensionalen Konturdiagrammen, die man durchblättern und damit gedanklich das Volumen rekonstruieren konnte. Als zu Beginn des datenreichen Zeitalters Satelliten mit Kameras zur Verfügung standen, die den Meteorologen zweidimensionale Bilder in hoher Auflösung und mit einer Frequenz von mindestens einem Bild pro Stunde liefern konnten, boten sich die Werkzeuge der Animation an, was den Meteorologen half, die Wolkenformationen gedanklich in die Zukunft zu extrapolieren. Die heute aber ständig wachsende Zahl von Meßgeräten für die Atmosphäre und vor allem die Supercomputer, die Wettervorhersagemodelle von immer höherer Auflösung berechnen, verlangen von den Meteorologen, mit prinzipiell dreidimensionalen dynamischen Bildern der Atmosphäre zu arbeiten [PaScJu88].

Diese für die Meteorologie entwickelten Visualisierungssysteme verfolgen heute dabei vier Hauptziele: Der Meteorologe soll sich mit ihnen zunächst einmal die numerische Analyse des Ist-Zustandes betrachten und den Modelloutput anhand der für diesen aktuellen Zeitschritt berechneten Daten einem Plausibilitätstest unterziehen können. Des weiteren muß es ihm mit Techniken der Visualisierung möglich sein, sich rasch einen Überblick über die Gesamtwetterlage zu verschaffen (globale Druckverteilung, Wolkensysteme, Temperatursituation), um so die weitere Prognose entsprechend zu bewerten. Nachdem der Meteorologe selbst die Vorhersage verifiziert und verstanden hat, benutzt er graphische Werkzeuge, um Wetterkarten zu erstellen, damit auch die Empfänger die Vorhersage möglichst schnell und einfach verstehen. Schließlich sind da aber auch noch die Meteorologen, welche die numerischen Wettervorhersagemodelle selbst entwickeln und optimieren. Sie benötigen hochinteraktive präzise Visualisierungssysteme, um die Modelle selbst und deren Output zu analysieren.

Abschließend kann man also sagen, daß die Meteorologie ohne computergraphische Visualisierungsverfahren nicht in der Lage wäre, auch nur annähernd die heutige Effizienz bei der Wettervorhersage zu erreichen. Die folgenden Kapitel werden zeigen, daß über die bereits entwickelten und eingesetzten Visualisierungssysteme hinaus starker Bedarf an neuartigen graphischen Techniken zur visuellen Analyse der dreidimensionalen Modelle und zur verbesserten Präsentation von Wettervorhersagen für die Empfänger besteht und welche Lösungen dafür im Rahmen dieser Arbeit entwickelt wurden.

Teil II
Stand der Technik

3 Visualisierungstechniken

In diesem Kapitel wird auf die möglichen Visualisierungstechniken für meteorologische Daten eingegangen. Dazu sollen zunächst diese Daten kurz beschrieben werden und die Techniken anhand des Tensorgrades der zugrundeliegenden Daten und der Dimensionalität der bei der Visualisierung verwendeten graphischen Objekte klassifiziert werden. Anschließend werden die einzelnen Verfahren genauer vorgestellt.

Ein Datensatz kann allgemein als eine mathematische Funktion angesehen werden, die sich mit $(u, v, w, \ldots) = f(x, y, z, \ldots)$ beschreiben läßt [Karl94]. Die Variablen x, y, z etc. bilden den Definitionsraum. Meteorologische Daten können z. B. als zeitabhängige Volumendaten in der Erdatmosphäre mit $f(x, y, z, t)$ beschrieben werden, wobei x, y und z die Position in einem euklidischen Raum beschreiben und t die Zeit definiert. Der Werteraum wird von u, v, w etc. bestimmt. Temperatur läßt sich durch einen Wert (z. B. u) an jeder Stelle des Definitionsraumes von f beschreiben, während eine Windströmung durch räumliche Richtungsvektoren mit drei Komponenten (z. B. u, v und w) definiert sein kann.

In [Karl94] werden wissenschaftliche Daten in die Klassen qualitativer und quantitativer Daten eingeteilt. Meteorologische Daten aus numerischen Wettervorhersagemodellen sind ausschließlich der Klasse der quantitativen Daten zuzuordnen. Daten dieser Klasse werden mit Tensoren beschrieben, die nach ihrem Grad unterschieden werden können. Dieser Grad ist die Dimension des Werteraums, also die Anzahl der Komponenten, die einen Wert bilden (u, v, w etc.). Tensoren bestehen aus d^t einzelnen reellen Werten. t ist dabei der Grad des Tensors und d die Dimension des Definitionsraums. Tensoren vom Grad 0 bezeichnet man als Skalare und beim Grad 1 werden sie Vektoren genannt. Diese beiden Typen sind in der Meteorologie fast ausschließlich vertreten.

Zusätzlich gibt es noch die Klasse der multivariaten Daten. Hierbei handelt es sich meist um eine inhaltliche Gruppierung von skalaren Daten, die stets zusammengehörend verarbeitet und interpretiert werden müssen. Meistens sind solche Daten in der Statistik anzutreffen. In der Meteorologie können komplexe Gebilde wie Wolken nur mit multivariaten Daten beschrieben werden, da erst eine Kombination verschiedener Einzelwerte (Skalare) eine Wolke charakterisieren kann. Eine ausführlichere Diskussion der meteorologischen Daten und ihre Klassifizierung ist in Kap. 8.2 zu finden.

3.1 Klassifizierung verfügbarer Visualisierungstechniken

Wenn wissenschaftlich-technische Daten visualisiert werden sollen, um durch die graphische Umsetzung der in ihnen enthaltenen Informationen einen besseren Einblick und vielleicht überhaupt erst ein Verständnis ihrer Bedeutung zu erhalten, so hängen die dabei verwendeten Techniken natürlich stark von der Art der betroffenen Daten ab.

Visualisierungstechniken lassen sich nach den folgenden Merkmalen klassifizieren:

- Dimensionalität des Datenraumes (1D sind statische Datenwerte entlang einer Linie; 2D können statische Daten auf einer Fläche oder zeitabhängige 1D Daten sein; 3D sind entweder statische Volumendaten oder zeitabhängige 2D Daten; 4D sind zeitabhängige Volumendaten). Daten können auch mehr als vier Dimensionen haben.
- Grad des Tensors der Datenwerte im Datenraum (Grad 0 sind skalare Daten, die einen Punktwert an jeder Position im Datenraum aufweisen; Grad 1 beschreibt Vektordaten; Es sind Daten mit höherem Tensorgrad als 1 möglich. Multivariate Daten sind als inhaltliche Gruppierungen mehrerer Datenwerte beliebigen Tensorgrades zu betrachten.
- Dimensionalität der graphischen Repräsentation der Daten (0D sind Punktewolken; 1D können Linien, Vektoren und Kurven sein; 2D können Isoflächen oder Schnittebenen sein; 3D können Volumina oder Ikonen sein).
- Dimensionalität des graphischen Ausgabegerätes (2D sind z. B. Bildschirme oder Plotter; 3D sind z. B. Hologramm-Maschinen oder spezielle Volumendisplays (z. B. von Texas Instruments)). Die meisten Ausgabegeräte wie Bildschirme und Volumendisplays erlauben eine zeitlich veränderliche Darstellung und können damit auch die Zeit als weitere Dimension der Ausgabe verwenden. Bei Plottern ist dies jedoch nicht möglich.

Strömungsdaten in einem Raum sind daher z. B. dynamische Volumendaten (4D) mit Vektoren an den Datenpunkten (Tensor 1. Grades), die sich auf einem Bildschirm (2D Ausgabegerät) als Strömungslinien (1D graphische Repräsentation) darstellen lassen.

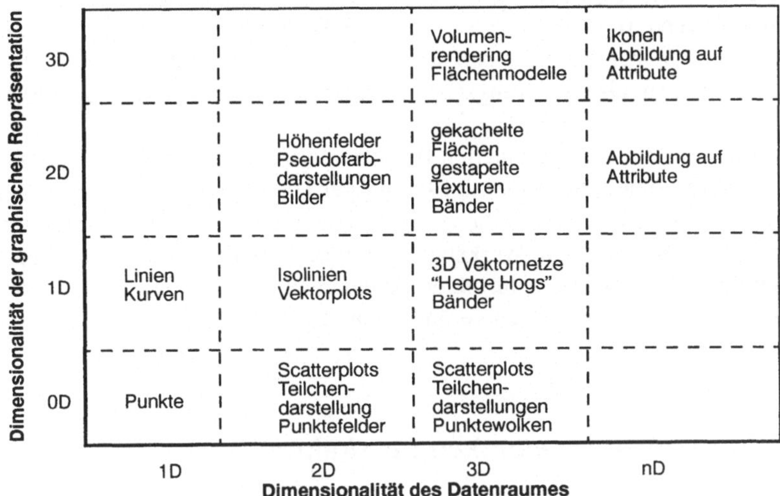

Abb. 10. Die Abbildung des Berechnungsraumes auf den Visualisierungsraum (Quelle: [Earn92])

In [Earn92] wird eine Matrix vorgestellt, die in Abhängigkeit von der Dimensionalität des Datenraumes und der Dimensionalität der graphischen Repräsentation geeignete Visualisierungsverfahren auflistet (siehe Abb. 10). Weitere Informationen finden sich auch in [Fren88].

Meteorologische Daten sind stets durch ihren Geltungsbereich, nämlich die Erdatmosphäre bestimmt. Sie haben daher immer einen geographischen Bezug und eine zeitliche Abhängigkeit gemeinsam.

Die Dimensionalität des Datenraumes ist daher meist dreidimensional (Volumendaten). Allerdings sind auch zweidimensionale Daten (z. B. Seewasser-Oberflächentemperaturen) und eindimensionale Daten (z. B. Meßwerte einer Station in Relation zur Zeit) auf diesem Gebiet anzutreffen. Da es aber für ein- und zweidimensionale Daten bereits ausreichende Visualisierungsmöglichkeiten gibt, konzentrieren sich die Arbeiten hier auf die zeitabhängigen Volumendaten. Höherdimensionale Daten kommen normalerweise in der Meteorologie nicht vor und benötigen sehr spezielle Visualisierungstechniken [BMMS91].

Die meisten Werte der numerischen Wettervorhersagemodelle werden als skalare Daten (z. B. Temperatur, Druck, Feuchtigkeit etc.). abgelegt. Aber auch Vektordaten (z. B. Wind) und multivariate Daten (z. B. Wolken) werden verwendet.

Die Dimensionalität der graphischen Repräsentation war lange Zeit in der Meteorologie rein eindimensional. Die geplotteten Karten bestanden nur aus Abbildungen von Fronten, Isolinien und Liniensymbolen. Auch heute spielen solche Darstellungsformen noch eine sehr wichtige Rolle bei der Visualisierung meteorologischer Daten. Punktewolken waren und sind außer als Positionsangaben von Meßstationen eher ungebräuchlich. Zweidimensionale graphische Repräsentationen wie Schnittflächen durch oder Isoflächen in Volumen werden langsam akzeptiert und teilweise zusätzlich zu den herkömmlichen Methoden eingesetzt. Das Volumenrendering als dreidimensionale Darstellungsmethode [FrGö91] ist kaum in der Meteorologie zu finden. Mehr Informationen zu den in der Meteorologie gebräuchlichen Visualisierungstechniken ist in [PaScJu88] und [Schi90]zu finden.

Schließlich ist die Dimensionalität der verwendeten Ausgabegeräte ausschließlich zweidimensional. Die früher auf Papier per Hand gemalten Karten waren mit Verfügbarkeit von Plottern von diesen zu erzeugen. Diese wurden um Rasterdrukker für Satellitenbilder und Workstationmonitore für das interaktive graphische Arbeiten erweitert. Die Bildschirme erlaubten auch erstmals den Einsatz von Animationstechniken, da sie zeitlich veränderliche Darstellungen unterstützen.

3.2 Visualisierungstechniken für skalare Daten

In der Meteorologie fallen die meisten Daten in die Klasse der Skalare. Hier sind Informationen über Temperatur, Druck, Feuchte etc. zu finden.

3.2.1   Zweidimensionale skalare Daten

Für skalare Daten, die einen zweidimensionalen Definitionsraum haben, sind vielfältige Visualisierungstechniken bekannt, die ihre Ursprünge weit vor der Einführung von Computern oder graphischen Algorithmen haben. In der Meteorologie sind z. B. die Wasseroberflächentemperaturen oder der Bodendruck solche Informationen. Im folgenden sollen nun die am weitesten verbreiteten Verfahren vorgestellt werden.

Konturlinien. Wenn ein zweidimensionales Feld skalarer Werte mittels Konturlinien dargestellt wird, findet eine Visualisierung mit eindimensionalen Objekten (Linien) statt. Diese Linien werden anhand des Datensatzes dort plaziert, wo in dem skalaren Feld ein bestimmter Schwellwert überschritten wird. Sind die Schwellwerte für die einzelnen Konturlinien regelmäßig entlang der Werteskala definiert, so kann man aus dem resultierenden Bild einen guten Eindruck von den in den Daten enthaltenen Strukturen bzw. deren Konturen erhalten. Eine quantitative Analyse des Bildes ist allerdings mit dieser Technik eher schwierig, auch wenn die einzelnen Schwellwerte an die jeweiligen Konturlinien geplottet werden. Abb. 11 zeigt solche Isolinien von Druck über dem Atlantik und Westeuropa.

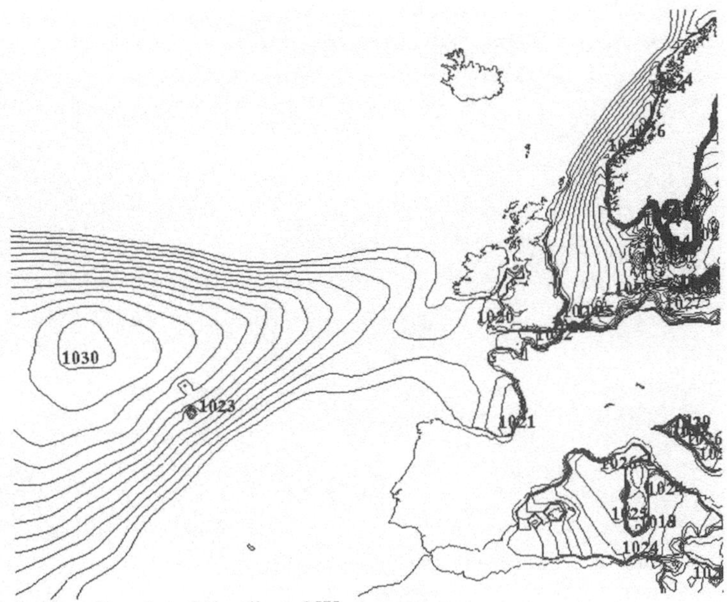

Abb. 11. Isobare über dem Atlantik und Westeuropa

Farbflächen. Erstellt man für die Werteskala der betreffenden Daten eine Farbtabelle, mit der es möglich ist, jedem skalaren Wert des Datenfeldes eine eindeutige Farbe zuzuordnen, so kann man eingefärbte Flächen aus zweidimensionalen skalaren Daten erzeugen.

Farbe ist ein sehr mächtiges Mittel bei der menschlichen Wahrnehmung. Die Wahl einer geeigneten Farbtabelle für die entsprechenden Daten ist dabei die schwierigste Aufgabe. Falsche Farbtabellen können Informationen unterdrücken oder verfälschen und mit den „richtigen" Einfärbungen lassen sich die gewünschten Einblicke in die Daten sofort erhalten. Oftmals ist auch ein interaktives Verändern von Farbtabellen und das Beobachten der Veränderungen in der eingefärbten Fläche ein geeignetes Hilfsmittel. Abb. 12 zeigt Temperaturen über Europa. Über Land sind diese mit einer abgestuften Farbtabelle visualisiert, während sie über Wasser durch Konturlinien dargestellt werden.

Abb. 12. Temperaturen, die auf Farbe abgebildet werden

Absolutwertangaben. Zusätzlich zu einer Darstellung als eingefärbte Flächen
oder Isolinien kann das Anzeigen von Absolutwerten im Bild auf regulären Gittern,
ausgewählten Positionen oder an Stellen von Extrema in den Daten bei der quantitativen Analyse hilfreich sein.

Farbflächen oder Konturlinien unterstützen das Erkennen von Strukturen und
darauf bezogenen Eigenschaften in den Daten. Geplottete Absolutwerte können
quantifizierbare Aussagen machen oder aber Werte einer weiteren skalaren Information zusätzlich anzeigen.

Terraindarstellung. Die menschliche Wahrnehmung arbeitet sehr effektiv beim
Erkennen von Formen und Oberflächen von dreidimensionalen Körpern. Um dies
zu nutzen, können zweidimensionale skalare Daten als ein dreidimensionales Terrain dargestellt werden, indem die euklidischen Raumkoordinaten des Definitionsraumes als horizontale Komponenten und der skalare Wert selbst als eine dazu
orthogonale Höhe interpretiert wird. Dabei läßt sich dieselbe oder eine andere skalare Variable als Farbe oder Höhenlinie (Konturlinie) auf diese Oberfläche zum
besseren Verständnis abbilden.

So kann eine kontinuierlich vorliegende skalare Variable wie eine „Erdoberfläche" mit Bergen, Hügeln und Tälern betrachtet und interpretiert werden. Nachdem
man in einem solchen Bild Besonderheiten oder Strukturen erkannt hat, muß man
diese Erkenntnisse zurück auf die Eigenschaften der Originaldaten übertragen.

3.2.2 Dreidimensionale skalare Daten

Der wesentliche Vorteil, den zweidimensionale Daten bei der Visualisierung aufweisen, ist die Tatsache, daß die Dimension ihres Definitionsraumes derjenigen des gebräuchlichsten Ausgabemediums - nämlich dem Computermonitor - entspricht. Die Abbildung auf das Ausgabegerät kann also ohne Informationsverluste durch eine Reduktion der Dimensionalität geschehen.

Bei Daten mit einem mindestens dreidimensionalen Definitionsraum ist dies anders. Hier müssen entweder bei der Abbildung der Daten auf ein Visualisierungsobjekt oder bei der graphischen Umsetzung eines solchen Objektes auf den Bildschirm Informationsverluste durch die Dimensionsreduktion hingenommen werden.

Isoflächen. Isoflächen in dreidimensionalen skalaren Daten entsprechen den Konturlinien bei zweidimensionalen Feldern. Hier wird jeweils die Fläche gesucht, an der die kontinuierlich im Raum vorliegenden Datenwerte einen gegebenen Schwellwert überschreiten. Diese Fläche bietet daher auch die gleichen Vorteile wie die Isolinien und ist ebenso wenig brauchbar bei einer quantitativen Analyse der Daten.

Ein weit verbreitetes Verfahren zur Extraktion solcher Isoflächen aus Volumendaten stellt der „Marching Cubes" Algorithmus [Levoy88] dar. Hier werden in einem als diskretes Datengitter vorliegenden Datensatz alle von jeweils acht Knoten umgebene Elemente untersucht, ob durch sie der Schwellwert verläuft. Ist dies der Fall, so dort wird anhand von Interpolation und Dreiecken eine Flächengeometrie erzeugt. Schließlich muß diese dreidimensionale Geometrie mit Methoden der klassischen Computergraphik [Fol91] auf das Ausgabegerät gerendert werden.

Schnittflächen. Eine Alternative zu sämtlichen „wirklich räumlichen" Visualisierungsverfahren für dreidimensionale Volumendaten ist die Auswahl von Schnittflächen. Hier werden anhand interaktiv oder fest definierter Positionen Schnitte durch das Datenvolumen gelegt. Diese Schnitte selbst sind nun wieder zweidimensionale Felder, die mit den unter Kap. 3.2.1 genannten Verfahren visualisiert werden können.

Ist es möglich, diese Schnitte kontinuierlich durch das Datenvolumen zu bewegen, so ist eine effektive Analyse des Volumens möglich. Der Betrachter sieht nun ständig eine zweidimensionale Untermenge der Daten visuell dargestellt. Die Verschiebung dieser Schnittfläche entlang einer dritten Dimension in den Daten mit der Zeit, bildet diese dritte Dimension der statischen Daten auf die zeitliche Dimension des nun dynamischen Bildes ab. Mental kann so das Volumen relativ effektiv wieder rekonstruiert werden.

Volumenrendering. Das Volumenrendering erlaubt es nun schließlich, die dreidimensionalen skalaren Daten direkt in den Darstellungsraum des Ausgabegerätes zu überführen [FrGö91][WWC92]. Für die am häufigsten vorkommenden Fälle des diskreten Datenvolumens und des diskreten zweidimensionalen Bildfeldes des Ausgabegeräts gibt es die Techniken des Raycastings (backward projection) und des Projizierens der Volumenelemente auf die Bildebene mittels Back-To-Front oder Front-To-Back Verfahren (forward projection). Abb. 13 zeigt ein volumengerendertes Bild.

Beim Raycasting werden von einem virtuellen Augpunkt einer oder mehrere Sehstrahlen durch jedes einzelne Bildelement (Pixel) in das Datenvolumen geschickt und dort mit den Volumenelementen (Voxel) geschnitten. Je nach Parametrisierung wirken sich dann die einzelnen getroffenen Volumenwerte auf die Farbe des Bildelementes aus.

Bei der Projektion der Voxel auf die Pixel der Bildebene wird der umgekehrte Weg beschritten. Hier wird jedes Voxel mit seiner Größe und seinem Wert einem oder mehreren Pixeln zugeordnet, wobei jedes eingefärbt wird. Treffen mehrere Voxel auf dasselbe Pixel, so wird eine Entscheidung anhand der Verfahrensparametrisierung (z. B. Schwellwerte), Größe und Werten der beteiligten Voxel getroffen.

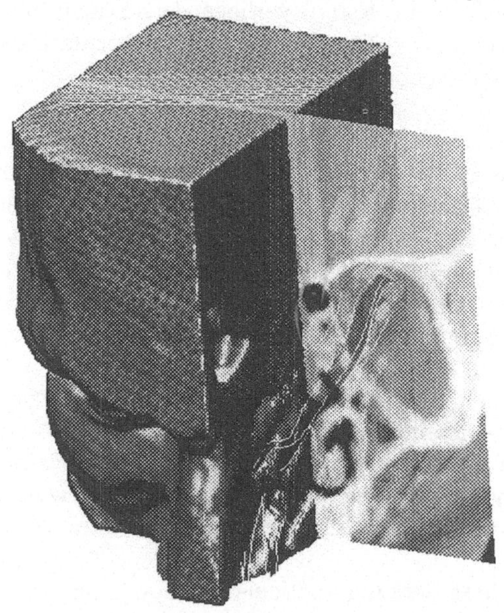

Abb. 13. Volumengerendertes Bild

Die Techniken des direkten Volumenrenderings und der Isoflächenberechnung lassen sich auch in hybriden Renderingverfahren kombinieren. Dazu müssen Volumenraum und Geometrieraum mit der Isofläche gleichzeitig abgetastet oder projiziert werden, um die Verdeckung korrekt zu berücksichtigen [Früh93]. Ein weiterer Ansatz ist hier die Voxelisierung sämtlicher polygonaler Daten vor dem eigentlichen Rendering [KaCoYa93].

3.3 Visualisierungstechniken für Vektordaten

Mit Vektordaten werden in der Meteorologie meistens Windströmungen beschrieben. Sie können sowohl in zwei- als auch in dreidimensionalen Definitionsräumen auftreten, wobei jeweils statische und dynamische Szenarien möglich sind. Ihr Werteraumes hat aber im Gegensatz zu den skalaren Daten zwei (z. B. nur horizontale Winde) oder drei (Winde in allen Raumrichtungen beschreibbar) Dimensionen.

Nach [Habe88] lassen sich Vektorfelder entweder durch eine direkte Visualisierung, bei der das Vektorfeld selbst dargestellt wird, oder eine indirekte Visualisierung, bei der die physikalischen Effekte und Auswirkungen des Vektorfeldes z. B. auf masselose Partikel dargestellt werden, veranschaulichen. Die erste Variante ist weitgehend anwendungsunabhängig, während die zweite von der physikalischen Bedeutung des Vektorfeldes in den Anwendung abhängt (siehe für die Meteorologie hierzu auch [Max92] und [CrMa93]).

Pfeildarstellung. Bei der Pfeildarstellung wird das Vektorfeld direkt visualisiert. Hier werden Pfeilobjekte an den vom Datensatz innerhalb des Raumes definierten Positionen plaziert, die in die dort vorgegebene Richtung zeigen. Der Betrag des dort vorliegenden Vektors kann auf die Länge und/oder Farbe des Pfeilobjektes abgebildet werden. Pfeile einheitlicher Länge haben den Vorteil, daß auch schwächere Strömungen sichtbar werden, ohne übersehen oder von stärkeren Strömungen verdeckt zu werden. Pfeilobjekte sollten stets einen Kopf haben, so daß die Richtung, in die sie zeigen, eindeutig ersichtlich ist.

Werden für jeden Punkt des Volumens Pfeilobjekte generiert und gezeigt, so kann dies sehr verwirrend sein. Interaktive Rotation und eine beliebige Plazierung von Ebenen, die Gebiete des Volumens wegclippen, können da etwas helfen. Hier kann aber wieder analog zu den oben erwähnten Schnittebenen eine zweidimensionale Untermenge in Form einer solchen Schnittfläche gebildet werden, auf der dann lediglich die Pfeilobjekte plaziert werden und die sich beliebig im Datenvolumen verschieben läßt.

Bei der Auswahl der Pfeilobjekte sollte stets auf die von der konkreten Applikation gegebenen Randbedingungen geachtet werden. Sollen in der Meteorologie z. B. zweidimensionale Windfelder einer bestimmten Luftschicht mit Pfeilen visualisiert werden, so sind Pfeilobjekte der in der Meteorologie üblichen Windpfeil-Form zu verwenden, deren Länge stets gleich ist und wo an den Pfeil angehängte Linien und Dreiecke (Befiederung) mit ihrer Anzahl und Länge die Windgeschwindigkeit wiedergeben.

Pfeilobjekte lassen sich anhand ihres Betrages, z. B. die Windgeschwindigkeit, oder eines weiteren skalaren Wertes einfärben. Dies erlaubt dann ein schnelleres Erfassen des visualisierten Vektorfeldes bzw. ein gleichzeitiges oder komparatives Betrachten von Vektor- und Skalarfeldern.

Trajektorien. Trajektorien stellen eine indirekte Visualisierung von Vektorfeldern dar. Hier werden die Auswirkungen eines statischen oder auch dynamischen Vektorfeldes auf ein masseloses Teilchen und die daraus für dieses Partikel resultierende Flugbahn bzw. der Bewegungspfad durch ein Medium berechnet (siehe auch [Wijk93]).

Anhand der Lage und Form der Flugbahn kann dann der Betrachter Rückschlüsse auf das Vektorfeld ziehen. Dies entspricht der Vorgehensweise bei Messungen von Windfeldern in Windkanälen. Dort werden viele Rauchpartikel von einer Quelle im Windfeld emittiert und anschließend die Flugbahn dieser Teilchen mit sehr wenig Masse analysiert.

Jedoch ist das Positionieren des Ausgangspunktes der Flugbahn sehr kritisch. Zum einen verlangt es exakte Positionierungstechniken im Raum und zum anderen können durch ungeschickte Auswahl von Startpositionen wichtige Effekte in den Daten übersehen werden. Die Trajektorienmethode sollte also nur zusätzlich eingesetzt werden.

Abgeleitete Skalare. Schließlich kann es auch sehr nützlich bei der Analyse von Vektorfeldern sein, aus ihnen abgeleitete skalare Werte mit den bereits beschriebenen Verfahren zu visualisieren und zu analysieren.

Wird so z. B. zunächst nur nach Gebieten mit hohen Windstärken gesucht, so kann aus dem Vektorfeld zu diesem Zweck ein skalares Feld mit den Vektorbeträgen (Windgeschwindigkeiten) abgeleitet werden, welches dann einfacher zu visualisieren ist. Auch können die einzelnen Vektorkomponenten getrennt als Skalare betrachtet werden. Dies ist z. B. nützlich, wenn Gegenden mit größeren vertikalen Winden gesucht werden, um die dort entstehenden Einflüsse auf die Wolkenbildung, Niederschlagsentwicklung und Gewittervorkommen zu untersuchen.

3.4   Visualisierungstechniken für multivariate Daten

Multivariate Daten stellen eine besondere Herausforderung an die Visualisierung dar [CLR85]. Hier gilt es, viele miteinander in Verbindung stehende Variablen des Werteraumes in geeigneter Weise zusammen zu visualisieren, so daß sich Korrelationen oder Bedeutungen erfassen lassen, was erst durch die gleichzeitige Interpretation aller Variablen möglich ist. Meistens kommen solche multivariaten Daten in der Statistik vor, wo in Abhängigkeit von Positionen auf der Weltkarte z. B. statistische Daten über Krankheiten, Wasserqualität, Einkommenswerte oder Bevölkerungswachstum vorliegen. Solche Daten lassen sich natürlich zum einen komponentenweise als skalare Daten visualisieren. Darüberhinaus gibt es aber zum anderen auch Ansätze für spezielle Verfahren.

Ikonen. Es wurden bereits sehr wirksame Visualisierungsverfahren auf der Basis von Ikonen für multivariate Daten entwickelt. In der traditionellen Meteorologie sind sie ebenfalls anzutreffen, wenn Wettersymbole z. B. komplexe Informationen über Wolkentyp, Niederschlagsmenge und Niederschlagstyp gleichzeitig repräsentieren.

Ebenfalls sehr bekannt (allerdings eher außerhalb der Meteorologie) sind die Chernoff-Gesichter [Cher73]. Hier werden verschiedene Variablen an einem Ort auf verschiedene Attribute von dort dargestellten Gesichtern abgebildet. Der Erfolg dieser Gesichter beruht darauf, daß Menschen sehr geübt sind, Änderungen im Gesichtsausdruck zu erkennen sowie zu interpretieren und „Fremde", die Extrema in Datensätzen repräsentieren, aus einer ansonsten homogenen Menschengruppe herauszudeuten. Mit der Abbildung von bis zu 11 unabhängigen Variablen auf Eigenschaften der Chernoff-Gesichter wie Lage und Form von Augen, Nase und Mund können Korrelationen, übergreifende Tendenzen und abweichende Elemente entdeckt werden, während quantitative Analysen schwieriger sind. Abb. 14 zeigt eine Gruppe von Chernoff-Gesichtern.

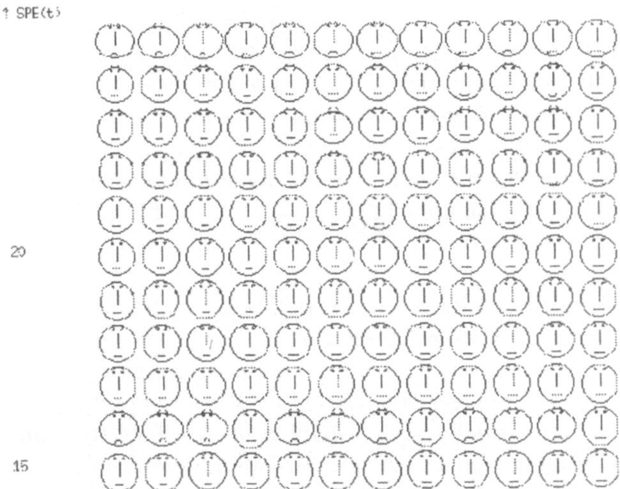

Abb. 14. Chernoff-Gesichter (Quelle: Universität Paderborn)

Als sehr effektiv haben sich auch die Strichfiguren erwiesen, die in dem Visualisierungssystem Exvis [PiGr88] [GPW89] eingesetzt werden. Werden z. B. die verschiedenen und voneinander unabhängigen Spektralkanäle eines Satellitenbildes auf die Attribute dieser Strichmännchen abgebildet, so sind Texturen mit Gradienten und Konturen leicht erkennbar, die Aussagen über die Daten und Korrelationen innerhalb dieser machen können. Die Strichfigur besteht dabei aus einer Anzahl von Gliedern, deren Länge, Breite, Winkel und evtl. auch Farbe von den verschiedenen Variablen an diesem Ort gesteuert werden. Abb. 15 zeigt einen Ausschnitt aus einer mit Exvis erstellten Visualisierung.

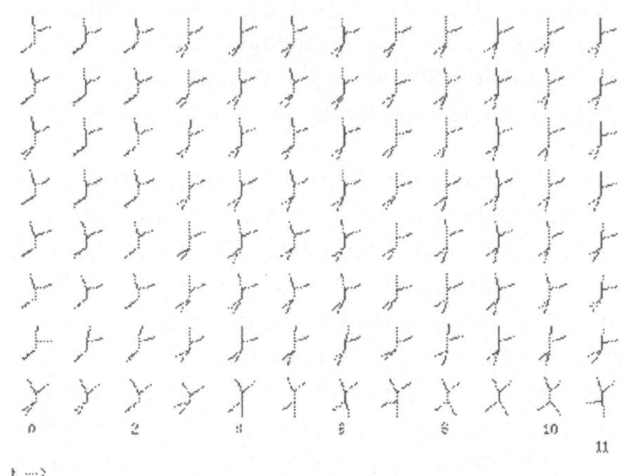

Abb. 15. Mit Exvis erstellte Ikonen (Quelle: Universität Paderborn)

Das größte Problem bei der Visualisierung mittels Ikonen, die im übrigen sowohl im zweidimensionalen als auch im dreidimensionalen Definitionsraum vorliegen und auch dynamisch sein können, liegt bei der Auswahl von geeigneten Ikonen und bei der Entscheidung, welche Variablen auf welche Attribute der Ikone abgebildet werden sollen. Von großer Bedeutung ist es hier, daß die Attribute orthogonal zueinander sind, d. h. daß sie sich nicht gegenseitig aufheben können [Grin90]. Wenn z. B. bei den Chernoff-Gesichtern der die Mundgröße bestimmende Variablenwert sehr klein ist, kann der Variablenwert für die Mundform nicht mehr interpretiert werden.

Maßgeschneiderte Verfahren. Neben den Ikonen können je nach Anwendung auch für multivariate Daten maßgeschneiderte Verfahren eingesetzt werden. In der Meteorologie lassen sich so, wie in dieser Arbeit gezeigt werden konnte, Wolken als multivariate Daten mit speziell dafür entwickelten Algorithmen, welche die einzelnen Variablen auf jeweils andere graphische Attribute der künstlichen Wolke abbilden, visualisieren. Auf ein solches Verfahren wird in Kap. 9.4.2 näher eingegangen.

4 Visualisierungssysteme

Mitte der achtziger Jahre machten neue Supercomputer und nun verfügbare Graphik-Workstations die Entwicklung von mächtigen Systemen für die Visualisierung wissenschaftlich-technischer Datensätze nötig und auch gleichzeitig erst möglich. Die moderneren Hochleistungsrechner, die wesentlich exaktere Simulationen erlaubten und verbesserte Meßgeräte in beinahe allen Wissenschaften zu denen auch Satelliten gehörten, sorgten für eine wahre Datenflut. Zugleich machten aber leistungsfähigere Graphikrechner, die klein genug geworden waren, um in den Büros und Laboratorien installiert zu werden, die Visualisierung solcher Datensätze möglich.

Wissenschaftler erkannten das Potential der visuellen Umsetzung ihrer Datensätze, da hier die Fähigkeiten des menschlichen Gehirns auf geeignete Weise angesprochen werden konnten. Um ihre mittlerweile sehr komplex gewordenen Datensätze zu analysieren, suchten Forscher aller Disziplinen also nach graphischer Software, die sie dabei unterstützen konnte.

Einerseits entstanden dabei monolithische Systeme, die meistens stark auf eine bestimmte Applikation zugeschnitten und für diese auch optimiert sind [Trein92]. Andererseits wurden wesentlich flexiblere Visualisierungspakete entwickelt, die es dem Anwender erlauben, sich seine Verfahren und Techniken interaktiv selbst zusammenzufügen.

In diesem Kapitel sollen nun einige Visualisierungssysteme aus beiden Klassen vorgestellt werden und auf ihre allgemeine und spezielle Eignung für die Visualisierung meteorologischer Daten hin untersucht werden. Abschließend werden die Vor- und Nachteile der einzelnen Systeme diskutiert

4.1 Monolithische Turnkeysysteme

Im folgenden werden einige Systeme exemplarisch für die Klasse der Turnkeysysteme betrachtet. Dabei wird das System ISVAS3 als Beispiel für die allgemeine Visualisierung von Finite Elemente Daten und Volumendaten angeführt

[Karl92][Karl94]. Das in [Früh94] vorgestellte ICV wurde für kurvilineare Gitter, wie sie in der Meteorologie bei Simulationen häufig anzutreffen sind, entwickelt. Mit McIDAS und VIS5D werden hier auch Systeme vorgestellt, die speziell für interaktive dreidimensionale meteorologische Anwendungen erstellt wurden [Hibb89]. Anschließend sollen die Systeme IGS, MAP und Diagnose des Deutschen Wetterdienstes als Beispiele für kartographisch orientierte Visualisierungssysteme dienen, die von Meteorologen für Meteorologen entwickelt wurden. Zuletzt wird in diesem Kapitel noch ein Blick auf kommerzielle Systeme für die fernsehgerechte Visualisierung meteorologischer Daten geworfen. Dabei werden stellvertretend die Systeme von Kavouras, EarthWatch, SINTEF, AccuWeather, WSI und Weather News International vorgestellt und kurz untersucht.

4.1.1   ISVAS3 und ICV des Fraunhofer-IGD

ISVAS3 ist ein hochinteraktives System zur Visualisierung von Finite Elemente Daten und von Volumendaten auf regulären Voxelgittern [FGHK94]. Der Name steht dabei als Abkürzung für „Interaktives System zur visuellen Analyse von Simulationsergebnissen". Es zeichnet sich insbesondere durch die Fähigkeit aus, auch einige 100.000 Elemente problemlos zu handhaben und gleichzeitig sehr flexibel zu sein. Ein sogenannter „Kalkulator" erlaubt eine einfache und fast beliebige Vorverarbeitung der Daten.

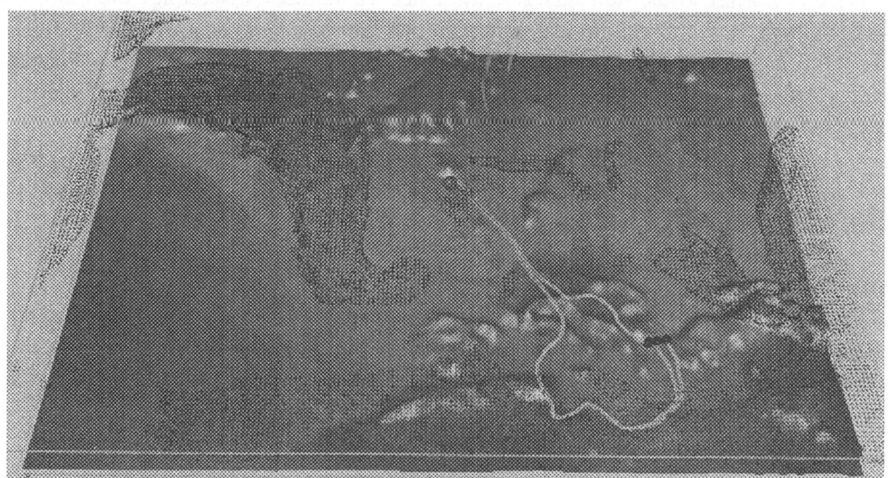

Abb. 16. Das System ISVAS3 mit Temperatur- und Winddaten des Europamodells

Viele Interaktionstechniken unterstützen das Erforschen der technischen Daten und es ist sogar möglich, ISVAS3 zur Online-Visualisierung und Steuerung bei einer Simulation einzusetzen. Abb. 16 zeigt eine Aufnahme von ISVAS3.

Für meteorologische Daten eignet sich ISVAS3 nur bedingt. Die dort auftretenden Datentypen weisen keine Finite Elemente Struktur auf und dort vorkommende

Volumendaten liegen nicht auf einem regulären Voxelgitter. Außerdem unterstützt ISVAS3 keine meteorologie-spezifischen Darstellungsformen für die Daten wie Fronten, Windpfeile oder Isobare.

Ebenso wie das ISVAS System wurde auch ICV beim Fraunhofer-Institut für graphische Datenverarbeitung entwickelt. Mit ICV („Interactive Computational Fluid Dynamics Visualization") konnte ein System speziell für strömungsmechanische Probleme entwickelt werden. Es unterstützt Daten auf kurvilinearen Gittern und bietet vielfältige interaktive Methoden, Skalare oder Vektorfelder auf diesen Gittern zu visualisieren. Exaktes Positionieren von Startpunkten für Trajektorienrechnungen ist ebenso möglich wie das aufwendige Berechnen von Isoflächen in Volumendaten auf diesen irregulären Voxelgittern. Abb. 17 zeigt Isoflächen aus Windgeschwindigkeits-Volumendaten, die mit ICV visualisiert wurden und einen Jetstream über dem Atlantik zeigen.

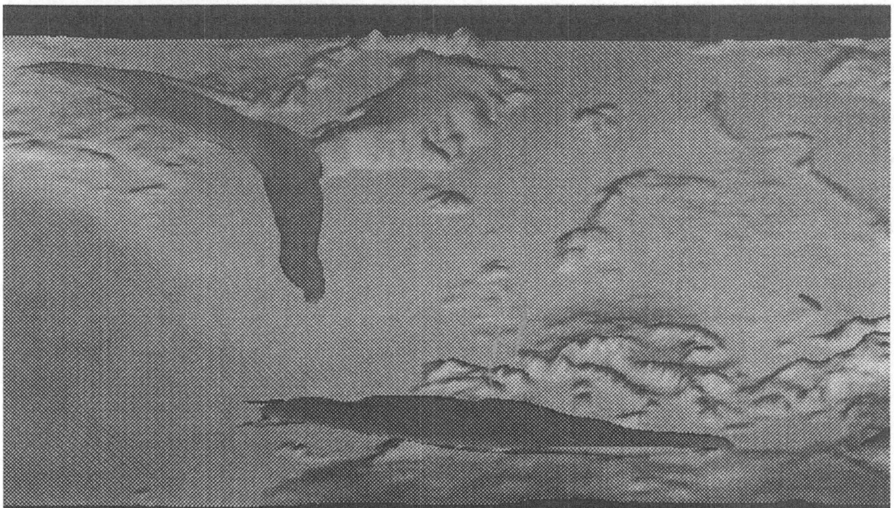

Abb. 17. Das System ICV ebenfalls mit Daten des Europamodells des DWD

Mit ICV können also bereits die meisten von numerischen Wettervorhersagemodellen erzeugten Daten visualisiert und mittels Trajektoriendarstellung bzgl. ihrer Vektorfelder näher untersucht werden. Allerdings unterstützt ICV auch keine für die Meteorologie benötigten Visualisierungsobjekte wie Windpfeile oder Isolinien. Auch sind die kurvilinearen Voxelgitter statisch, was der dynamischen Anpassung dieser Gitter in den Simulationsmodellen an die sich ändernde Wetterlage keine Rechnung trägt.

4.1.2 McIDAS der University of Wisconsin-Madison

Eine wissenschaftliche, dreidimensionale Visualisierung von meteorologischen Daten aus den verschiedensten Quellen war das Ziel der Entwicklung von

McIDAS (Man-computer Interactive Data Access System) am Space Science and Engineering Center der Universität von Wisconsin-Madison [Hibb89]. Dieses sehr bekannte System bietet ein umfangreiches Daten-Management, eine aufwendige 3D Visualisierung sowie dabei einen hohen Interaktionsgrad.

Das Daten-Management kann Informationen aus über 100 verschiedenen Quellen mit einer Bibliothek von Konvertierungs- und Verwaltungsroutinen bearbeiten. Im System selbst sind Datenstrukturen für Gitter, Bilder, Pfade und irreguläre Daten vorhanden. So lassen sich Modelldaten, Satelliten- oder Radarbilder, Trajektorienpfade und beliebig verteilte Daten aus Beobachtungen oder von Meßballonen repräsentieren. Zusätzlich sind Analysefunktionen verfügbar, die z. B. Gitterfelder aus irregulären Daten oder Trajektorien aus Felddaten ableiten.

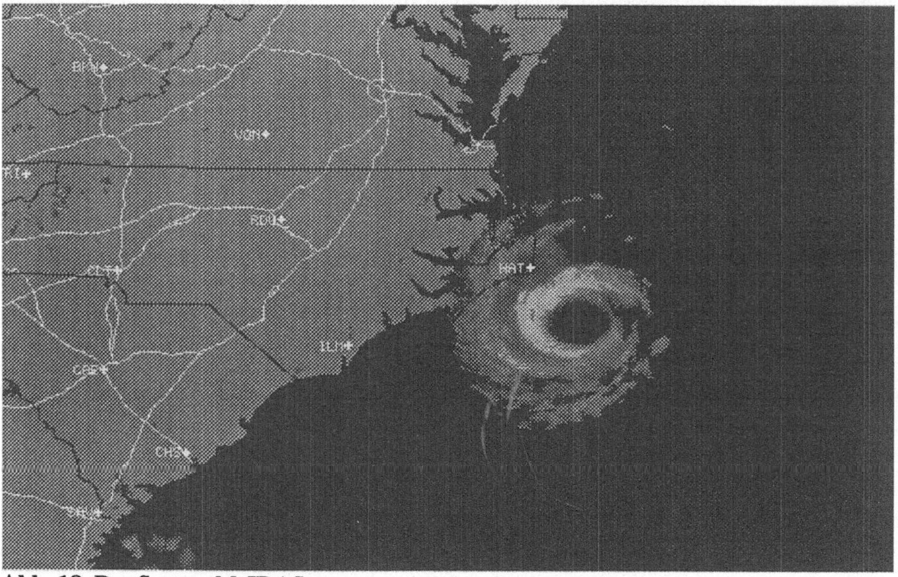

Abb. 18. Das System McIDAS

McIDAS hält sämtliche Daten sowie deren geometrische Visualisierungsobjekte im Hauptspeicher der Maschine (z. B. IBM 4381 oder Stellar GS-1000), wobei die Rohdaten komprimiert sind. Für die Visualisierung wird eine Boundingbox des Datenvolumens sowie eine Linienkarte zur Orientierung angeboten. Den geographischen Kontext für die Modellberechnungen stellt eine polygonale Flächendarstellung der Orographie dar. In dem Atmosphärenvolumen darüber können Isoflächen, Isolinien auf Schnitten, texturierte Flächen, Gitterflächen, verschiedene transparente „Nebelobjekte" oder Trajektorienpfade, die von Vektorfeldern abgeleitet wurden, dargestellt werden. Die Visualisierung kann anschließend als Animation in einem Video oder Stereovideo festgehalten werden bzw. in einem interaktiven Modus erfolgen. Dabei hat der Anwender dann die Gelegenheit, mit seinen Daten zu „spielen" indem er in allen drei Dimensionen rotieren, zoomen und verschieben oder einzelne Datensätze und Zeitschritte anwählen kann.

Bei der Entwicklung des Systems McIDAS wurden viele Pionierleistungen erbracht und grundlegende Erkenntnisse gewonnen. Allerdings lag der Schwerpunkt zu sehr auf den Satelliten- und Beobachtungsdaten und es war außerdem beim Rendering nicht performant genug und bot nicht ausreichend Interaktivität, so daß innerhalb des Entwicklerteams von McIDAS mit der Entwicklung eines weiteren Systems, nämlich VIS5D, begonnen wurde.

4.1.3 VIS5D der University of Wisconsin-Madison

An der Universität von Wisconsin-Madison in den USA konnte vor allem von W. Hibbard das System VIS5D entwickelt werden. Es wurde speziell für meteorologische Daten erstellt und bekommt seinen Namen durch die Dimensionalität der damit zu visualisierenden Daten, die im Raum (3D) zu verschiedenen Zeiten (+1D) und mit verschiedenen unabhängigen Variablen vorliegen (+1D). Das System ist dabei hochperformant und sehr interaktiv. Aus dynamischen Volumendaten, die auf regulären Gittern vorliegen müssen, können Isoflächen, Trajektorien, Vektorfelder oder Schnittflächen berechnet werden. Diese Schnittflächen lassen sich einfärben oder mit Isolinien belegen. Das simultane Anzeigen vieler Variablen mit ihren eigenen Visualisierungstechniken ist möglich. Auch können skalare Volumendaten direkt mit verschiedenen Transparenzen und Farben visualisiert werden. Abb. 19 zeigt eine Visualisierung von meteorologischen Daten über Nordamerika mit VIS5D.

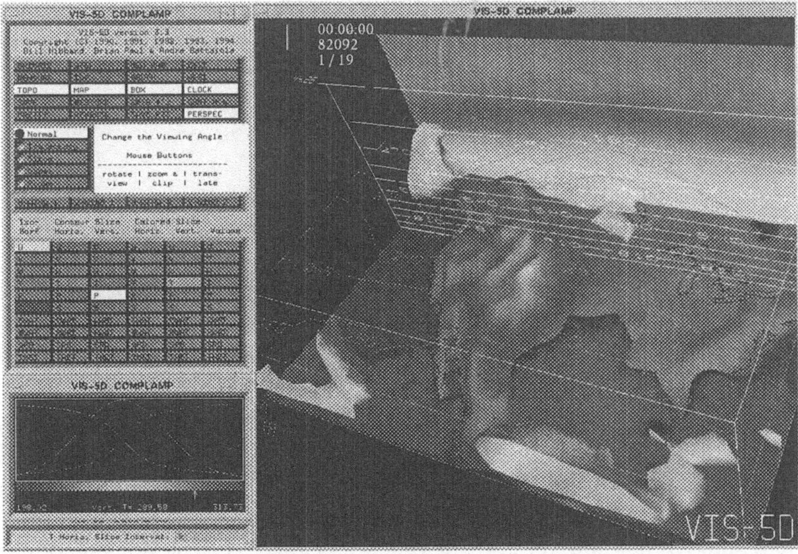

Abb. 19. Das System VIS5D

Natürlich ist VIS5D bereits hervorragend für die Visualisierung meteorologischer Daten geeignet. Es ist weltweit frei verfügbar und wird auch an meteorologischen Instituten eingesetzt. Viele Aufgaben dieser Wissenschaft in Hinsicht auf interaktives Arbeiten mit Volumendaten aus dem Modelloutput lassen sich mit diesem System abdecken. Allerdings lassen sich auch drei gravierende Mängel ausmachen:

Zum einen ist es nicht möglich, die Modelldaten auf ihrem Originalgitter zu visualisieren. Sie müssen stets auf einem regulären Volumengitter vorliegen. Die neueste Version erlaubt nun irreguläre Höhenverteilungen, die aber statisch sind und weiterhin Modellschichten parallel zum ebenen Volumenboden voraussetzen. Wie aber aus Abb. 8 zu ersehen ist, sind diese Modelldaten vor allem in der Vertikalen alles andere als regulär und ihre Schichten keinesfalls parallel zum Volumenboden. In Bodennähe sind die horizontalen Schichten nur einige Meter auseinander, während es in der höheren Atmosphäre Kilometer sind. Ein Re-Sampling auf ein reguläres Voxelgitter mit äquidistanten Schichten bringt also entweder drastische Verluste in den bodennahen Schichten oder eine überflüssig hohe Auflösung mit nicht mehr zu bewältigenden Datenmengen in den höheren Schichten mit sich. Auch müßten die Daten von ihrem kurvilinearen Gitter auf die planaren Schichten des Voxelgitters gebracht werden.

Zum zweiten werden hier keine Visualisierungstechniken unterstützt, welche die meteorologischen Daten für andere Zielgruppen (wie z. B. Fernsehzuschauer) graphisch aufbereiten. Somit können lediglich mit der Visualisierung dreidimensionaler Volumendaten vertraute Personenkreise dieses System einsetzen. Herkömmliche Stationsplots von Beobachtungswerten oder eine Frontendarstellung sind ebenfalls nicht möglich.

Schließlich lassen sich dynamische Effekte nur sehr ungenügend mit VIS5D erforschen. So hat man nur die Möglichkeit, die Daten entweder mit einem regelmäßigen Triggern des Renderings zu animieren oder schrittweise durch die verschiedenen Zeitschritte zu „blättern". Dies reicht nicht aus, um die Dynamik von Wetterlagen, die eine bedeutende Rolle spielt, gründlich zu erfassen.

4.1.4   MeteoVis der Tsinghua-Universität

Das System MeteoVis wurde vom Fachbereich „Computer Science and Engineering" der Tsinghua Universität in Peking und dem chinesischen „National Meteorological Center" entwickelt, um interaktiv meteorologische Modelldaten zu visualisieren [WeiZes95, WeiZes94].

In einem Zeitraum von einem Jahr wurde ein Visualisierungssystem implementiert, welches die Graphikhardware von Silicon Graphics Workstations zur schnellen graphischen Umsetzung von skalaren Daten und Vektorinformationen aus der Meteorologie nutzt. So kann bei Navigation im Datenraum mittels virtuellem Trackball oder bei der interaktiven Positionierung eines 3D Cursors eine Framerate von 5 bis 10 Frames pro Sekunde erreicht werden.

Als Visualisierungstechniken stehen für skalare Daten Isoflächen in Drahtgitter- oder Flächendarstellung sowie horizontale oder vertikale Schnitte durch das Datenvolumen jeweils mit Isolinien oder Farbschattierungen zur Verfügung. Vektorfelder können als Schnittebenen in horizontaler oder vertikaler Ausrichtung mit Pfeildarstellungen sowie als Trajektorien visuell umgesetzt werden. Es wird eine Integration mehrerer solcher graphischer Objekte, die aus verschiedenen Daten erzeugt wurden, in einer Szene unterstützt. Zusätzlich wird eine Möglichkeit bereitgestellt, Farbtabellen interaktiv zu verändern.

Die stark ausgabeorientierte Architektur des Systems zwingt eingehende Daten zunächst in ein eigenes Standardformat, ehe aus ihnen in der Mappingstufe geometrische Daten erzeugt werden. Im folgenden setzen sowohl Animationstechniken als auch direkte interaktive Manipulationen lediglich auf die Renderingstufe auf, wo diese Geometrien in Bilder oder Bildsequenzen umgewandelt werden.

Bewertend muß festgestellt werden, daß das System MeteoVis derzeit aus den im folgenden aufgezählten Gründen noch nicht ausreichend für eine eingehende Untersuchung meteorologischer Modelldaten durch interaktive Visualisierung geeignet ist. Zum einen werden sämtliche Daten vor der Visualisierung auf ein reguläres 3D Gitter abgebildet, was entweder zu einem unzulässigen Informationsverlust in den unteren Atmosphärenschichten führt, wo das numerische Wettervorhersagemodell hoch aufgelöst ist, oder in einer jede Interaktion unterbindenden Datenflut mit unnötig hoch aufgelösten Schichten in der oberen Atmosphäre resultiert. Des weiteren verbietet die Architektur von MeteoVis, wie sie in [WeiZes95] publiziert wurde, eine intelligente Verwaltung der Modelldaten, die diese auch aufwendigen Animationstechniken oder direkten interaktiven Manipulationen zur Verfügung stellen könnte. Schließlich erschwert die Benutzungsoberfläche, die auf OSF/Motif implementiert wurde, mit ihren vielen Pop-Up Fenstern eine effiziente Analyse von Vorhersagedaten im täglichen Routinebetrieb.

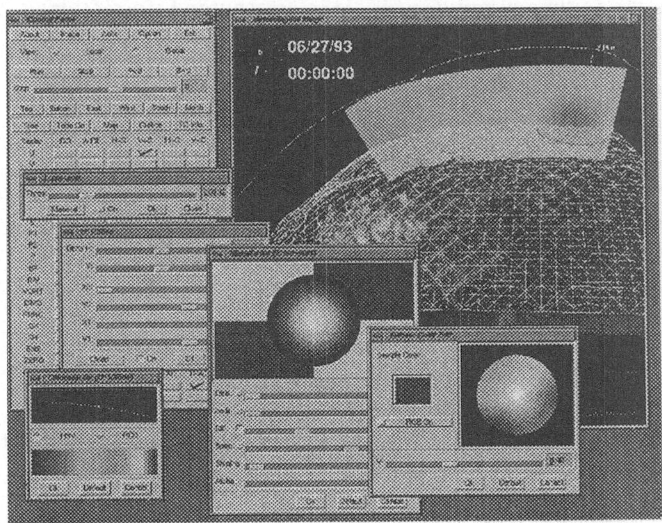

Abb. 20. Das System MeteoVis

4.1.5   IGS, MAP und Diagnose des DWD

Die Betrachtung von Turnkeysystemen für die wissenschaftliche Visualisierung soll mit den beim Deutschen Wetterdienst intern entwickelten Systemen IGS, MAP und Diagnose abgeschlossen werden. Dabei wird hier nicht auf die Systeme im einzelnen eingegangen, sondern es werden ihre gemeinsamen Eigenschaften bei der Visualisierung meteorologischer Daten hervorgehoben.

Diese Systeme arbeiten auf kartographischer Basis. Sämtliche Daten werden also in orthogonaler Draufsicht auf eine Karte visualisiert. Ihre Ursprünge haben diese Systeme, die heute auch auf modernen Graphikworkstations laufen, bei der graphischen Darstellung meteorologischer Variablen auf Linienplottern.

Auf diesen Karten können nun beobachtete und prognostizierte Stationswerte abgefragt oder Feldvariablen in Form von Konturlinien (Isobare, Isotache, Isotherme etc.) dargestellt werden. Durch den Einsatz spezieller meteorologischer Ikonen und Symbole wird eine sehr effiziente Darstellungsform für Meteorologen erreicht. Wird Modelloutput für die Atmosphäre betrachtet, so lassen sich von jeweils verschiedenen Höhen Konturlinien anzeigen. Vertikale Schnitte sind allerdings nur für vorgegebene Positionen verfügbar. Zusätzlich sind auch Trajektorienberechnungen in der Horizontalen möglich.

Diese Systeme kommen im operationellen Betrieb des Deutschen Wetterdienstes tagtäglich zum Einsatz. Dort werden die simulierten Prognosedaten mit ihnen zuerst einem Plausibilitätstest unterzogen, indem der diensthabende Meteorologe die von der mindestens sechs Stunden vorher gestarteten Simulation errechneten Werte mit den mittlerweile eingetretenen vergleicht und so die Zuverlässigkeit abschätzt. Anschließend werden verschiedene Kunden wie Fluggesellschaften, Reedereien oder Zeitungen mit den für sie interessanten Informationen versorgt.

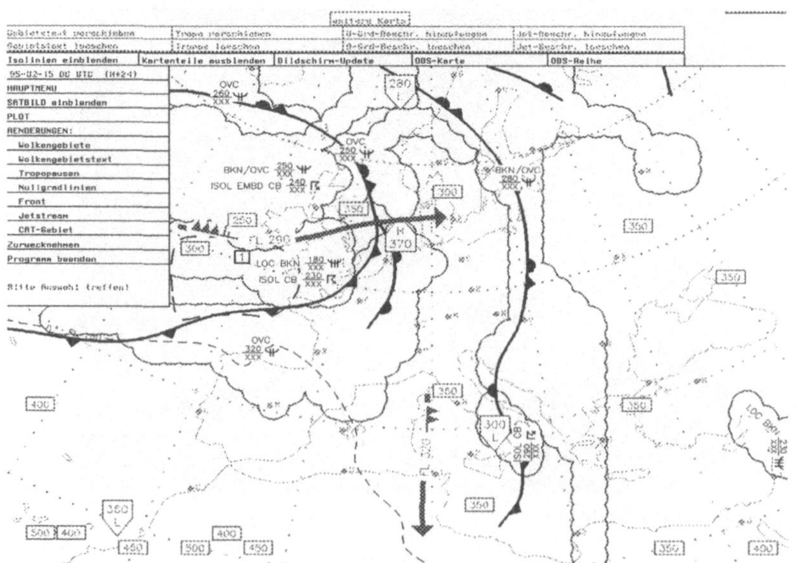

Abb. 21. Eine Mid-Level-SWC für die allgemeine Luftfahrt als Teilkomponente des IGS

Diese Systeme sind für die kartographisch basierte Visualisierung meteorologischer Daten beinahe optimal geeignet. Sie sind in ihrer Darstellungsform für Meteorologen und einfache Ausgabegeräte wie Plotter oder einfache Rastergraphikhardware optimiert. Allerdings erlauben sie keine direkte Visualisierung dreidimensionaler Volumendaten, haben keine ausreichenden Möglichkeiten die Dynamik zu erforschen und bieten keine Verfahren zur graphischen Umsetzung meteorologischer Daten für Laien an.

4.1.6 Triton i7 von Kavouras

Kavouras ist eine in Minnesota (USA) ansässige Firma, die kommerziell Wetter erfaßt und vorhersagt sowie Wetterdaten verteilt und für Fernsehstationen visualisiert [Kav95, Kav96a]. Die Erfassung der Wetterdaten geschieht dabei über Wettersatelliten, ein besonders in den USA ausgebautes Netz von Radarstationen und einen Zugang an das weltweite Netz, über das die nationalen Wetterdienste ihre Daten untereinander austauschen. Bei Kavouras werden diese Daten dann ausgewertet und zu einer Wettervorhersage zusammengestellt, die auch aus eigenen Simulationsdaten besteht. Die Visualisierungskomponente, das System Triton i7 [Kav96b], läuft dabei bei der Fernsehanstalt auf speziell entwickelter Hardware, die auf Intel Prozessoren der Familien 80486, Pentium und i960 basiert. Via Satellit werden dann die aktuellen Daten von Kavouras zu ihren Kunden übertragen.

Die Visualisierung der Daten geschieht dann in 2D oder 3D mit der Möglichkeit der Nachbereitung vor der Sendung. Abb. 22 zeigt eine solche Visualisierung von Temperaturdaten über Nordamerika. Das System hat schwerpunktmäßig die 2D Darstellung von Radardaten in den USA sowie die Satellitenbildaufbereitung und Präsentation von graphischen Symbolen zum Inhalt.

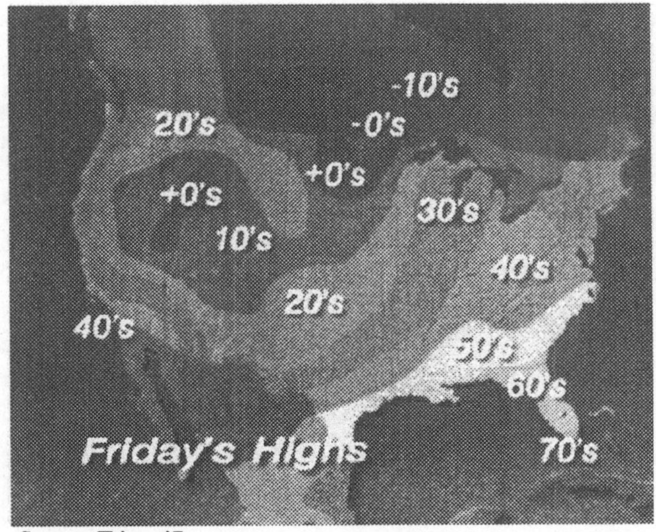

Abb. 22. Das System Triton i7

Schwächen sind aber bei den dreidimensionalen Darstellungen und bei der Visualisierung sämtlicher Modelldaten für eine Prognose, im besonderen im Wolkenbereich, vorhanden. Zudem führt die spezielle Hardware zu mangelnder Flexibilität und Wartungsproblemen. Schließlich kann die Firma Kavouras für die Bundesrepublik Deutschland nur die Datenfelder des globalen Modells mit einer ungenügenden zeitlichen und räumlichen Auflösung (170 km) anbieten.

4.1.7   AccuWeather

Seit etwa 30 Jahren ist auch die Firma AccuWeather aus Pennsylvania (USA) vor allem mit der Erfassung, Verteilung und Visualisierung von Radar- und Satellitendaten befaßt [Goes95, Accu96]. Aber auch Modelldaten zur Prognose stehen vom amerikanischen Wetterdienst und dem European World Forecast Model zur Verfügung. Die Kunden von AccuWeather beziehen ebenfalls ihre Daten über Satellit. Hier ist aber auch der Empfang über Modem möglich.

Die Visualisierung beschränkt sich hauptsächlich auf die Darstellung von Satelliten- und Radarbildern sowie der Anzeige von Fronten. Auch Gewittermessungen können in kartographischer Form präsentiert werden. Neuere Entwicklungen in dem System gehen ebenfalls in die Richtung der 3D Visualisierung gemessenen Wetters. So können in dreidimensionalen Szenen Satellitenwolken mit sehr flächigem Charakter über Niederschlagssäulen mit Texturen und ebenso dargestellten Blitzen gerendert werden (siehe auch Abb. 23). Die visuelle Qualität ist dabei aber nicht sehr hoch. Auch ist eine Visualisierung prognostizierter Wolken hier nicht gut möglich. Um diese Schwächen wenigstens teilweise auszugleichen wurde daher eine Kooperation mit SINTEF eingegangen, damit auch das System Nimbus (siehe unten) von AccuWeather unter dem Namen ULTRA vertrieben werden kann.

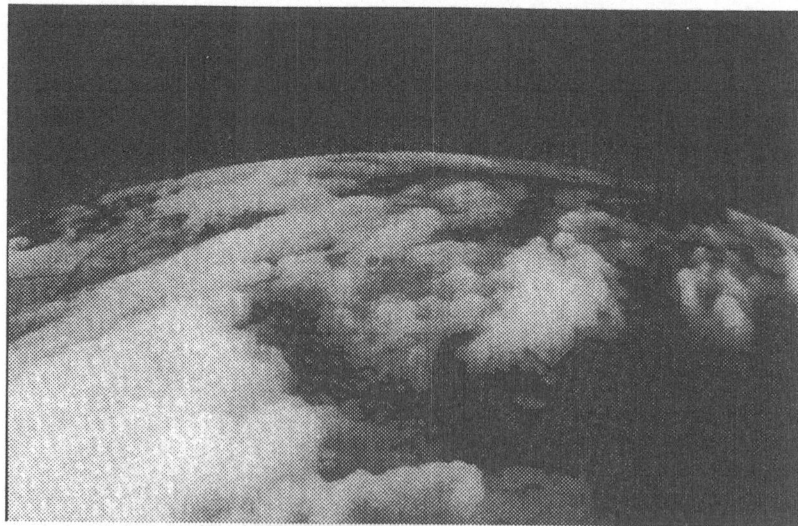

Abb. 23. Das System von AccuWeather

4.1.8   Nimbus von SINTEF / Metaphor Systems

Das Forschungsinstitut SINTEF aus Norwegen entwickelt das System Nimbus zusammen mit dem norwegischen Fernsehen (TV2). Ursprünglich war es im wesentlichen als interaktives System zur Erstellung von Wetterkarten und -animationen für Fernsehanwendungen gedacht. Die neueren Entwicklungen gehen aber auch in die verstärkte Anbindung an Modelloutput. Das System, welches nun in Kooperation mit AccuWeather (siehe oben) vertrieben wird, verwendet Hardware der Firma Silicon Graphics zusammen mit handelsüblichen Videokarten, um Fernsehbilder zu erzeugen [Nimb95].

Abb. 24. Das System Nimbus bzw. ULTRA mit Radardaten

Die Visualisierung meteorologischer Daten mit dem System Nimbus konzentriert sich auf die zweidimensionale Darstellung. Hier können animierte Symbole, Fronten oder Isolinien aber auch Radardaten fernsehgerecht präsentiert werden (siehe Abb. 24). Eine neueste Entwicklung zeigt erste Ansätze für fraktale Wolken, die auf numerischem Modelloutput basieren. Eine wirklich vollständige Verwertung von Modelldaten ist aber noch nicht abschließend realisiert und eine dreidimensionale Visualisierung von Wetterdaten ist bei SINTEF erst in der Planung.

4.1.9   EarthWatch 2000

Die Firma EarthWatch Communications aus Minnesota (USA) beliefert ihre Kunden ebenfalls mit fertigen Satelliten- und Radarbildern. Zusätzlich erlaubt sie aber über ein sogenanntes „Generic Data Interface" den Import von Simulationsdaten aus numerischen Wettervorhersagemodellen nationaler Wetterdienste oder anderer Quellen [Earth96].

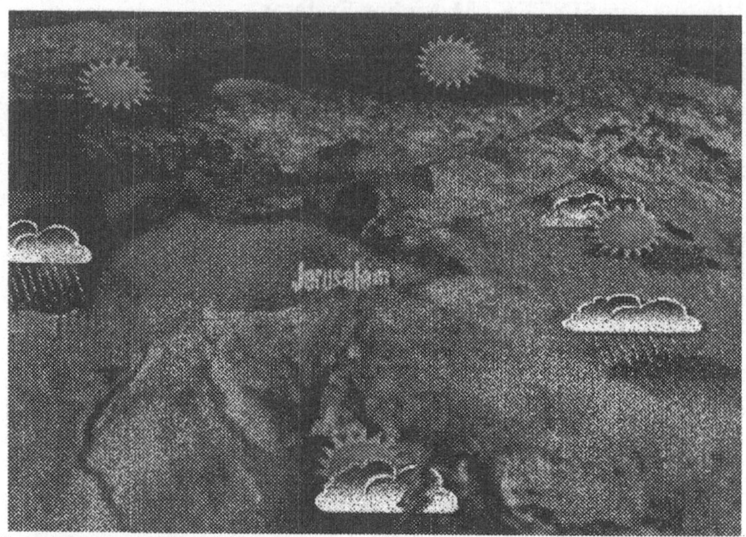

Abb. 25. Das System EarthWatch 2000

Das System EarthWatch 2000 visualisiert diese Daten dann in 2D oder 3D auf einer Workstation der Firma Silicon Graphics (siehe Abb. 25). Dabei unterstützt ein eingebautes Geographisches Informationssystem den Anwender bei der Generierung dreidimensionaler Geländegeometrien, die auch texturiert werden können. Allerdings lassen begrenzte Kartenausschnitte dabei stets Ränder sichtbar werden und anstatt von 3D Präsentationskonzepten für Wetter werden hauptsächlich 2D Elemente wie Fronten und Symbole in drei Dimensionen präsentiert. Auch ist die Visualisierung prognostizierter Wolken noch nicht ausgereift genug. Als Besonderheit für dieses System muß hier erwähnt werden, daß polygonale 3D Städtemodelle vor Himmelphotographien als Vorhersagedarstellung gezeigt werden können. Für die mit EarthWatch 2000 erstellten Wetterbilder wird auch das System EarthWeb bereitgestellt, welches diese automatisch mit einem World Wide Web Server verbindet.

4.1.10 WEATHERproducer von WSI

Ebenfalls auf Silicon Graphics Maschinen operiert das System WEATHERproducer der WSI Corporation. Es basiert auf Daten, die von WSI an ihre Kunden geschickt werden und dabei Zusatzinformationen beinhalten, welche die Empfänger auf besonders interessante Wetterlagen hinweisen [WSI95]. Dieses System wird z. B. von der britischen Firma The Weather Department für eine Versorgung von Fernsehstationen mit Wettervorhersagen eingesetzt.

Bei der Visualisierung liegt auch hier der Schwerpunkt auf einer zweidimensionalen Darstellung von Satelliten- und Radarbildern sowie von Symbolen oder Zahlen. Allerdings entwickelt WSI verstärkt in die Richtung von 3D Animationen, wobei ihnen zur Zeit noch ein integriertes Gesamtkonzept sowie die Techniken zur verständlichen 3D Präsentation von Satellitenwolken fehlen. Auch werden Datenfelder von Prognosemodellen generell zu wenig im WEATHERproducer berücksichtigt.

4.1.11   Weather News International

Die japanische Firma Weather News International (WNI) hat besondere Kompetenzen auf dem Gebiet der realistischen Bodentexturierung zur Erstellung natürlich wirkender Kameraflüge über Vorhersagegebiete. Dafür greifen sie auf eine umfangreiche Datenbank von digitalen Geländemodellen und Satellitenbildern sowie von dreidimensionalen Städte- und Gebäudemodellen zurück. Die deutsche Firma MeteoConsult setzt dieses System momentan zur Belieferung von Fernsehanstalten mit fertigen Wetterclips ein. Auch gibt es eine Kooperation von WNI mit der Berliner Gruppe Art+Com, welche das System TVision (ehemals TerraVision) entwickelt hat.

Die Visualisierung beschränkte sich beim WNI System anfangs auf 3D Flüge um ein Vorhersagegebiet, ohne daß Wetterdaten gezeigt wurden. Diese konnten dann auf einzelne Standbilder des Fluges gelegt werden. Die neuere Version kann auf ebenfalls aufwendig vorberechnete Flüge zurückgreifen und diese mit Wolken und Symbolen oder Zahlen überlagern. Da dies aber kein wirkliches 3D Visualisieren bedeutet, ist stets ein Blickwinkel zu wählen, bei dem das Wetter das Gelände wirklich lediglich überlagert. Auch lassen sich keine jahreszeitbedingten Veränderungen auf dem Gelände (z. B. Schneedecke) berücksichtigen. Dieses Prinzip bringt einen hohen Realismus des Geländes zum Preis einer starken Inflexibilität und erzwungenen stark nach unten gerichteten Blickwinkeln. Die beim Anflug auf Gelände umgerechneten Level-of-Detail gehen auch noch nicht weich genug ineinander über und lassen deutliche Sprünge erkennen.

4.2   Datenflußorientierte Application Builder

Neben den für spezifische Applikationen oder Anwendungsgebiete entwickelten Turnkeysystemen spielen die datenflußorientierten Application Builder eine große Rolle bei der Visualisierung wissenschaftlich-technischer Daten. Ihre Hauptvorteile sind eine üblicherweise hohe Flexibilität und gute Erweiterbarkeit [Brodlie92] [Earn92] [WLR93] [WRH92]. Daher wurden sie im Rahmen dieser Arbeit mit besonderem Interesse untersucht (siehe auch [AGOCG95]). Es bestand Grund zur Annahme, daß sich eine optimale Visualisierung meteorologischer Daten für verschiedene Zielgruppen und mit den verschiedensten Verfahren leicht mit einem dieser Application Builders realisieren ließe. Da sich diese Systeme in den Grundkonzepten stark ähneln, soll im folgenden auf eines, nämlich apE, ausführlicher eingegangen werden, während die anderen drei untersuchten Systeme, nämlich AVS, der IRIS Explorer und Khoros, anschließend vergleichend dazu vorgestellt werden. Auf den IBM AIX Visualization Data Explorer/6000 soll hier nicht näher eingegangen werden (siehe hierzu [Lucas92]).

4.2.1   apE

Die Entwicklung von apE stellte die erste organisierte Anstrengung dar, computer-graphische Verfahren für eine flexible und integrierte Visualisierungsumgebung einzusetzen. apE bedarf daher an dieser Stelle einer besonderen Hervorhebung [Schr95].

Ursprung. Im Jahre 1987 wurde das Ohio Supercomputer Graphics Project (OSGP) als Forschungskomponente für Computergraphik im Ohio Supercomputer Center (OSC) der Ohio State University (OSU) in den USA gegründet. Drei Jahre zuvor hatte die OSU die bei der National Science Foundation beantragten Mittel für einen National Supercomputer Center nicht bewilligt bekommen. Daraufhin errichtete der Bundesstaat Ohio 1987 sein eigenes Zentrum mit dem Pionier für Computergraphik Professor Charles Csuri als Mitbegründer. Hier sollten Forschung und Dienstleistungen für die Universitäten und Industriekunden in Ohio durchgeführt werden. Dazu wurde eine Cray X-MP und im Jahre 1989 eine Cray Y-MP beschafft.

Abb. 26 zeigt die Visualisierung von Temperaturdaten über Nordamerika mit apE. Die Daten stammen aus dem Globalmodell des Deutschen Wetterdienstes.

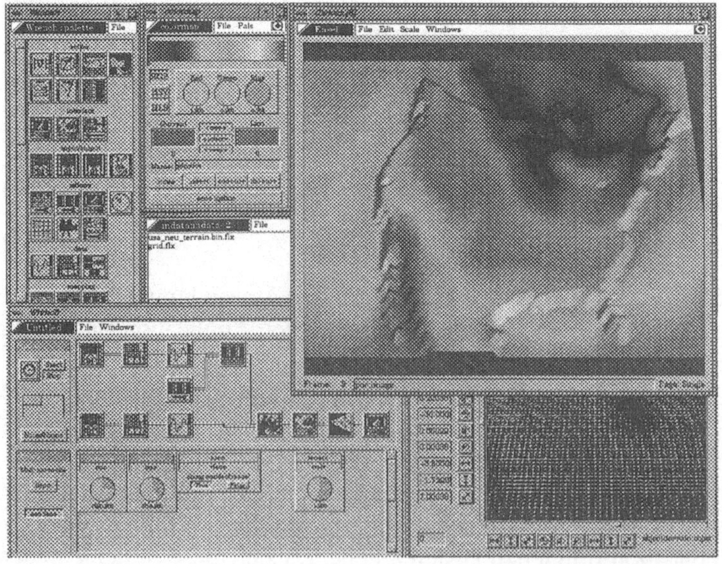

Abb. 26. apE

Die OSGP Gruppe wurde damit beauftragt, ein Visualisierungssystem zu entwikkeln, das den Anforderungen dieser Zeit genügte und dazu ausgelegt war, mit seinen Anwendungen zu wachsen. Dieses Projekt wurde „apE" als Abkürzung für „animation Production Environment" getauft, da einige der Mitarbeiter von OSGP aus der Computer-Animationsfirma Cranston Csuri Productions kamen und die erste Version des Systems auch noch ebenfalls zur Produktion von solchen Animationen geplant war. Als sie jedoch ihre Konzepte und Ergebnisse veröffentlichten und 1989 die erste Version von apE herausgaben, war OSGP international bekannt für ihre Beiträge zur Forschung auf den Gebieten der Computergraphik und der Visualisierung von wissenschaftlich-technischen Daten [Dyer89].

Konzepte von apE. Vor und während der Entwicklung von apE spielte die gründliche Analyse der anvisierten Anwendungsgebiete, Umgebungen und Rechnerarchitekturen eine fundamentale Rolle bei allen Design-Entscheidungen. Darüberhinaus war es unerläßlich, bereits vorhandene Verfahren der Computergraphik, Animation und insbesondere der Visualisierung auf ihre Eignung zu untersuchen. Visualisierung war eine anerkannte analytische Methode geworden und apE konnte endlich die Lücke zwischen den bis dahin gut verstandenen Bereichen der numerischen Berechnungen und der graphischen Verfahren schließen, nämlich die Abbildung von Zahlenwerten auf graphische Attribute. OSGP begann also, zunächst die existierenden Visualisierungsalgorithmen genau zu prüfen und apE dann von Grund auf mit dem Augenmerk stets auf Visualisierung zu entwickeln. So konnten z. B. verfälschende Artefakte bei gängigen Verfahren zur Generierung von farbigen Isoflächen erkannt werden, die durch Farbinterpolation im Bildraum entstehen. Für die Architektur des Systems wurde ein Schichtenmodell gewählt, das aus aufeinander aufbauenden Bibliotheken besteht und so z. B. Hardwareabhängigkeiten behandeln kann.

apE war vor allem als sehr flexibles System entwickelt worden. Da es zur Klasse der datenflußorientierten „Application Builder" gehört, bietet es dem Anwender bereits ein hohes Maß an Flexibilität bei der Konfiguration seiner konkreten Anwendung. Bei diesen Systemen können im allgemeinen Module aus einer Liste interaktiv ausgewählt, parametrisiert und miteinander verbunden werden - im Gegensatz zu den monolithischen „Turnkey" Systemen, die für eine spezifische Anwendung entwickelt und optimiert werden. Außerdem sind die in apE verwendeten Visualisierungstechniken selbst sehr flexibel. Sie erlaubten den Wissenschaftlern erstmals das freie Experimentieren mit ihren Daten, wobei sie nicht nur die Parameter der Visualisierungsprozedur bestimmen konnten, sondern auch mit verschiedenen Verfahren und Kombinationen von Methoden arbeiten konnten, ohne unbedingt vorher ihre Daten oder das, wonach sie suchten, genau zu kennen. Darüberhinaus war apE flexibel für im Programmieren erfahrene Anwender, welche die Möglichkeit hatten, integrierte Datenstrukturen, Algorithmen oder Schnittstellen ihren speziellen Bedürfnissen anzupassen oder zu erweitern. Schließlich konnte Flexibilität auch durch eine relativ weitgehende Unabhängigkeit von Rechnerplattformen oder Fenstersystemen und Graphikbibliotheken erreicht werden, die auch heute noch die meisten übrigen vergleichbaren Systeme nicht bieten können.

Der Visualisierungsprozeß kann mit dem Datenflußmodell veranschaulicht werden. Hier fließen die Daten eine Visualisierungspipeline entlang von der Datenquelle (z. B. Simulationsergebnisse oder Meßdaten in einer Datei) über die Verarbeitungsstufen Datenfilterung oder Datenpreparierung (z. B. das Extrahieren einer zweidimensionalen Schnittebene aus einem dreidimensionalen Datensatz), Abbildung der Daten auf graphische Attribute (z. B. Berechnung einer Isolinie auf einer zweidimensionalen Schnittebene), Rendering (z. B. Zeichnen von Isolinien in den Framebuffer) und schließlich der Ausgabe auf dem Bildschirm.

Die meisten Anwender von Visualisierungstechniken verstehen den gesamten Prozeß als einen solchen Datenfluß wenn sie ihre Applikationen konfigurieren. Daher haben die meisten Systeme der Klasse „Application Builder" wie z. B. Khoros, AVS, IBM Data Explorer oder IRIS Explorer eine datenflußorientierte Bedienungsschnittstelle, die es dem Anwender erlaubt, interaktiv Module mit Visualisierungsalgorithmen zu Pipelines zu verbinden, die dann seine Applikation darstellen [Haeb88].Während aber einige dieser anderen Systeme intern ganz oder teilweise monolithisch realisiert sind, basiert apE auch technisch auf dem Datenflußmodell mit seinen Vor- und Nachteilen. Als Vorteile sind hier vor allem zu nennen: Möglichkeit gleichzeitiger paralleler Ausführung verschiedener Module einer Pipeline, Lastbalancierung, größere Zuverlässigkeit und das gemeinsame Nutzen von Ressourcen. Nachteilig können sich der möglicherweise langsame Datentransfer zwischen einzelnen Modulen, manchmal unvermeidliche Datenduplizierung im Hauptspeicher zur Laufzeit oder die dominierende Richtung des Datenflusses auswirken. Auch erreicht apE, wie alle wirklichen Datenflußsysteme, keine sehr gute insgesamte Laufzeitperformanz. Aus diesem Grund dachte OSGP auch an eine Art „Compiler", mit dem man nach der interaktiven Erstellung einer Applikationspipeline diese vor Ausführung geeignet optimieren könnte.

In apE ist jedes Modul als separater UNIX Prozeß realisiert. Das übergeordnete Modul „Wrench" erlaubt dem Anwender das Zusammenstellen der Pipeline durch Auswahl von bereitgestellten Modulen aus der „Palette", wo sie nach Gruppen von Datenquelle, Datenerzeugung, Datenmanipulation, Rendering und Hilfswerkzeugen geordnet sind. Die Verbindungen zwischen den einzelnen Modulen für den Datentransfer werden auch vom Anwender interaktiv bestimmt. Beim Starten der Applikation führt Wrench die einzelnen Module als eigene Prozesse auf dem angegebenen Hostrechner aus und teilt ihnen mit, mit welchen anderen Modulen in der Pipeline sie verbunden sind. Dabei erlaubt apE sehr komplexe Pipeline-Konfigurationen, die auch mehrfache Ein- oder Ausgänge für Module erlauben. Auch Kreisläufe (Loops) werden kontrollierbar unterstützt, was nötig ist, um z. B. das Steuern einer Simulation durch Rückkopplung zu ermöglichen [Ande89]. Zusätzlich zu dieser Art der Ausführung können die meisten Module im Batch-Betrieb mit UNIX sockets und Shellskripten eingesetzt werden, um z. B. aufwendige Animationen zu berechnen. Dies ist nützlich, wenn z. B. interaktiv definierte Parameter auf ausgewählte Techniken und mehrere Datensätze über Nacht angewandt werden sollen.

Ein großer Vorteil dieses modularen Konzeptes kann wieder in der hohen Flexibilität gesehen werden. Durch das Verwenden dieses Konzeptes auch auf interner Ebene und durch die somit mögliche klare Spezifikation von Kommunikationsschnittstellen, können neue Module leicht hinzugefügt und bereits vorhandene problemlos geändert werden. Auch ist somit die Parallelisierung auf Modulebene einfach und verläßlich realisierbar, um vorhandene Hardwareressourcen besser auszulasten. Der Datenfluß ist dabei in apE „data-driven" im Gegensatz zum „demand-driven"-Ansatz. Hier sendet ein Modul neue Berechnungsergebnisse an alle angeschlossenen Module, sobald diese vorliegen. Dies veranlaßt dann die empfangenden Module, die Daten für eigene Berechnungen zu verwenden, die hiermit angestoßen werden, bzw. sie zwischenzupuffern, falls sie noch an laufenden Berechnungen arbeiten. Die oben genannte Art der Parallelisierung wird dadurch ebenfalls unterstützt, sowie das Verarbeiten von zeitabhängigen Datensätzen oder Datensatzmengen.

Wegen den stark heterogenen, hauptsächlich workstation-dominierten Hardwareumgebungen von Forschungseinrichtungen auf die apE zugeschnitten wurde, konnte für die Kommunikation zwischen den einzelnen Modulen, die ja evtl. auch auf verschiedenen Maschinen laufen, keines der vorhandenen inkompatiblen Binärformate eingesetzt werden und ASCII Datenübertragung ist bei etwas anspruchsvolleren Applikationen viel zu langsam. Um dieses wirklich ernste Problem zu lösen (z. B. hatten die beim OSGP eingesetzten Cray, Convex und Sun Rechner alle verschiedene binäre Gleitkommaformate) wurde die sehr mächtige Datenflußsprache „Flux" entwickelt. Mit ihr konnten sowohl die verschiedensten wissenschaftlichen Datensätze als auch geometrische Objekte beschrieben werden [FaDy90]. Dabei können Flux-Objekte einander referenzieren. Auf ein Objekt der Koordinatensystemgruppe kann so von mehreren Objekten der Datensatzgruppen verwiesen werden. Alle apE Module sind in eine Softwareschicht eingebettet, die diese Flux-Objekte lesen, parsen und schreiben kann. Jedes Datenelement von apE kann mit Flux repräsentiert werden. Das geht so weit, daß sogar Icons, Pipelinebeschreibungen oder die komplette Programmdokumentation mit Indizierung in dieser Sprache beschrieben für das System verfügbar sind. Auch wird das Hinzufügen neuer Gruppen oder Gruppierungen von Objekten durch den Anwender unterstützt. Die eigentliche Übertragung von Bytes zwischen Modulpaaren geschieht schließlich über UNIX Pipes oder Sockets. Mit Flux können sowohl Objekte aus dem wissenschaftlich-technischen Bereich wie auch aus dem graphischen Bereich in ein und derselben Sprache beschrieben werden.

Je genauer der anvisierte Markt analysiert wurde (Visualisierungslabors in Universitäten, Forschungsinstitute mit Zugang zu universitären Einrichtungen oder industrielle Firmen mit eigenen Workstations und evtl. Supercomputerzugriff), desto klarer war die Bedeutung von Hardwareunabhängigkeit, Portabilität für zukünftige Plattformen, Möglichkeit ausgelagerter Programmausführung und Unabhängigkeit von Fenstersystemen oder Graphikbibliotheken zu erkennen. Solche Umgebungen sind meistens in jeder Hinsicht heterogen und besitzen ein gut ausgeprägtes lokales Netzwerk. Zum Erfolg von apE hat das Maßschneidern der

Software auf diesen Markt viel beigetragen. So kann apE in der Version 2.1 von 1991 bereits auf Convex, Cray, Silicon Graphics, Sun, Hewlett Packard, NeXT, DEC, Stardent und IBM-Maschinen installiert werden. Dazu ist lediglich ein neues Übersetzen mit Hilfe der mitgelieferten Skripte nötig. Natürlich war die Bedeutung von Portabilität noch aus zwei weiteren Gründen sehr wichtig: Zum einen war OSGP ja Teil eines bundesstaatlichen Zentrums und die beteiligten Institute und Universitäten konnten sich nicht auf einen Maschinentyp für dieses Visualisierungssystem entscheiden. Des weiteren wurde die Entwicklung der Software von den Hardwareherstellern Silicon Graphics, Hewlett Packard, IBM und NeXT finanziell unterstützt. Diese Hardwareunabhängigkeit erlaubte dann zusammen mit der Möglichkeit, Module einer Pipeline auf verschiedenen Rechnern auszuführen, das effektive Ausnutzen vieler lokaler Workstations und sogar angeschlossener Supercomputer [OSGP90].

Die Entscheidung für das Betriebssystem UNIX wurde auch aufgrund dieser Analyse des anvisierten Marktes getroffen. Mitte der achtziger Jahre wuchs die Anzahl der Workstations gewaltig und mit ihr auch die Verbreitung von UNIX. Doch da kein gültiger Standard verfügbar war, mußten also hardware- und betriebssystemabhängige Funktionen in einer eigens dafür entwickelten Bibliothek, der „Platform Library", verborgen werden. Dazu gab es die „Forge" Bibliothek von Shellskripten, die ja nicht übersetzt zu werden brauchen, um apE auf den verschiedensten Rechnertypen mit unterschiedlichsten UNIX-Derivaten leicht zu installieren.

Bei den Fenstersystemen wurde ebenso stark auf Unabhängigkeit geachtet, da 1987 das X-Window-System noch nicht als Gewinner mehrerer konkurrierender Systeme feststand. Auch bei übergeordneten Bibliotheken wie OSF/Motif oder Openlook gab es noch keinen de facto Standard. Anstatt apE also auf eines dieser Systeme aufzusetzen und somit seine Zukunft direkt mit der des Fenstersystems zu verbinden, wurde von OSGP eine Funktionsbibliothek „Face" als Benutzerschnittstellen-Schicht entwickelt, die auf SunView, X, GL und NeXTStep Display Postscript aufsetzte. Diese Schicht erlaubt eine Systementwicklung völlig unabhängig von Fenstersystemen und bietet dem Programmierer eine Schnittmenge der gängigen Bedienungsoberflächenelemente wie Schieberegler, Eingabefelder oder auch höheren Objekten wie Auswahlboxen und Warnpopups. Mit Face konnte ein großer Schritt in Richtung von mehr Flexibilität gemacht werden. Die Benutzungsoberfläche von apE hat das gleiche „look and feel" auf den verschiedenen Plattformen. Außerdem ließ sich das System damit leicht auf neue Fenstersysteme portieren, indem einfach Face für die neue Umgebung erweitert wurde. Ein Zeichen dafür ist, daß es einem Teil von OSGP gelang, die Portierung nach NeXTStep Display Postscript in wenigen Wochen und noch rechtzeitig zur Ankündigung der Farb-NeXTStation zu vollbringen.

Zum Erfolg von apE trug aber auch die Vertriebspolitik entscheidend bei. Als apE1.0 im Frühjahr 1989 an Anwender im Bundesstaat Ohio herausgegeben wurde, so war dies vor allem geschehen, um ernsthafte Anwender die neue Software ausgiebig mit ihren Applikationen testen zu lassen. Das wertvolle Feedback dieses Feldversuchs war ein Grund für die hohe Qualität von apE2.0, das schließlich zwei Jahre später weltweit erhältlich war. Dadurch, daß die Software in Quellcodeform kostenlos über FTP oder zum Selbstkostenpreis in einem Paket zusammen mit Handbüchern bezogen werden konnte, fand sie sehr rasch Verbreitung unter Anwendern auf den verschiedensten Kontinenten, aus unterschiedlichen wissenschaftlichen Hintergründen und Anwendungsgebieten - sowohl in universitären Einrichtungen, als auch in der Industrie. All diese Anwender konnten nun zur Weiterentwicklung des Systems beitragen, indem sie Erfahrungen, neue Ideen oder sogar fertige neue Module dem OSGP übermittelten. Diese Philosophie verhalf den Entwicklern von apE, diese Software so weit anzupassen und weiterzuentwickeln, daß es den heutigen Stand an Flexibilität und Einsatzfähigkeit erreichen konnte. Darüberhinaus waren besonders kritische Anwender in der Lage, anhand des Quellcodes die Interpolationsverfahren oder Visualisierungsalgorithmen von apE zu verifizieren und gegebenenfalls auch zu ändern.

Durch die Entwicklung von apE konnte OSGP vor allem erreichen, daß es vielen Anwendern möglich wurde, hochentwickelte Werkzeuge zur Visualisierung wissenschaftlich-technischer Daten einzusetzen. Die meisten Module in apE stellen jeweils für sich gesehen keinen nennenswerten Durchbruch in der Computergraphik dar. Sie basieren zumeist auf bekannten Algorithmen zur Flächenextrahierung mit „Marching Cubes", zum Volumenrendering oder zur Bildgenerierung aus geometrisch modellierten Szenen mit gängigen Raycasting- oder Raytracing-Algorithmen, um nur einige Beispiele zu nennen. Die extrem mächtige generische Applikations-Erstellungsumgebung mit den wirksamen Datenmanagement-Mechanismen machte es allerdings erstmals einer großen Gruppe von Wissenschaftlern möglich, diese Visualisierungstechniken für ihre Problemlösungen einzusetzen. Eine Schlüsselerrungenschaft war daher also die Tatsache, daß apE von Grund auf für die Visualisierung wissenschaftlich-technischer Daten designed wurde, die verwendeten Algorithmen speziell unter diesem Gesichtspunkt genau evaluiert wurden und das gesamte System als komplette sowie flexible Umgebung zu einem niedrigen Preis an einen breit gefächerten Anwenderkreis gegeben wurde. Dieser war größer als bei unflexiblen, großen und meistens teuren Turnkeysystemen. Es waren also vor allem die hervorragenden Leistungen auf den Gebieten der Softwaremethodik und des Software-Engineering, mit denen den Herausforderungen auf dem Gebiet der wissenschaftlich-technischen Visualisierung begegnet wurde, die apE so einzigartig machten.

Mit apE können Bilddaten, Vektor- und geometrische Daten sowie multidimensionale und multivariate Daten auf vielen verschiedenen Gittertypen verarbeitet werden. Anwender können leicht ihre eigenen Datentypen in Flux importieren und bei Bedarf kann diese Datenverwaltungssprache auch erweitert werden. Es stehen Module zum Verknüpfen sowie zum Trennen von Datenobjekten zur Verfügung. Aus zeitabhängigen Daten können Animationen produziert und später als gespeicherte Sequenzen abgespielt werden. Weitere Module können zur Konturextraktion, Gradientenanalyse, einfachen Bildverarbeitung, Plazierung und Animation von Objekten (z. B. im Bereich der Computational Fluid Dynamics) eingesetzt werden. Die Datenanalyse wird weiter vereinfacht durch Module für Datenstatistik, zum Erzeugen von Farbtabellen, zum Definieren von Eigenschaften geometrischer Objekte, für das Previewing oder zum Plazieren von Datenobjekten. Die generierten Bilder können schließlich in vielen gängigen Bildformaten einschließlich PostScript abgespeichert werden. Die mit apE erstellte Applikation ist also eine Kombination verschiedener Methoden und Verfahren durch den Anwender in interaktiver Weise.

Anwendungen von apE. Im Rahmen dieser Arbeit wurde apE vor allem auf seine Tauglichkeit für die Visualisierung meteorologischer Daten hin untersucht. Es soll hier aber dennoch kurz auf einige weitere Einsatzgebiete des Systems eingegangen werden, um die Bandbreite der Anwendungsmöglichkeiten aufzuzeigen. apE wurde und wird noch in vielen verschiedenen Gebieten verwendet. Simulierte oder gemessene Daten werden mit diesem System visualisiert, Prozesse werden mit ihm gesteuert und verschiedene Informationstypen werden mit ihm verbunden sowie analysiert [apE90] [HoCe88] [Marsh90].

Prof. Dr. G. Comer Duncan von der Bowling Green State University in Ohio hat apE von Anfang an unterstützt. Er setzt die Software ein, um seine Simulationen auf dem Gebiet der schwarzen Löcher, die z. B. eine Kollision eines Sterns mit einem solchen schwarzen Loch berechnen, und ihre Ergebnisse besser zu verstehen. Er gab sehr wertvolle Hinweise und wichtiges Feedback an das OSGP Team weiter [Dunc88]. Spezielle Anforderungen, wie die irregulären Gitter oder das nachträgliche Hinzufügen neuer Datensätze in laufende Pipelines, kamen von seinen Anwendungen.

In Zusammenarbeit mit dem Byrd Polar Research Zentrum an der Ohio State University, konnten Gesteinsschichten unter dem Eis der Antarktis analysiert werden. apE wurde von den Wissenschaftlern hier eingesetzt, um die gefundenen Elemente voneinander zu unterscheiden, zu identifizieren oder um den Kontrast zu verbessern, damit die Bilder der virtuellen Schnitte durch den Erdboden aussagekräftiger wurden. Diese Anwendung konfrontierte die apE Entwickler mit dem Problem der extrem großen Datensätze und zwang sie dazu, dies als einen Schwachpunkt ihres Systems anzugehen.

Im Fraunhofer-IGD konnte das System unter anderem zur Visualisierung von Finite Element Daten eingesetzt werden. Dazu lief es auch verteilt auf einer Convex, SGI 380/VGX, Crimson Reality Engine und mehreren Indigo2 R4400 Maschinen. Die Daten konnten über ein internes neutrales Format importiert werden [Arndt92]. Auf diese Weise war es möglich, die Visualisierung von Simulationsergebnissen von Finite Element Berechnungen vergleichend bei AVS, IRIS Explorer und dem am IGD entwickelten ISVAS durchzuführen (siehe auch [Suig93]). apE schnitt hier recht schlecht ab, da es kaum für diese Anwendung entwickelt wurde.

Ozean- und Wasserwegeforscher am Instituto Superior Tecnico (IST) in Lissabon, Portugal, untersuchen ökologische Prozesse in Küstenregionen mit apE. Um die tidenabhängige Hydrodynamik, Dispersion und Wasserqualität zu studieren, wurde am IST apE so erweitert, daß eine verbesserte Visualisierung von strömungsmechanischen Datensätzen (Computational Fluid Dynamics) möglich wurde. So konnten unlängst das Verhalten von Wellen in einem Hafenbecken, der Transport von Sedimenten oder Verunreinigungsstoffen oder der Effekt eines geplanten Stauwerkes im Fluß auf die Farmlandversalzung mit apE analysiert werden. Diese Simulationen basieren meistens auf zeitabhängigen dreidimensionalen Finite Differenzen Modellen, die stetige oder transiente (flüchtige) Strömungsdatensätze produzieren [Jung92].

Forschungsprojekte mit apE. Durch die Verfügbarkeit von Quellcode und die Flexibilität des Systems, eignet apE sich hervorragend für Forschungsprojekte verschiedenster Art. So können neue Visualisierungsverfahren oder Datentypen in sehr kurzen Zyklen realisiert und getestet werden, indem Module oder neue Flux-Gruppen dem kompletten System hinzugefügt werden. Auch lassen sich neue Kommunikationsmethoden, Parallelisierungs- oder Datenverwaltungskonzepte leicht in apE evaluieren, da man bestehende Applikationen einfach auf der modifizierten Basis vergleichend ausführen kann.

Die eben genannten Gründe waren ausschlaggebend für die Entscheidung, die Forschung auf dem Gebiet der semantischen Interaktion in datenflußorientierten Systemen, die im Rahmen dieser Arbeit durchgeführt wurde, mit apE zu realisieren. Hierbei ging es darum, Nachteile der verteilten Datenhaltung in solchen Systemen für die semantische Interaktion durch geeignete Rückgewinnung von Informationen mittels inverser „Input Pipelines" wieder wettzumachen. Diese Arbeiten werden in Kap. 5.3 näher beschrieben.

Am Fraunhofer-IGD wurden Entwicklungen auf den Gebieten Auralisierung und Sonifikation mit apE durchgeführt [Asth92][Asth95]. Als Auralisierung bezeichnet man das Hörbarmachen von digital gespeicherten oder erzeugten Tönen. Bei der Sonifikation hingegen, werden Datenwerte aus dem wissenschaftlich-technischen Bereich auf Attribute von Tönen abgebildet. Bei der Realisierung in apE war die fertige Datenflußumgebung mit einem Grundstock an Modulen und Kommunikationsmechanismen eine große Hilfe. Die Flux-Plattform und apE Bibliotheken wurden für Klangobjekte erweitert. Außerdem wurden eine eigene Audio-Bibliothek und viele Spezialmodule zum Samplen, Parametrisieren, Verändern und Wiedergeben von Klängen entwickelt. Das Modul „Easel", welches gespeicherte Bildsequenzen als Animation abspielen kann, wurde um eine Art „Tonspur" erweitert, durch die Bilder synchron zu Tönen gezeigt werden. Auch Module zum Abbilden von Datenwerten auf Klangattribute wurden realisiert. Eine Anwendung hiervon waren von einem Flugzeug aus gemessene Umweltdaten. Mit dem erweiterten apE konnte dann die Flugbahn des Flugzeugs in einer Animation gezeigt werden. Um das Flugzeug herum wurde ein semi-transparenter Würfel visualisiert und gleichzeitig erklang ein Ton. Die graphischen Attribute des Würfels, wie Farbe oder Größe, veranschaulichten nun Werte wie Ozonwert oder Luftdruck. Gleichzeitig konnten weitere Werte, wie etwa Temperatur oder Schwefeldioxydgehalt, auf Klangattribute wie Tonhöhe oder -lautstärke abgebildet werden. Somit kann ein

Wissenschaftler wesentlich mehr Datenwerte gleichzeitig erfassen, da mehr menschliche Sensoren angesprochen werden.

Ebenfalls am Fraunhofer-IGD wurden Forschungen mit Shared-Memory Datenverbindungen zwischen den einzelnen Modulen betrieben. Hierzu mußten die Flux Schnittstellenschichten erweitert werden, um solche Verbindungen zusätzlich zu UNIX Pipes und Sockets zu unterstützen. Hier muß zwischen zwei fundamental verschiedenen Ansätzen unterschieden werden [Lerch91]. Zum einen kann zwischen jeweils einem sendenden und mehreren empfangenden Modulen ein Datentransferbereich im Hauptspeicher der Maschine bereitgestellt werden. Erste Ergebnisse waren sehr vielversprechend und zeigten, daß sich so sehr hohe Übertragungsraten zwischen einzelnen Modulen erzielen ließen. Wenn aber das sendende Modul die Daten modifizieren muß, während noch ein Modul lesen möchte, führt dies zur Vervielfältigung möglicherweise sehr großer Datensätze. Auch das Synchronisieren mehrerer zeitabhängiger Datensätze in einer Pipeline kann sich mit diesem Verfahren sehr schwierig gestalten. Zum zweiten ist ein Ansatz möglich, der heute auch im IRIS Explorer von Silicon Graphics verwendet wird und bei dem es eine große Shared-Memory Datenbasis für alle Module gibt. Dies kann die Anzahl der Kopien eines Datensatzes in einer Applikation verringern, da mehrere Module zugleich (lesend) darauf zugreifen können. Wenn die Lage allerdings nicht statisch bleibt, sondern einige Module auch verändernd, also schreibend auf diese Daten zugreifen oder neue Zeitschritte geladen werden sollen, so kann es auch hier zu Vervielfältigungen von Informationen kommen. Im Gegensatz zur ersten Variante wird hier aber das häufige Auf- und wieder Abbauen von Shared-Memory Verbindungen vermieden. Beide Verfahren lassen sich natürlich nur anwenden, wenn die betreffenden Module auf derselben Maschine ausgeführt werden. apE erwies sich als hervorragende Testumgebung für solche Experimente. Man kann dort leicht Kommunikationsmechanismen verändern und anschließend Testpipelines und -szenarien generieren und für die Bewertung verwenden.

Auch für die fein-strukturierte Parallelisierung wurde apE eingesetzt. Die Standardversion erlaubt ja bereits eine leicht zu handhabende grob-strukturierte Parallelisierung, indem einzelne Module durch Angabe des Rechnernamens auf verschiedenen Maschinen gleichzeitig zur Problemlösung beitragen können. Im Jahr 1993 wurden aber an der Universität von Illinois bei Urbana-Champaign und am National Center for Supercomputing Applications Konzepte für eine fein-strukturierte Parallelisierung erarbeitet und in apE umgesetzt [Song93]. Hierzu nahm man apE-Module, die besonders rechenintensive Aufgaben erledigten, und parallelisierte die verwendeten Algorithmen. Um allerdings die CPU-Auslastung auf Multiprozessor-Hardware weiter zu verbessern, wurden auch die Flux-Gruppen für die Datenobjekte in atomare Bestandteile geteilt. Auf diese Weise brauchen nicht alle verfügbaren Rechenkapazitäten darauf zu warten, daß ein großer Datensatz in das entsprechende Modul eingelesen ist. Die ersten Prozessoren können bereits mit der Verarbeitung des Datensatzes beginnen, wenn die ersten atomaren Teile empfangen wurden. Dieses Verfahren läßt sich aber natürlich nur bei Modulen anwenden, deren Grundalgorithmus eine dafür benötigte Datenunabhängigkeit aufweist. Meßergebnisse zeigten Resultate von Geschwindigkeiten, die über dem doppelten von dem lagen, was mit grob-strukturierter Parallelisierung erreicht werden konnte.

Zusammenfassung. Zusammenfassend kann gesagt werden, daß apE das erste datenflußorientierte Visualisierungssystem war. Sein großer Erfolg im Jahr 1991 war das Ergebnis einer sehr gründlichen Analyse des angestrebten Marktes mit seinen stark heterogenen und vernetzten Hardwareumgebungen, die graphische Workstations und eventuell auch Supercomputerzugang verfügbar hatten. Außerdem gelang es OSGP mit apE, hochentwickelte Werkzeuge zur Visualisierung wissenschaftlich-technischer Daten für Forscher der verschiedensten Disziplinen verfügbar zu machen mit ihrer sehr flexiblen und portierbaren Software [NCSA91]. Die Vertriebspolitik sorgte für eine weite Verbreitung und durch den ebenfalls herausgegebenen Quellcode konnten die Anwender Vertrauen in die integrierten Algorithmen bekommen und das System auch ihren Wünschen gemäß anpassen. Es wurde (und wird immer noch) in den verschiedensten Anwendungsgebieten eingesetzt. Weiterhin erlaubt es die Evaluierung neuer Algorithmen, indem es eine so mächtige Prototypumgebung darstellt. Nachfolgende Systeme, einschließlich der heute führenden Produkte, haben viel von apE gelernt [Dyer91] und auch obwohl die Bedingungen der Kommerzialisierung zur Auflösung des Entwicklerteams führten, werden noch die Ideen oder Konzepte aus apE und die Erfahrungen mit dem System Grundlage für die modularen datenflußorientierten Visualisierungssysteme der nächsten Generation sein.

Für die Visualisierung meteorologischer Daten eignet sich apE auch bis zu einem gewissen Maß. Einzelne Datensätze können gut und eingehend visualisiert werden. Allerdings müßte das System noch aufwendig um Spezialverfahren für die Meteorologie und um eine umfassende Zeitkontrolle für die wissenschaftliche Animation erweitert werden. Vor allem aber ist es für den operationellen Betrieb zu unübersichtlich und unstabil, als daß sich solche Erweiterungen lohnen würden.

4.2.2   AVS

AVS entstand etwa zur gleichen Zeit wie apE [Upson89]. Auch hier kann eine Applikation im „Network Editor" aus verschiedenen angebotenen Modulen zusammengesetzt werden. Im Gegensatz zu apE, wo sämtliche Module autark laufen und miteinander kommunizieren, gibt es bei AVS einen „Flow Executive"-Prozeß, der die Ausführung der einzelnen Module steuert. Auch wird nicht jedes Modul notwendigerweise durch einen eigenen UNIX-Prozeß ausgeführt. Dies ist nur bei auf externe Rechner ausgelagerten Modulen natürlich zwingend der Fall. Auch können Informationen zwischen den Modulen auf für den Anwender unsichtbaren Verbindungen transportiert werden.

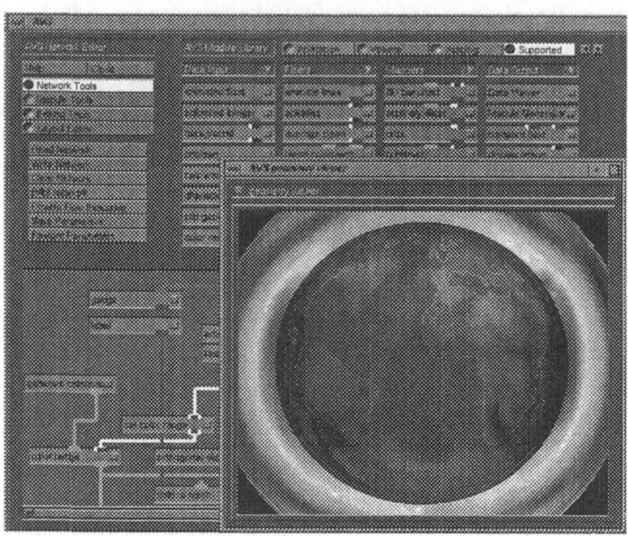

Abb. 27. Das System AVS (Quelle: DKRZ 1996)

Auch AVS ist nur bedingt zur Visualisierung meteorologischer Daten einsetzbar. Hier fehlen ebenfalls die speziellen meteorologischen Verfahren, die benötigte Stabilität und Bedienerfreundlichkeit sowie die umfassende Kontrolle der Zeit für dynamische Effekte (siehe auch [Chen93]).

4.2.3   IRIS Explorer

Der IRIS Explorer wurde auf der SIGGRAPH 1991 zum ersten Mal der Fachwelt vorgestellt [SGI91]. Er ist von Silicon Graphics Inc. speziell für ihre Rechner entwickelt worden und stellt ein weiteres Produkt in der Klasse der Application Builder dar. Die Besonderheiten liegen hier vor allem in drei Punkten: Zum einen nutzt er wesentlich effektiver die Graphikhardware dieser Maschinen und kann somit komplexere Visualisierungsobjekte noch interaktiv handhaben. Zum zweiten sind hier zum ersten Mal funktionierende Shared Memory Konzepte eingesetzt worden, die es mehreren Modulen auf einem Rechner möglich machen, Datenobjekte gemeinsam zu verwalten, anstatt sie für jedes Modul neu kopieren zu müssen.

Als dritte Besonderheit kann hier hervorgehoben werden, daß die Benutzerschnittstelle von Applikationen, die mit dem IRIS Explorer erstellt wurden, vom Anwender frei zu konfigurieren ist. Dazu können mehrere oder alle Module einer Applikation zusammengefaßt und mit einer gemeinsamen Bedienungsoberfläche ausgestattet werden. Inhalt und Aussehen können dabei beliebig gestaltet werden, so daß die Bedienerfreundlichkeit danach deutlich gesteigert ist. Abb. 28 zeigt eine solche IRIS Explorer Applikation, die numerischen Modelloutput des DWD Europamodells visualisiert, der zuvor auf ein reguläres Voxelgitter interpoliert wurde.

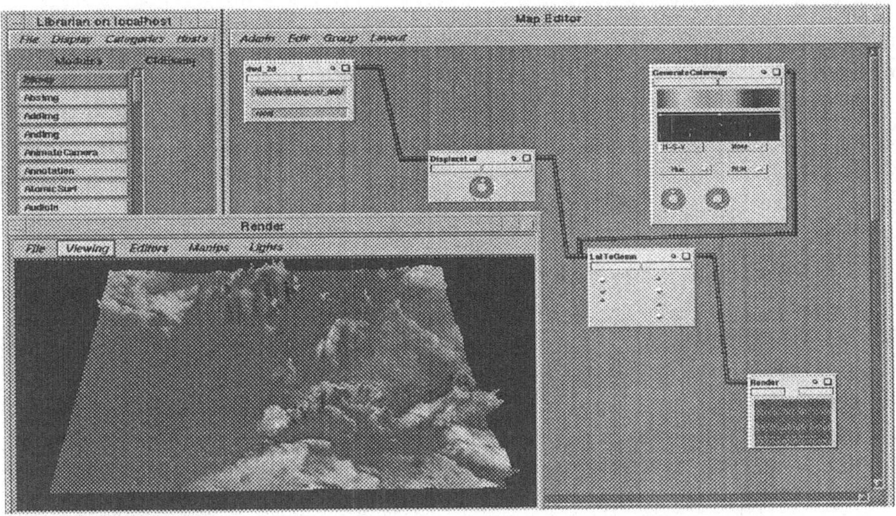

Abb. 28. IRIS Explorer

Der IRIS Explorer leidet aber noch an einer relativ stark eingeschränkten Funktionalität mit den mitgelieferten Modulen und läßt auch bei der Stabilität noch zu wünschen übrig [Globus93]. Darüberhinaus weist er die für die anderen Application Builder genannten Nachteile auf, was seinen Einsatz für die Meteorologie im operationellen Betrieb nicht in Frage kommen läßt.

4.2.4 Khoros

Das System Khoros wurde an der University of New Mexico anfangs ausschließlich als Application Builder für Bildverarbeitungsanwendungen entwickelt [Merc92]. Da es seit Ende der 80er / Anfang der 90er Jahre kostenlos einschließlich des Quellcodes über anonymes FTP herausgegeben wird, hat es heute eine relativ weite Verbreitung erfahren. Inzwischen wird es von den Entwicklern als offene Systemumgebung für Datenverarbeitung und Visualisierung im allgemeinen sowie für Softwareentwicklung beschrieben [Earn92]. Das über ein weites Spektrum an Plattformen ausführbare Khoros besteht aus der graphischen Programmierumgebung „cantata", einem Benutzerschnittstellen-Entwicklungssystem „UIDS", Funktionsbibliotheken für das „viff" Datenaustauschformat sowie Modulen für die Darstellung und Manipulation von Bildern („editimage"), für das Abspielen von Animationen („animate") oder das Plotten von zwei- und dreidimensionalen Datensätzen („xprism2" bzw. „xprism3"). Die Anwendergemeinde setzt Khoros mittlerweile außer für Bildverarbeitungszwecke auch auf den Gebieten von Volumenrendering, relationalen Datenbanken und in Telekommunikationsprojekten ein. Durch die Verfügbarkeit des Quellcodes läßt sich das System beliebig von den Anwendern erweitern und gut in der Lehre an Universitäten einsetzen.

Für meteorologische Applikationen ist Khoros natürlich im Bereich der Verarbeitung von Satellitenbildern besonders interessant. Für die Visualisierung wetterbezogener Daten eignet sich Khoros aber weder für Meteorologen noch für ein Laienpublikum, da es keinerlei spezielle Visualisierungstechniken für derartige Datentypen bereitstellt. Eine Erweiterung von Khoros um entsprechende Module wäre zu aufwendig und nicht durch die Vorteile der vorhandenen flexiblen Programmierumgebung aufzuwiegen.

4.3 Diskussion

Im allgemeinen sind Turnkeysysteme für ihre spezifische Anwendung optimiert. Sie haben auf ihre Applikation angepaßte Datenschnittstellen, häufig auch eigene auf diese Daten zugeschnittene Vorverarbeitungsroutinen und bieten spezielle Visualisierungstechniken, die Besonderheiten der Applikation berücksichtigen können und somit inhaltlich und performant bessere Ergebnisse liefern.

Application Builder wurden entwickelt, um in möglichst vielen verschiedenen Anwendungen zum Einsatz zu kommen. Ihre Entwickler versuchen allgemein brauchbare und viele spezielle Datenstrukturen zusammen mit den Lese- und Konvertierungsroutinen bereitzustellen. Dies resultiert in einer sehr guten Flexibilität, läßt aber auch die Systeme stets daran kränkeln, daß sie diese Breite anstreben und dadurch eigentlich in keiner Anwendung bis in die Tiefe empfehlenswert sind. Sie eignen sich hervorragend für ein schnelles Erzielen erster guter Ergebnisse und für das Experimentieren mit verschiedenen Visualisierungstechniken. Sie können aber in keiner Applikation so gut sein, wie ein speziell dafür maßgeschneidertes Turnkeysystem. Außerdem verlangen sie im allgemeinen eine relativ gute Kenntnis von Visualisierungsprozessen und dem verwendeten Betriebssystem (im Grad unterscheiden sie sich aber untereinander), was eine Akzeptanz von Informatik-fremden Anwendern eher herabsenkt.

Zusammenfassend kann hier also folgendes gesagt werden: Für die Visualisierung meteorologischer Daten gibt es viele Systeme, sowohl Turnkeysysteme als auch Application Builder, die dafür bis zu einem gewissen Maß geeignet sind. Außerdem gibt es von Meteorologen entwickelte Visualisierungssysteme, die auf einer kartographischen Basis arbeiten und bereits sehr ausgereift und effektiv sind. Die kommerziellen Systeme für die TV-gerechte Präsentation von Wetterinformationen sind recht zahlreich vorhanden und diese Tatsache zeigt, wie lukrativ dieser Markt ist. Keines dieser Systeme kann allerdings Modelloutput, insbesondere Wolkeninformationen, mit geeigneten Verfahren laiengerecht graphisch aufbereiten. Auch ist eine 3D Wetterdarstellung lediglich in Ansätzen zu erkennen und man ist noch weit entfernt von einer integrierten und wahrnehmungspsychologisch effektiven 3D Visualisierung.

Bedarf besteht darüberhinaus an hochinteraktiven Visualisierungssystemen, welche die meteorologischen Daten auf ihrem original Modellgitter, welches irregulär, kurvilinear, hybrid und dynamisch ist, mit dreidimensionalen Techniken für verschiedene Betrachtergruppen visualisieren und dabei der Dynamik auch besondere Aufmerksamkeit schenken.

In dieser Arbeit soll daher ein solches System konzipiert und realisiert werden. Dieses zu entwickelnde System sollte der Klasse der Turnkeysysteme angehören, um die Vorteile dieser Klasse zu erhalten und auch offene Schnittstellen zu anderen Systemen haben, um ergänzt werden zu können. Insbesondere soll es nicht die kartographischen Systeme ersetzen, die bereits einen hohen Grad an Reife erlangt haben.

Teil III
Neuartige Verfahren und Aspekte

5 Interaktion in Visualisierungssystemen

Ausreichende Interaktionsmöglichkeiten des Anwenders mit einem System zur
Visualisierung wissenschaftlich-technischer Daten sind unbedingt erforderlich. Sie
werden hier für das Wahrnehmen der dritten Dimension der Visualisierungsobjekte
über das Manipulieren der Betrachterposition, für das Verstehen der Daten selbst
über Verändern der Visualisierungsparameter und für das Sondieren der Rohdaten
über Plazieren einer Probe im präsentierten Bild (semantische Interaktion) benötigt.

B. H. McCormick, T. A. Defanti und M. Brown faßten bereits 1987 in [McCo87]
die Bedeutung der Interaktivität für die Visualisierung wissenschaftlich-technischer Daten so zusammen: „These processes [of interactive visual computing] are
invaluable tools for scientific discovery".

5.1 Interaktion als Hilfe zur Wahrnehmung

Wahrnehmen ist aktives Handeln! Das menschliche Gehirn versucht ständig, aus
den empfangenen Signalen der Sinnesorgane ein mentales Modell der das Individuum umgebenden Welt zu konstruieren. Diese Welt besteht aus einem Raum, in
dem sich Körper mit dreidimensionalen Formen befinden. Mit Hilfe der zweidimensionalen Bildinformationen beider Augen, Erfahrungen mit vergleichbaren
Objekten und der Bewegungsparallaxe, wenn sich Augen oder Objekte bewegen,
versuchen wir diese Körper in dem mentalen Modell nachzubilden.

Daß die Bewegungsparallaxe dabei effektiver ist, als die Stereobild-Information
der beiden Augen [Brodlie92], macht man sich in der Computergraphik häufig zu
nutze. Rechner können aus dreidimensionalen Objekten Szenen berechnen, die
sich dem Menschen über zweidimensionale Bilder vermitteln lassen. Dabei können
auch Techniken der Stereobild-Präsentation (Polarisationsbrille, Head-Mounted-
Display, Shutterbrille) eingesetzt werden. Oft ist aber nur ein zweidimensionaler
Monitor verfügbar und man zeigt dem Betrachter mehrere Ansichten von der gleichen Szene, die er relativ zueinander zuordnen kann - z. B. durch eine einfache

langsame Rotation derselben. So läßt sich auch im Fernsehen mit seiner rein zweidimensionalen Darstellung in der Werbung die Form eines Fahrzeugs vermitteln,
indem es sich vor der Kamera dreht. Perspektive und Plazierung von Objekten mit
bekannter Größe (Kontext!) sind weitere mächtige Werkzeuge, die bei der Wahrnehmung von dreidimensionalen Körpern über zweidimensionale Medien eingesetzt werden können. Auch Beleuchtung, die für Highlights und Schatten auf den
Objektoberflächen sorgt, fördert das räumliche Verständnis.

Bei der Visualisierung wissenschaftlich-technischer Daten werden sehr häufig
vom Rechner dreidimensionale geometrische Objekte (z. B. Isoflächen, Punktewolken, Pfeilfelder, Partikelbahnen) errechnet, deren graphische Erscheinung
Eigenschaften der Daten verdeutlichen soll. Da diese Körper meist keine Ähnlichkeit zu dem Menschen bekannten Objekten aus dem täglichen Leben haben, ist die
Bewegungsparallaxe hier besonders wichtig. Die Anfänge der Visualisierung wissenschaftlich-technischer Daten lösten dieses Problem durch das Erstellen von
Videosequenzen, deren Produktion Stunden oder Tage dauerte und in denen sich
die geometrischen Objekte drehten oder bewegten.

Heutige graphische Workstations sind aber in der Lage, Szenen mit einigen relativ komplexen Objekten (etwa 100.000 eingefärbte und beleuchtete Dreiecke) in
wenigen Millisekunden zu berechnen. Dies erlaubt das interaktive Positionieren
der aus wissenschaftlich-technischen Daten gewonnenen Objekte, um so eine kon-
trollierte Bewegungsparallaxe zu erhalten! Diese vom Betrachter selbst kontrol-
lierte Bewegung der ihm unbekannten Körper ist die wirkungsvollste Art des
Wahrnehmens räumlicher Geometrien aus zweidimensionalen Bildern.

5.2 Verstehen der Daten

Außer zum Wahrnehmen dreidimensionaler Formen ist Interaktion in Visualisierungssystemen unverzichtbar für das Extrahieren von Bedeutung aus den wissenschaftlich-technischen Daten. Erst über interaktives Ändern der
Visualisierungsparameter selbst, können die Daten effizient erforscht werden. Je
mehr Flexibilität der Wissenschaftler bei der graphischen Umsetzung seiner Daten
hat, desto eher kann er den Gehalt der Daten erfassen.

D. Watson stellte 1990 sein Modell für das wissenschaftliche Erforschen mit
Hilfe von Computern vor [Watson90]. Es ist in Abb. 29 dargestellt. Es sind dabei
sowohl rein menschliche als auch rechnergestützte Aktionen aufgeführt.

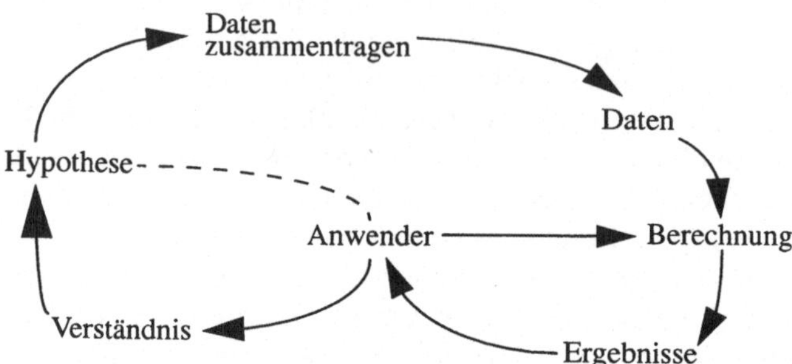

Abb. 29. Watsons Modell für das Wissenschaftliche Erforschen (Quelle: [Brodlie92])

Dieses Modell zeigt den Kreislauf, in dem der Wissenschaftler mit der gewonnenen Einsicht in die Daten eine Hypothese erstellt, aufgrund dieser neue Daten sammelt, sie interaktiv kontrolliert Berechnungen und Visualisierungen unterzieht und schließlich die Ergebnisse betrachtet, um neue Einsichten zu gewinnen [Brodlie92].

Komplexe wissenschaftliche Daten, so wie sie auch in der Meteorologie vorkommen, lassen sich nur erforschen, wenn der betreffende Wissenschaftler alle Freiheiten bei der Wahl und Parametrisierung seiner Visualisierungstechniken hat. Einerseits müssen nämlich meist erst die geeignetsten Techniken, Farbtabellen, Schwellwerte etc. für eine Anwendung interaktiv gefunden werden und zweitens ist oftmals erst eine kombinierte Wahl verschiedener Visualisierungstechniken und Parameter wirkungsvoll genug, um Aussagen über die entsprechenden Daten zu treffen.

Mit der Kernaussage „Interactivity is the Key" [Hibb93] betont W. Hibbard die Schlüsselrolle der Interaktivität beim Erforschen wissenschaftlich-technischer Daten. Vor allem in der Meteorologie ist der forschende Wissenschaftler oder der mit der Vorhersage betraute Mitarbeiter des Routinebetriebes eines Wetterdienstes mit der Aufgabe konfrontiert, die simulierten Wettergeschehnisse anhand vieler verschiedener berechneter Einzelwerte in einem großen Volumen der Erdatmosphäre mental zu rekonstruieren. Dies läßt sich nicht über ein Bild, welches mit einheitlichen Visualisierungsverfahren erzeugt wurde, erreichen. Vielmehr ist hier das ständige interaktive Ändern der Techniken und Parameter der Visualisierung unabdingbar. Die verschiedenen berechneten Elemente wie Druck, Wind, Temperatur, Feuchte etc. benötigen jeweils eigene Techniken und lassen sich nicht alle zusammen darstellen. Um die Bedeutung der prognostizierten Daten also voll erfassen zu können, um die bei diesem Erkenntnisprozeß neu auftretenden Fragen zu beantworten und um die dreidimensionalen graphischen Objekte mit ihrer Form wahrzunehmen, muß der Meteorologe von einem hochinteraktiven Visualisierungssystem unterstützt werden. Dieses System sollte dabei ein möglichst intuitives Interagieren fördern, damit der Meteorologe seine ganze Aufmerksamkeit der Problemlösung widmen kann.

5.3 Semantische Interaktion in datenflußorientierten Systemen

Das Sondieren der Daten ist ein wichtiges Werkzeug für die interaktive Visualisierung wissenschaftlich-technischer Daten. Es ermöglicht dem Wissenschaftler das gesehene, wahrgenommene und interpretierte Bild für direkte und exakte Rückschlüsse auf die dahinter verborgenen Rohdaten zu verwenden. Ein Meteorologe kann z. B. mit einer geeigneten Farbtabelle für Windgeschwindigkeiten einen Jetstream über dem Nordatlantik identifizieren. Das entsprechende Bild zeigt Lage und Form dieses Bandes besonders schneller Luftströmungen und ist bereits sehr aufschlußreich. Um aber exakte Aussagen machen zu können, ist es wichtig, daß der Meteorologe nun mit einem physikalischen Eingabegerät (z. B. Maus) eine Datensonde an beliebigen Stellen (z. B. in dem Jetstream) plazieren kann, um dort die Rohdaten abzufragen. Das Visualisierungssystem muß ihm nun an der gewählten Position sämtliche zur Verfügung stehenden meteorologischen Daten (z. B. Werte der Windkomponenten, Temperatur, etc.) ausgeben. Unter semantischer Interaktion versteht man also das Interagieren mit den vom System präsentierten Bildern in Bezug auf den originalen Kontext der Daten, die das System visualisiert hat. Dies ist die für den Anwender natürlichste Art der Interaktion, die das produktive Arbeiten am stärksten unterstützt.

Solch eine semantische Interaktion läßt sich in monolithischen Visualisierungssystemen, wo ein Prozeß sämtliche Daten verwaltet und die gesamte Visualisierung durchführt, relativ einfach realisieren. Sämtliches Wissen steht diesem Prozeß dafür bereit. Dies ist bei datenflußorientierten Systemen nicht der Fall, wo häufig die Information über die verwendeten Visualisierungstechniken und Daten über mehrere Module und evtl. auch Rechner verteilt vorliegt. Viele solcher Systeme erlauben dem Anwender später lediglich das Zugreifen auf normierte Werte in veränderten Koordinatensystemen, da interne Strukturen dies erzwingen. Das Entwickeln von Lösungen für diese Interaktion in solchen datenflußorientierten Visualisierungssystemen ist Thema des nun folgenden Abschnittes (siehe auch [FeSchr92]).

5.3.1 Interaktionstypen

Auch heute noch sind die meisten Application Builder in erster Linie ausgabeorientiert. Anwender können zwar die Parameter spezifizieren und ändern, die den Visualisierungsprozeß kontrollieren und haben auch Einfluß auf die Funktionalität des Prozesses selbst, aber lange gab es keinen Mechanismus, mit dem semantische Interaktion in solchen Systemen unterstützt wird.

In den datenflußorientierten Application Buildern wird das Konzept der Visualisierungspipeline [Haeb88] [Felg90] mit ihrer schrittweisen Datentransformation von Rohdaten zu Bildern am stärksten auch intern umgesetzt. In den einzelnen Schritten der Datenvorbereitung, der Abbildung auf graphische Attribute und dem

Rendering werden die Schlüsselkomponenten der wissenschaftlich-technischen Visualisierung am deutlichsten: die semantischen Datenstufen (Rohdaten, Geometrien und Bilder) sowie die Prozesse der Datenumwandlung innerhalb einer oder zwischen zwei semantischen Stufen (die Schritte in der Pipeline).

Die Interaktion zwischen Anwender und Visualisierungssystem geschieht in zwei verschiedenen Weisen: Erstens können Anwender interaktiv Module selektieren, um die Visualisierungspipeline entsprechend ihren Anforderungen zu einer Applikation zu konfigurieren. Auch können die Parameter oder Attribute einzelner Module dieser Applikation später vom Anwender verändert werden, um z. B. abgeleitete Daten, veränderte Ansichten oder verschiedene Farbkodierungen zu betrachten. Diese Arten der Interaktion können nicht auf die Daten selbst, sondern nur auf die Methodik zugreifen, mit der diese Daten in Bilder umgesetzt werden. Dies kann daher als „Interaktion zur Konfigurierung und Kontrolle" bezeichnet werden (siehe Abb. 30).

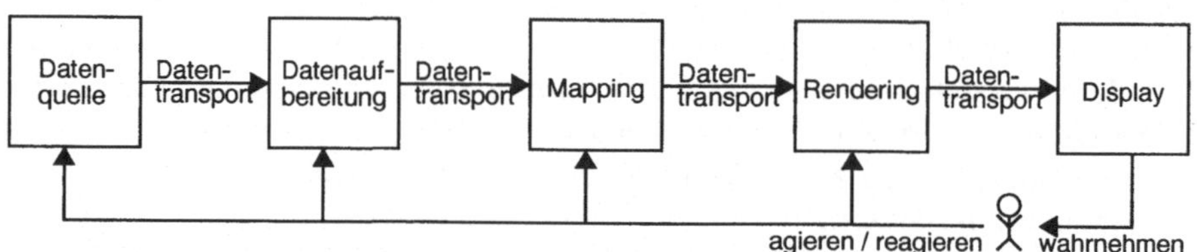

Abb. 30. Interaktion zur Konfigurierung und Kontrolle

Zweitens ist aber oft auch das Interagieren mit den Daten selbst wie beim Datenprobing von großer Bedeutung. Darüberhinaus ist es häufig wichtig, Untermengen innerhalb der Rohdaten zu identifizieren und evtl. für weitere Berechnungen zu extrahieren, was natürlich auch am besten über ein Interagieren direkt mit dem vom System aus den Daten erzeugten Bild geschieht. Dies ist nur mit semantischer Interaktion möglich (siehe Abb. 31).

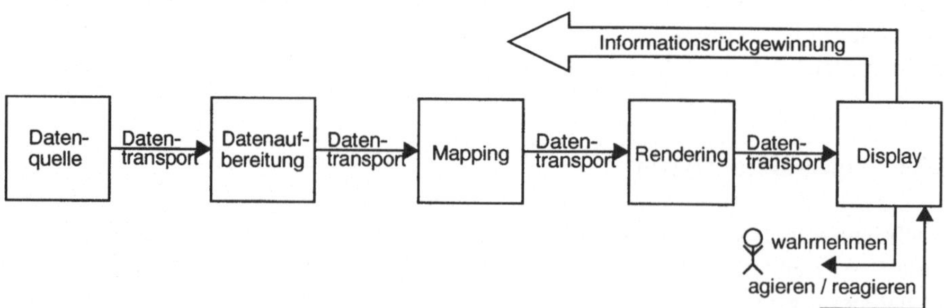

Abb. 31. Semantische Interaktion

Die semantische Interaktion stellt aber hohe Anforderungen an das Visualisierungssystem, da dort die Rohdaten schrittweise von verschiedenen Modulen umgewandelt und modifiziert wurden, ehe sie schließlich das fertige Bild ergeben. Während dieser Schritte werden die Daten zwischen semantischen Stufen konvertiert und evtl. auch reduziert. Das Wiedergewinnen der Originalinformationen, die in Bezug zu einer Interaktion des Anwenders mit dem ihm präsentierten Bild stehen, gestaltet sich daher schwierig, besonders dann, wenn die durchgeführten Schritte nicht garantiert bijektiv waren.

In datenflußorientierten Application Buildern, bei denen Applikationen aus einzelnen Modulen zusammengesetzt werden, die zur Laufzeit von verschiedenen Prozessen in einer vernetzten Umgebung abgearbeitet werden, liegen sämtliche oben genannte Informationen verteilt vor. In einer solchen Umgebung erhält jedes einzelne Modul seine Eingangsdaten von einem anderen Modul, ohne dessen Parametereinstellungen oder vielleicht sogar dessen Funktion zu kennen. Heute verfügbare Application Builder verfolgen in ihrer Umsetzung der Verteilung von Funktionalität und Daten verschiedene Konzepte. Bei allen kann es aber zu einer solchen Verteilung sogar auf verschiedene Hardwareplattformen kommen. Die konsequenteste Umsetzung ist dabei in apE realisiert worden, wo die Applikation aus autarken Modulen besteht, die gleichzeitig ausgeführt werden und dabei jeweils eine eigene Kopie der für sie relevanten Daten besitzen. Bei AVS existiert dagegen z. B. der „Flow Executive" als Masterprozeß, der alle anderen Module triggert und deren Abfolge der Ausführung kontrolliert.

5.3.2 Konzept der semantischen Interaktion

Die oben beschriebenen Erwägungen führten zu der Entwicklung einer Basisarchitektur für semantische Interaktion in Visualisierungssystemen im Rahmen dieser Arbeit. Zur klaren Trennung der Termini in Bezug auf die Visualisierungspipeline, welche in den meisten Veröffentlichungen in ihrer rein ausgabeorientierten Bedeutung diskutiert wird, ist hier die Präzisierung in „Visualization-Output-Pipeline" (VOP) und „Visualization-Input-Pipeline" (VIP) entsprechend der von der Pipeline durchzuführenden Aufgaben vorzunehmen. VOP und VIP ergeben zusammen die herkömmliche Visualisierungspipeline, die dann sowohl ausgabeorientierte wie auch mit Eingabeanforderungen zusammenhängende Aufgaben übernimmt. Die im folgenden beschriebene Architektur besteht daher aus einem „Eingabe-Antwort-Zyklus" und der VIP als Inversion der VOP [Schr91].

Die VOP besteht weiterhin aus den bekannten Stufen wie Datenfilterung oder Mapping. Die VIP realisiert die Methode der Wiedergewinnung von semantischen Informationen. In monolithischen Systemen mag die VIP nicht so augenscheinlich und deutlich erkennbar sein, da für feste Funktionalitäten Eingabeberechnungen elegant oder trickreich internes Wissen über Rohdaten sowie deren Verarbeitung ausgenutzt werden kann. Die Herausforderung besteht darin, ein generisches Konzept für eine VIP in vom Anwender spezifizierten Anwendungen von Application Buildern mit verteilter Funktionalität und Datenhaltung in einer datenflußorientierten Umgebung zu entwickeln. Um dies zu erreichen, muß die VIP aus einzelnen Modulen bestehen, die jeweils ihre Gegenstücke in der VOP bezüglich der Funktionalität invertieren. Ein jedes Paar solcher Module hat die gleiche semantische Sicht auf die Daten.

Es gibt verschiedene Techniken, semantische Informationen wiederzugewinnen. Die folgenden Abschnitte stellen die Konzepte des Eingabe-Anwort-Zyklus' und der Visualization-Input-Pipeline vor. Sie wurden speziell für die Integration von semantischer Interaktion in datenflußorientierte Application Builder entwickelt.

5.3.3   Der Eingabe-Anwort-Zyklus

Eingabe kann als Handlung des Anwenders gesehen werden, die an das System gerichtet ist und in Beziehung zu dem ihm auf dem Schirm präsentierten Bild zu verstehen ist. Dazu ist vor allem auch ein visuelles Feedback als erste direkte Antwort auf seine Handlung vom System bereitzustellen. Um dem Anwender das Gefühl direkter Kontrolle über die Interaktion zu geben, ist z. B. das sofortige Plazieren oder Verschieben eines Cursors in dem gerade dargestellten Bild geeignet. Sobald der Anwender mit Eingaben handelt und das System mit veränderten Bildern antwortet, ist der Eingabe-Antwort-Zyklus hergestellt. Der Anwender agiert stets auf die ihm präsentierten Bilder, die sich wiederum seinen Aktionen entsprechend verändern. Für die Visualisierung wissenschaftlich-technischer Daten bedeutet dies, daß das erzeugte Bild stets die aktuellsten Ergebnisse des Visualisierungsprozesses zusammen mit dem Cursor-Objekt an dessen augenblicklicher Position beinhalten muß.

Der Eingabe-Antwort-Zyklus muß also aus drei Modulen bestehen: dem Interaktions-Editor, welcher dem Anwender eine komfortable Bedienungsoberfläche zum Definieren und Parametrisieren der logischen und physikalischen Eingabegeräte bietet, dem Eingabe-Modul, welches die physikalischen Eingabegeräte verwaltet und die momentane relative Cursorposition berechnet, sowie schließlich dem speziell angepaßten und optimierten Renderer-Modul, welches die Ergebnisse aus der VOP mit den Cursor-Informationen mischt und auch die Daten der physikalischen auf die logischen Eingabegeräte wie Picker oder Locator abbildet. Die Bedeutung von kurzen Antwortzeiten des Systems fordert ein hoch-performantes Renderingsystem [Enc92], das direkt in den Framebuffer rendert. Dabei folgt die Aufteilung der drei Aufgaben auf verschiedene einzelne Module dem Prinzip des verteilten datenflußorientierten Konzepts und bietet ein höheres Maß an Flexibilität.

Der Eingabe-Antwort-Zyklus ist als Dialogschicht zwischen der VOP, welche die Daten für das Rendering bereitstellt, zusammen mit der VIP, welche die semantischen Eingaben bearbeitet, und dem Anwender zu sehen, der die ihm präsentierten Bilder betrachtet und darauf wiederum mit Editor und physikalischen Eingabegeräten reagiert.

5.3.4 Die Visualization-Input-Pipeline

Die Visualization-Output-Pipeline modifiziert die Applikationsdaten schrittweise für die Berechnung des resultierenden Bildes. Während dieses Prozesses geht semantische Information dieser Daten verloren. Um aber semantische Eingabe zu ermöglichen, muß eine Visualization-Input-Pipeline (VIP) bereitgestellt werden, welche die original oder zwischenberechneten Informationen zurückgewinnt. Die VIP erhält ihre Daten aus dem Eingabe-Antwort-Zyklus und ähnelt stark der Visualization-Output-Pipeline (VOP) - mit dem Unterschied, daß ihr Datenfluß in umgekehrter Richtung verläuft und sie aus Modulen mit inverser Funktionalität besteht.

Die Ergebnisse, die am Ende der VIP oder bereits zwischendrin bereitstehen, können einfach angezeigt werden (wie z. B. beim Datenprobing), für weitere Berechnungen verwendet werden oder ihrerseits wieder das Verhalten der VOP beeinflussen. Prinzipiell läßt sich die VIP beliebig konfigurieren und zu den verschiedensten Zwecken einsetzen.

Konzepte für inverse Module. Jedes VIP-Modul muß exakt die inverse Funktionalität zu seinem entsprechenden Gegenstück aus der VOP haben. Wenn also f die Funktionalität des VOP-Moduls ist und die Ausgabedaten out wie folgt aus den Eingabedaten des Moduls in berechnet werden: out = f(in), so muß sich das VIP-Modul folgendermaßen verhalten: out = f^{-1}(in). Auf diese Weise können Informationen von VIP-Modulen „wiederhergestellt" werden. Natürlich gibt es Probleme bei dieser Rückgewinnung, wenn keine Eindeutigkeit bei der Abbildung von Eingabewerten auf Ausgabewerte besteht. Auch lassen sich nicht für alle Funktionalitäten der VOP-Module inverse Module entwickeln. Bei den meisten Anwendungen und den dort eingesetzten Modulen ist dies jedoch möglich und es sollen nun drei Ansätze für diese Rückgewinnung von Information vorgestellt werden: die Inverse-Funktion-Methode, die Lookup-Methode und die Listening Methode. Letztere ist in [FeSchr92] vorgestellt und wird hier wegen ihrer eher unbedeutenden Rolle nicht mehr diskutiert.

1. Inverse-Funktion-Methode: Wenn ein VOP-Modul eine bijektive Funktion auf die Eingangsdaten realisiert, so kann das VIP-Modul die inverse Funktion durchführen. Dies ist der Idealfall, da er eindeutig lösbar ist und wenig Speicherbedarf hat. Das VIP-Modul muß lediglich die Parameter der Funktion des VOP-Moduls kennen.
2. Lookup-Methode: In diesem Fall muß sich das VIP-Modul im Grunde die Eingangsdaten und evtl. auch die Ausgangsdaten des VOP-Moduls merken. Wenn sich eine definierbare Beziehung zwischen Ein- und Ausgabe beschreiben läßt, so kann das VIP-Modul die entsprechenden ursprünglichen Informationen „nachschlagen". Diese Technik läßt sich besonders leicht bei raumbezogenen Daten anwenden, wenn auch über die Cursorposition Angaben vorliegen. Das VIP-Modul liest die gespeicherten Daten aus dem Feld, welches es sich gemerkt hat und kann entweder den nächsten Originalwert, ein Interpolationsergebnis

oder eine Menge von Ursprungswerten zurückliefern. Diese Methode kann allerdings einen hohen Speicherbedarf bedeuten.

Bei einigen Modulen kann es auch von der Parametrisierung abhängen, ob sich alle Informationen zurückgewinnen lassen. Ein Modul zur Normierung von Datenwerten beispielsweise hat eine eindeutige bijektive Funktion. Werden aber Werte an den Grenzen des Normierungsintervalls abgeschnitten (geclamped), so ist die Rückgewinnung durch eine inverse Funktion nicht immer möglich.

Anforderungen an die Visualization-Input-Pipeline. Beim Design einer Architektur für eine Visualization-Input-Pipeline müssen die folgenden Aspekte berücksichtigt werden:

Semantische Eingabe muß auch für dynamische Situationen im Visualisierungssystem bei laufender Applikation vorbereitet sein. Interaktion in statischen Situationen, wo sämtliche Module nur einen einzigen Datensatz bearbeiten, darf lediglich als Sonderfall der dynamischen Situation verstanden werden. Wenn die VOP dynamisch ständig neue Datensätze bearbeitet und der Anwender eine Interaktion in dem ihm gerade präsentierten Bild vornimmt, so muß die VIP die dazu in Bezug stehenden Informationen und Parameter der VOP wiederfinden.

Synchronisationsprobleme müssen konzeptionell vermieden werden. Wenn die Visualization-Input-Pipeline selbst Daten an die VOP schickt und evtl. auf Antwort wartet, müssen Deadlocksituationen oder überlaufende Eingabepuffer einzelner Module berücksichtigt und verhindert werden. Jede Art von Schleife in einem Datenflußsystem muß sehr vorsichtig designed werden, um endlos zirkulierende Datensätze oder ständig wachsende Anzahlen von Datensätzen in einer Schleife zu vermeiden.

Die Visualization Output Pipeline kann natürlich auch Verästelungen und Zusammenflüsse von Datenströmen aufweisen. Entsprechende Zusammenflüsse und Verästelungen müssen korrekt in der VIP behandelt werden.

Architekturen. Nun werden vier Architekturen für die Verbindung von VOP und VIP beschrieben und diskutiert. Sie wurden vor allem mit den folgenden Zielen entwickelt: Sie sollten das entsprechende Visualisierungssystem so wenig wie möglich verändern. Sie sollten mit nur wenigen zusätzlichen Modulen auskommen und eine klare Topologie von wenigen Verbindungen aufweisen. Weiterhin sollte Deadlocksituationen wirksam vorgebeugt werden und dennoch jedes VIP-Modul die für die Invertierung des entsprechenden VOP-Moduls nötige Information bekommen.

1. Lose gekoppelte Architektur: Diese Architektur (siehe Abb. 32 links) zeichnet sich durch eine Visualization-Input-Pipeline parallel zu der Visualization-Output-Pipeline aus, wo jedes VIP-Modul an das korrespondierende VOP-Modul angeschlossen ist. Das VOP-Modul verwendet diese Verbindung, um sämtliche Informationen, die das VIP-Modul für seine inversen Berechnungen benötigt, an dieses zu schicken. Diese Architektur benötigt nur wenige

zusätzliche Verbindungen, was eine recht klare und einfach zu überblickende Struktur der Verbindungstopologie zur Folge hat. Aber da alle Module autarke Prozesse sind, stellt das evtl. nötige Kopieren von Datensätzen zu den inversen Modulen eine mögliche Vervielfachung der Daten dar.

2. Unabhängige Architektur: Diese Architektur (siehe Abb. 32 rechts) bietet eine Visualization-Input-Pipeline mit völlig unabhängigen inversen Modulen. Hier sendet jedes Modul, welches Daten an ein VOP-Modul schickt, diese Daten auch an das entsprechende VIP-Modul. Weil aber auf diese Weise alle Daten auch an jeweils zwei Module versandt werden, verdoppelt sich der Speicherbedarf einer Anwendung. Da auch die Anzahl der Verbindungen verdoppelt wird, kann diese Architektur leicht in einem möglicherweise unübersichtlichen Pipelinelayout resultieren. Weiterhin kann es hier Probleme mit der Lookup-Methode geben, wenn keine Raumposition der Eingabe vorliegt, da ein VIP-Modul keine Möglichkeit hat, die Ausgabe seines entsprechenden VOP-Moduls zu kennen. Aus dem gleichen Grund ist hier auch die Listening Methode nicht einzusetzen.

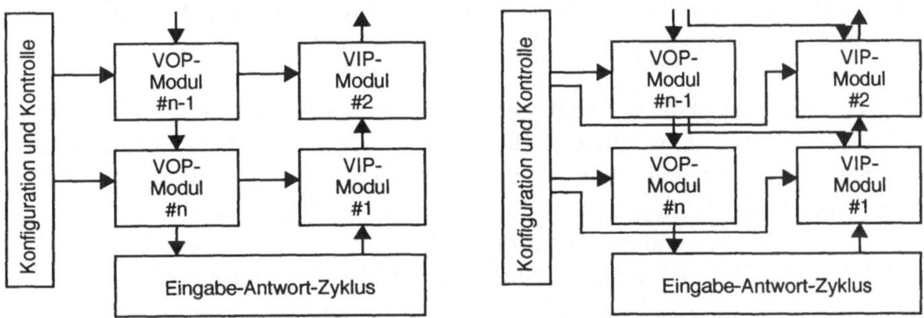

Abb. 32. Konzept der Lose gekoppelten / Unabhängigen Architektur

3. Eng gekoppelte Architektur: Die eng gekoppelte Architektur (siehe Abb. 33 links) ähnelt der lose gekoppelten Architektur, weist aber den Unterschied auf, daß jeweils VOP und VIP-Module eines Paares zusammengerückt sind und von ein und demgleichen Prozeß bearbeitet werden. Anstatt einer Verbindung zwischen den Modulen teilen sie sich ihren Datenraum (kein Mehrbedarf an Hauptspeicher) und vereinen sowohl VOP als auch inverse Funktionalität in einem Modul. Es sind auf diese Weise auch weniger zusätzliche Verbindungen nötig.

4. Eng gekoppelte Einverbindungs-Architektur: Die in Abb. 33 (rechts) dargestellte eng gekoppelte Einverbindungs-Architektur macht die Visualization-Input-Pipeline völlig unsichtbar für den Anwender. Hier enthält nicht nur jedes VOP-Modul auch die VIP-Funktionalität, sondern es werden auch die ursprünglichen VOP-Verbindungen für den VIP-Datentransfer in umgekehrter Richtung verwendet. Der Anwender braucht also keine zusätzliche VIP-Pipeline zu konstruieren und auch keine weiteren Verbindungen in seine Anwendung einzubauen. Das Pipeline-Layout bleibt unverändert.

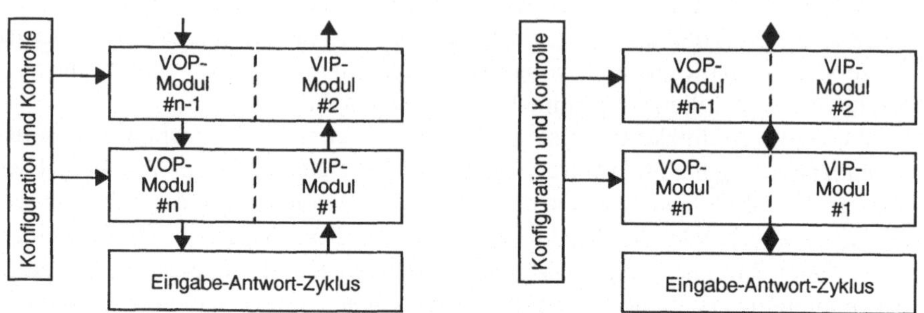

Abb. 33. Konzepte der Eng gekoppelten / Eng gekoppelten Einverbindungs-Architektur

Die lose gekoppelte Architektur und die unabhängige Architektur haben gemeinsam, daß die Module getrennte Prozesse bleiben und daß die Listening Methode nicht möglich ist, da kein Datenfluß von VIP zu VOP-Modul vorgesehen ist. Bei beiden können keine Deadlock-Probleme auftreten, da Schleifen prinzipiell durch den gerichteten Datenfluß vermieden werden. In beiden Architekturen sind die Probleme in dynamischen Situationen beschränkt auf die Datenhaltung und -organisation.

Bei der eng gekoppelten und der eng gekoppelten Einverbindungs-Architektur sind alle drei Inversionsmethoden für Module möglich. Es können aber leichter Stauungen in der Pipeline (VOP oder VIP) vorkommen, da jeweils VOP- und VIP-Modul eines Paares vom gleichen Prozeß bearbeitet werden. Ist dieser Prozeß also gerade mit einer aufwendigen Berechnung für eine VOP-Tätigkeit beschäftigt, so kann er keine VIP-Anfragen mehr bearbeiten und blockiert damit die gesamte VIP. Auch kann es schnell zu Deadlock-Problemen kommen, wenn zwei Prozesse einander Daten schicken wollen (der eine im Rahmen seiner VOP- und der andere in seiner VIP-Tätigkeit) und sich beide in der Schreiboperation aufhängen, darauf wartend, daß der jeweils andere mit Lesen beginnt. Weitere Schwierigkeiten können durch hochdynamische Situationen entstehen. Welche Tätigkeit (VOP oder VIP) soll ein Prozeß ausführen, wenn ständig neue Datensätze in der VOP verarbeitet werden müssen und der Anwender permanent Eingabeaktionen vornimmt, die von der VIP abgearbeitet werden müssen?

5.3.5   Realisierung und Ergebnisse

Die vorgestellten Konzepte des Eingabe-Antwort-Zyklus und der Visualization-Input-Pipeline sind für semantische Interaktion in beliebigen datenflußorientierten Application Buildern entwickelt worden und sind in ihrer Realisierung an kein spezifisches System gebunden. Sie wurden im Rahmen dieser Arbeit in das Visualisierungssystem apE [OSGP90] integriert (siehe Kap. 4.2.1). apE wurde gewählt, da das System im Quellcode verfügbar war und zusätzlich durch seine Flexibilität sowie offene Architektur die Realisierung der vorgestellten Verfahren erlaubte. Die schließlich an apE2.1 vorgenommenen Änderungen sind geringfügig und alle

Erweiterungen folgen strikt dem Gebot der Aufwärtskompatibilität. Für die Realisierung des VIP/VOP Konzeptes wurde die lose gekoppelte Architektur gewählt, da sie das beste Verhalten in dynamischen Situationen vorweist und noch relativ klare Verbindungstopologien erlaubt.

In Abb. 32 (links) wird ersichtlich, daß es drei verschiedene Arten von Verbindungen zwischen jeweils zwei Modulen bei der lose gekoppelten Architektur gibt: Einmal gibt es die nach unten gerichteten Verbindungen, welche die herkömmlichen ausgabeorientierten Aufgaben innerhalb der VOP erfüllen. Darüberhinaus gibt es die horizontalen, welche die Verbindung innerhalb einander zugehöriger VIP/VOP-Modulpaare herstellen und die minimal benötigte Menge an Informationen wie Parametereinstellungen übertragen. Schließlich existieren dort noch die nach oben gerichteten Verbindungen, welche die Eingabeinformationen, die sich auf transformierte Cursorkoordinaten beim Locator und zusätzlich zurückgerechnete Datenwerte beim Picker beschränken, durch die Visualization-Input-Pipeline befördern.

Ein Beispiel, welches die drei Typen von Verbindungen veranschaulichen soll, stellt in Abb. 34 ein Modul zur Datennormierung und sein inverses Gegenstück vor.

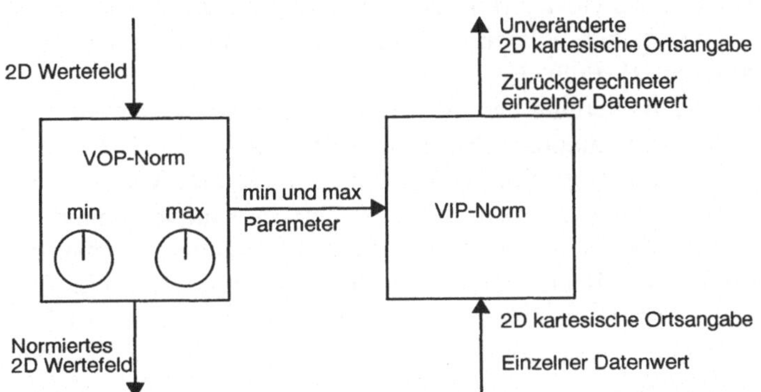

Abb. 34. Die drei Verbindungstypen und die im Falle eines Pick-Events auf ihnen beförderten Informationen

Das Konzept in apE, daß sämtliche zu versendende Daten eines Moduls an alle als Empfänger angeschlossene Module verschickt werden, ohne daß dies selektiv möglich wäre, führte zu der Einführung neuer Schlüsselwörter für die neuen Verbindungstypen. VOP-Module akzeptieren also nur Daten von anderen VOP-Modulen und jedes VIP-Modul kann erkennen, ob ihm der gerade empfangene Datensatz von dem vorgelagerten unteren VIP-Modul oder dem ihm entsprechenden VOP-Modul zugesandt wurde.

Die stets entlang der Visualization-Input-Pipeline beförderten räumlichen Referenzen geben auch bei einem Pick-Event die Position des Cursors zur Zeit der Anfrage einer semantischen Interaktion in lokalen Koordinaten des aktuellen Datensatzes an. Dabei wird die Modifikation der Interaktionsinformationen bei ihrem Durchlaufen der VIP-Module stets dem Koordinatensystem, der räumliche

Referenz und der Datenrepräsentation der aktuellen semantischen Schicht korrekt durchgeführt.

Das Verwenden der räumlichen Referenzen macht die Lookup-Methode wesentlich einfacher durchzuführen. Mit dem original Datensatz und der Referenz auf die räumliche Position der Interaktionsanforderung können ursprüngliche Datenwerte präzise und schnell nachgesehen werden. Auch Informationen, die eigentlich während des Visualisierungsprozesses verlorengegangen waren, lassen sich auf diese Weise in vielen Fällen wiedergewinnen. Weiterhin erlaubt das Einsetzen der räumlichen Referenzen „Abkürzungen" in der Visualization-Input-Pipeline, indem VIP-Module, welche die räumliche Referenz nicht verändern, ausgelassen und somit „überbrückt" werden können.

Um die im Rahmen dieser Arbeit für semantische Interaktion in datenflußorientierten Systemen entwickelten Konzepte in apE zu evaluieren, wurden etliche neue Module implementiert und die Datenflußsprache Flux von apE erweitert, um Cursorbeschreibungen und Gerätespezifikationen zu speichern und zu übertragen.

Das Eingabe-Modul unterstützt momentan exemplarisch die Maus und den Spaceball als je ein zwei- und dreidimensionales Gerät. Das Renderingmodul ersetzt den Raytracer aus apE mit zusätzlich nötigem Bildausgabemodul durch ein auf dem Vis-a-Vis Hochperformanz-Renderingsystem basierendes Modul, welches so z. B. direkt auf Silicon Graphics GL, OpenGL oder PEX aufsetzen kann [FrHaSchr92] [Früh93].

Für die Bewertung der „Visualization-Input-Pipeline"-Konzepte wurden bisher zwei VIP Filtermodule („Norm" und „Rezone"), zwei VIP zweidimensionale Mapper Module („Mapcolor" und „Maprgb") und drei VIP dreidimensionale Mapper Module („Onion", „Positron" und „Terrain") implementiert. Die dazugehörigen sieben standard apE Module wurden leicht verändert, um die Aufgaben von Modulen mit VOP Funktionalität in der lose gekoppelten Architektur zu übernehmen. Damit Locator und Picker Informationen auf jeder semantischen Schicht in alphanumerischer Weise angezeigt werden können, wurde das „Show-Input" Modul implementiert.

5.4 Zusammenfassung

In diesem Kapitel wurde zunächst gezeigt, wie wichtig gute, direkte Interaktionsmechanismen sind, um die Wahrnehmung von dreidimensionalen Visualisierungsobjekten, welche auf einen zweidimensionalen Monitor gerendert wurden, zu verbessern. Erst ein vom Benutzer gesteuertes interaktives Bewegen solcher Objekte erlaubt die mentale Rekonstruktion. Anschließend wurde der Prozeß des Verstehens von visualisierten Daten untersucht. Dabei spielt Interaktion in einem weiter gefaßten Sinne ebenfalls eine extrem wichtige Rolle. Nur wenn der Benutzer sämtliche Parameter eines Visualisierungsvorgangs verändern und direkte

Effekte beobachten kann, ist ein Gewinnen von Einsichten und Überprüfen von Hypothesen möglich.

Dabei kann das Sondieren der Daten, auch Datenprobing genannt, eine wertvolle Unterstützung leisten, indem beobachtete Effekte quantifizierbar werden und stets durch Interaktionen im Ausgabebild Originaldaten abgefragt werden können. Im Rahmen dieser Arbeit wurden dazu neue Konzepte entwickelt und realisiert, die eine solche semantische Interaktion auch in datenflußorientierten Application Buildern ermöglichen.

Zunächst wurden dazu die allgemeinen Aspekte dieser Art von Interaktion diskutiert und Lösungsansätze präsentiert. Schließlich wurde die bekannte Visualisierungspipeline in eine ausgabeorientierte Visualization-Output-Pipeline (VOP) und eine Visualization-Input-Pipeline (VIP) für die Rückgewinnung semantischer Informationen unterteilt. Die VIP, welche die VOP invertiert und der Eingabe-Antwort-Zyklus sind die Hauptbestandteile der entwickelten Architektur. Die Implementierung und Bewertung der vorgestellten Verfahren geschah in dem System apE2.1.

Mit dieser erweiterten Version von apE2.1 ist der Anwender nun in der Lage, semantische Informationen auf jeder Ebene der VIP abzufragen. Die dazu nötige Interaktion mit dem System geschieht über zwei- oder dreidimensionale physikalische Eingabegeräte, mit deren Hilfe ein Cursor in der Szene oder dem Bild, welches aus den wissenschaftlich-technischen Daten gewonnen wurde, bewegt werden kann. Die so zurückgewonnene semantische Information kann dann entweder zur Steuerung der VOP oder zur Ausgabe auf dem Bildschirm (z. B. für Datenprobing) verwendet werden.

Von Bedeutung ist weiterhin, daß sämtliche interaktionsbezogenen Änderungen und Erweiterungen mit den Konzepten der datenflußorientierten Softwareumgebung voll kompatibel sind. Sie sind darüberhinaus applikationsunabhängig und der Anwender hat die freie Kontrolle über die Konfigurierung der VIP innerhalb seiner spezifischen Anwendung. Datenprobing kann so ohne weiteres für jede bereits bestehende Applikation eingesetzt werde, ohne daß Programmieraufwand für den Anwender nötig wäre.

Semantische Interaktion ist ein unverzichtbar wichtiges Instrument der wissenschaftlich-technischen Visualisierung, die dem Wissenschaftler bei der Erforschung von Datensätzen wichtige zusätzliche Informationsquellen bereitstellt.

6 Zeit in der Visualisierung

Wenn Bedeutung aus wissenschaftlich-technischen Datensätzen gewonnen werden
soll, sind dynamische Effekte oft von besonderem Interesse. Tatsächlich spielt das
Erforschen von Dynamik in vielen Applikationen der Visualisierung die wichtigste
Rolle. Die Meteorologie ist eines dieser Gebiete, wo Daten ohne ihre Dynamik
nicht korrekt interpretiert werden können.

Jedoch sind momentan nur einfache Werkzeuge für die wissenschaftliche Animation verfügbar, um Zeit in Datensätzen zu repräsentieren. In dieser Arbeit wurden daher Konzepte sowie Verfahren entwickelt und realisiert, die weit über die
bloße Perfektion von wissenschaftlicher Animation hinausgehen und eine umfassende Kontrolle von Zeit in der wissenschaftlich-technischen Visualisierung erlauben. Die entworfene Architektur und die durchgeführte Realisierung zeigen, wie
sich die Konzepte wirksam für normale und fortgeschrittene Anwender einsetzen
lassen und dann leicht zu bedienende Animationstechniken bereitstellen sowie eine
umfangreiche Kontrolle von Zeit erlauben [ALSch95].

6.1 Motivation für eine umfassende Zeitkontrolle

Die seit der breiten Anerkennung der wissenschaftlich-technischen Visualisierung
in 1987 [McCo87] entstandenen Visualisierungspakete oder -systeme beherrschen
weitgehend das graphische Umsetzen dreidimensionaler Daten, die als Schnittflächen, Pfeilfelder oder Ikonen in eine räumliche Szene gebracht und anschließend
beliebig transformiert und auf den Bildschirm gerendert werden können.

Aber nur in den seltensten Fällen sind die zu erforschenden Daten statisch in der
Zeit und ohne eine weitere vierte Dimension, die der Wissenschaftler gerne auf die
Zeit abbilden würde. In Wirklichkeit sind sehr häufig die dynamischen Effekte in
Datensätzen von ganz besonderem Interesse und bedürfen eingehender Untersu-
chungen! Auch sollten während wissenschaftlicher Animationen zur Darstellung
der Dynamik Benutzerinteraktionen nicht ausgeschlossen sondern zugelassen sein
[Lux95].

Die verfügbaren Animationswerkzeuge bieten jedoch heute noch keine Möglichkeit der umfassenden Kontrolle der Dimension Zeit. Sie wirken meistens wie ein aufgesetztes Zubehör und erlauben lediglich das Abspielen von aufgezeichneten Einzelbildern oder das sukzessive Visualisieren von Datensätzen in ihrer zeitlichen Reihenfolge, anstatt präzise Mechanismen für den Umgang mit der Zeit zur Verfügung zu stellen.

In diesem Kapitel werden daher die Ergebnisse vorgestellt, die im Rahmen dieser Arbeit auf dem Gebiet der Zeit in der Visualisierung erarbeitet wurden. Sie berücksichtigen auch die bereits erfolgten Forschungen von [PoRu94], [AsFeGö91] und vor allem [Wijk94]. Jedoch wurde hier weit über die Perfektionierung von Animationstechniken hinausgegangen und es wurden Konzepte für die wahrhafte Handhabung von Zeit als gleichberechtigte Dimension im mathematischen Sinne erarbeitet, die auch so weit gehen, den Austausch von Raum- und Zeitachsen zu erlauben.

6.2 Was ist Zeit?

Vor Isaak Newtons Postulat der „absoluten Zeit" war die Suche nach der Natur und dem Wesen der Zeit eine Suche der Philosophen. Seither, und vor allem nach Albert Einsteins Relativitätstheorie, die den Begriff der „relativen Zeit" einführte, erkannten auch Naturwissenschaftler die Bedeutung des Phänomens Zeit.

Die Grenzen zwischen Physik, Psychologie und Philosophie sind dabei zusehends verschwommen. Die Deutungen der Zeit hängen immer weniger stark von den einzelnen Fachrichtungen als von den Denkern selbst ab, die sich mit ihr beschäftigen. In diesem Kapitel soll nur eine kurze Übersicht über Zeit unter den Blickwinkeln der Physik, Psychologie und Philosophie gegeben werden. Weitere Informationen sind in [Main95] und [Lux95] zu finden.

Im Brockhaus Lexikon [Brock74] ist die Zeit wie folgt definiert: „Zeit ist das im menschlichen Bewußtsein verschieden erlebte Vergehen von Gegenwart, die als Vergangenheit erinnert, und von erwarteter Zukunft, die zur Gegenwart wird; insgesamt dann das Erleben eines Zeitstroms, der aus der Vergangenheit zur Zukunft fließt und im jeweiligen Augenblick des Jetzt aktuell wird."

Die Psychologie untersucht das Zeitbewußtsein und Zeiterleben als subjektives Erfassen objektiver Zeitabläufe. Individuen empfinden die Zeit als Wahrnehmung von Veränderung oder Bewegung. Die Tatsache, daß die subjektiv empfundene Dauer von Zeit anders als die objektiv gemessene ist, wird als subjektives Zeitparadox bezeichnet [Pöpp83]. Je reichhaltiger die im Bewußtsein verarbeiteten Erlebnisse sind, desto schneller scheint die Zeit zu vergehen, während sie einem in der Erinnerung als länger vorkommt im Vergleich zu gleich langen Zeitperioden mit weniger Geschehnissen. Die menschliche Orientierung in der Zeit erfolgt dabei durch die Einteilung in Vergangenheit, Gegenwart und Zukunft sowie durch die

Einordnung einzelner Ereignisse in den Zeitablauf. Darüberhinaus verfügen Menschen und Tiere über eine innere Uhr, die zeitliche Abläufe in Relation zu periodischen biologischen Prozessen wie den Veränderungen von Körpertemperatur und Stoffwechselvorgängen im Tageszyklus messen.

Vom philosophischen Standpunkt wird Zeit als Form von Verharrung und Veränderung gesehen. Aristoteles sah Zeit als das Maß für Bewegung, als er sagte „Wir erfassen die Zeit nur, wenn wir erkennbare Bewegungen haben. Wir messen jedoch nicht nur die Bewegung durch die Zeit, sondern auch die Zeit durch die Bewegung, da beide einander definieren." Immanuel Kant sah Zeit als a-priori Form der Anschauung, die menschliches Erkennen, Wahrnehmen und Vorstellen erlaubt. Für ihn war Zeit eine Form des inneren Sinnes [Brock74] [Main95]. Die Frage nach dem Sinn der Zeit ist mit dem Problem des Ursprungs, der Originalität verbunden, und erweist sich so als Frage nach der Gesamtheit unserer Erfahrung. Nach [Orth83] begegnet uns die Zeit gleichsam als objektive Zeitlichkeit von Natur und Geschichte, und ebenso ist sie jenes innere „allerbekannteste" vertraute Erlebnis, für das wir keinen Namen haben.

In der Physik hat sich das Bild der Zeit dramatisch gewandelt. Aristoteles und Newton sahen die Zeit noch als „absolute Zeit", die völlig getrennt und unabhängig vom Raum existierte [Hawk88]. Einsteins Relativitätstheorie führte zu der Erkenntnis, daß Zeit „relativ" zu der Geschwindigkeit des Meßgerätes oder Individuums im Raum ist. Das Zwillingsparadoxon ist dafür ein berühmtes Beispiel [Kaha87].

S. Hawkin identifizierte drei Zeitpfeile als Richtungen der Zeit, die den Unterschied zwischen Vergangenheit und Zukunft bedeuten. Aus dem zweiten Hauptsatz der Thermodynamik, der besagt, daß es stets mehr ungeordnete als geordnete Zustände gibt, leitete er den thermodynamischen Zeitpfeil ab. Der psychologische Zeitpfeil, der für das subjektive Zeitempfinden verantwortlich ist, wird seiner Meinung nach vom thermodynamischen Zeitpfeil bestimmt. Schließlich gibt der kosmologische Zeitpfeil die Richtung der Zeit an, in der sich das Universum ausdehnt. Nach Hawkin [Hawk88] zeigen alle drei Zeitpfeile in die gleiche Richtung, was für ihn die Bedingung für die Entwicklung intelligenten Lebens ist.

6.3   Modellierung der Zeit als 4. Dimension

Wenn dynamische dreidimensionale Datensätze oder Prozesse visuell präsentiert werden sollen, steht die wissenschaftlich-technische Visualisierung - oder die Computergraphik im allgemeinen - vor dem Problem, vierdimensionale Objekte darstellen zu müssen, die in Raum und Zeit modelliert sind.

Die geometrischen Transformationen, die beim Darstellen dreidimensionaler Objekte auf einem zweidimensionalen Bildschirm zu verwenden sind, sind ausreichend bekannt [Fol91]. Hier plazieren Modelltransformationen die einzelnen

Objekte (Objektkoordinaten) in eine dreidimensionale Szene (Weltkoordinaten). In dieser Szene wird dann ein Unterraum als Viewport bestimmt, der dann anschließend mit der Viewingtransformation auf das Ausgabegerät z. B. einem Bildschirm (Gerätekoordinaten) abgebildet wird.

Die Handhabung der Zeit als 4. Dimension muß parallel und analog zu den oben beschriebenen Transformationen geschehen. Dabei hat jedes Objekt eine 4. Koordinate, die seine Existenzzeit beschreibt. Mit der Modelltransformation wird dann jedes Objekt mit seiner Geometrie und Existenzzeit in der dreidimensionalen Szene und der „Weltzeit" plaziert. So können verschiedene Objekte an verschiedenen Orten zu verschiedenen Zeiten definiert in der Szene sein.

Der als Viewport ausgewählte Unterraum der Szene muß ebenfalls eine 4. Dimension besitzen. Mit ihm wird also nicht nur ein Raum für die Abbildung auf die Gerätekoordinaten sondern auch eine Zeitspanne in der Szene für die Abbildung auf die Darstellungszeit des Gerätes ausgewählt. Die erweiterte Viewingtransformation projiziert dann den Unterraum der Szene auf das zweidimensionale Ausgabegerät und die Weltzeit der Szene auf die Darstellungszeit.

Die Darstellungszeit ist identisch mit der wirklichen, realen Zeit, so, wie die Gerätekoordinaten identisch mit dem realen Raum sind. Eine weitere Analogie kann identifiziert werden, wenn die kontinuierliche Szenenzeit auf die diskrete Darstellungszeit abgebildet wird (eine Menge einzelner Bilder), so, wie der kontinuierliche Szenenraum auf die meistens diskreten Gerätekoordinaten (z. B. eine Menge einzelner Pixel) abgebildet wird.

Die erweiterte Viewingtransformation garantiert dabei stets eine korrekte und verzerrungsfreie Relation zwischen den Zeitpunkten in der Szenenzeit und in der Darstellungszeit. Die Erweiterung des traditionellen Viewports um die 4. Dimension erlaubt dann die mathematische Beschreibung von Zoomen und Clippen entlang der Zeitachse.

Mit der 4. Koordinate eines jeden Objektes, kann dessen Existenzzeitraum oder -punkt spezifiziert werden. Auch ist damit das Parametrisieren graphischer Attribute des Objektes durch seine Zeit, z. B. Veränderungen in Form und Farbe mit der Zeit, möglich. Wie diese 4. Koordinate gehandhabt werden kann, wird im folgenden beschrieben:

Translation in der Zeit. Mit einer Translation in der Zeit können Zeitpunkte oder Zeitintervalle entlang der Zeitachse verschoben werden. So können Objekte, die innerhalb einer Szene in der Vergangenheit existiert haben oder in Zukunft erst existieren werden, zusammen in die Gegenwart gebracht werden, indem man sie positiv bzw. negativ entlang der Zeitachse transliert.

Skalierung in der Zeit. Eine Skalierung in der Zeit erlaubt das Verändern der Längen von Zeitintervallen oder von Abständen von Zeitpunkten zueinander. So können zeitliche Prozesse mit sehr langer Dauer verkürzt und sehr schnelle Abläufe in „Zeitlupe" gebracht werden.

Scherung mit der Zeit. Während einer Scherung wird ein Objekt entlang einer
Achse bezüglich seiner Koordinaten zu einer anderen Achse skaliert. Wird diese
Methode mit der Zeitachse involviert eingesetzt, so resultiert dies in sehr schwer zu
interpretierenden Ergebnissen. Der Mensch nimmt Raum und Zeit getrennt voneinander wahr. Raum wird als gleichzeitiges nebeneinander (simultane Koexistenz)
und Zeit als nacheinander (sukzessive Existenz) wahrgenommen (Kant) [Main95].

Projektion mit Zeit. Die bekannten Projektionen, die dreidimensionale Objekte auf
zweidimensionale Bildschirme abbilden, reduzieren die Dimensionalität der Szene
um eine Dimension und modifizieren ein „Hintereinander" von Objekten in der
dreidimensionalen Szene in ein „Nebeneinander" der Objekte auf dem zweidimensionalen Bildschirm. Dies kann mit der Zeit analog auf eine Projektion von einer
vierdimensionalen Szene (dynamische Objekte im Raum) auf eine dreidimensionale Szene (statische Objekte im Raum) angewandt werden. So kann ein „Nacheinander" in der Zeit in ein „Hintereinander" oder „Nebeneinander" im statischen
Raum verwandelt werden. Dies erlaubt eine komparativ statische Darstellung von
dynamischen Objekten. Die so entstandene dreidimensionale Szene läßt sich mit
den üblichen Projektionen schließlich wieder auf das meist zweidimensionale Ausgabegerät bringen. Zu beachten ist hier, daß jede Projektion alleine einen Informationsverlust mit sich bringt, da es eine unendliche Anzahl von möglichen Objekten
und Anordnungen im höherdimensionaligen Raum gibt, die das gleiche Ergebnis
im Referenzraum ergeben.

Rotation mit der Zeit. Aus den gleichen Gründen wie bei der Scherung mit der Zeit
(siehe oben), ist eine Rotation im Vierdimensionalen, die die Zeitachse mit einbe-
zieht sehr problematisch. Die Ergebnisse wären auch hier kaum zu interpretieren,
da sich zeitliche und räumliche Eigenschaften von Objekten direkt beeinflussen
würden. Jedoch sind Rotationen, die zum genauen Austausch zweier Koordinaten-
achsen führen, sehr nützlich. Wie eine Raumachse gegen die Zeitachse getauscht
werden kann, so daß es dem Wissenschaftler bei der Anwendung von Techniken
der wissenschaftlich-technischen Visualisierung hilfreich ist, wird im nächsten
Kapitel erläutert.

6.4   Konzepte zur Zeitkontrolle

An dieser Stelle werden nun die entwickelten integrierten Konzepte für die umfassende Kontrolle von Zeit in der wissenschaftlich-technischen Visualisierung vorgestellt und erläutert. Sämtliche Funktionen ergeben zusammen ein einheitliches
Animationsmodul (siehe Kap. 6.5). Die vorgestellten Konzepte sind dabei unabhängig von Hardwareplattformen, Visualisierungssystemen oder bestimmten
Anwendungen.

6.4.1 Mathematische Handhabung der Zeitkontrolle

Um eine Zeitkontrolle in der wissenschaftlichen Animation zu erlauben, muß stets zwischen der Datenzeit und der Darstellungszeit (echte Zeit) unterschieden werden. Zusätzlich werden Parameter und Funktionen benötigt, die die Korrelation zwischen diesen beiden Zeiten beschreiben.

Das Intervall der echten Zeit, während dessen die Animation auf dem Bildschirm stattfindet, ist durch die Zeitpunkte t_{real_start} und t_{real_end} (Darstellungszeit) definiert. Auf dieses Intervall wird das Datenzeitintervall (Zeit-Viewport in der Szene) während der Visualisierung abgebildet, welches durch t_{data_start} und t_{data_end} (Datenzeit) bestimmt ist.

Die Animation wird dann diskret als Sequenz von nacheinander angezeigten einzelnen Bildern in echter Zeit ablaufen, die idealerweise eine konstante Zeit t_{frame} (echte Zeit) auseinanderliegen. Dabei kann die dazugehörige Datenzeit entweder kontinuierlich (z. B. bei parametrischen Datenbeschreibungen), als beliebig verteilte Menge von Zeitpunkten oder schließlich als reguläre Zeitpunkte, die einen konstanten Abstand von t_{data_diff} (Datenzeit) zwischen den Datenobjekten haben.

Nachdem alle Datenobjekte in der Szene durch eine Transformation und Skalierung ihrer Objektzeiten (Datenzeit) plaziert wurden, wird der selektierte Zeit-Viewport (Datenzeit) auf das echte Zeitintervall der Darstellungszeit abgebildet. Dabei gibt es grundsätzlich zwei Vorgehensweisen: Entweder kann eine konstante Zeit t_{frame} zwischen den Einzelbildern vorgegeben sein, mit der die geometrischen Objekte aus der Szene und dem Datenzeitintervall (Zeit-Viewport) gesampled werden; oder die beliebig verteilt vorliegenden Datenzeitpunkte werden verwendet, um jeweils neue Einzelbilder im Darstellungszeitintervall (echte Zeit) zu erzeugen, die dann mit unterschiedlichen t_{frame} Zeiten gezeigt werden.

Jedoch benötigt das Rendern geometrischer Szenen in Bilder und deren Darstellung auf dem Bildschirm immer eine gewisse minimale Berechnungszeit (echte Zeit). Einzelbilder können nicht schneller gezeigt werden, als sie sich produzieren lassen. Auch ist es nicht möglich, mit garantiert konstanten Generierungszeiten solche Bilder zu erstellen, da die Szenenkomplexitäten sich verändern können und üblicherweise mit verschiedenen Prozessorlasten zu rechnen ist. Dies erfordert eine a-priori Abschätzung der Generierungszeiten.

6.4.2 Abschätzung von Bildgenerierungszeiten

Üblicherweise triggern die meisten heute erhältlichen Animationsfunktionen lediglich das Rendern von Szenen in regulären Abständen und überlassen daher die Anzeigerate von Bildern der Abhängigkeit der Homogenität der Bildgenerierungszeiten. Um jedoch dynamische Effekte wirklich eingehend untersuchen zu können, ist es unbedingt notwendig, daß die Darstellungszeiten unabhängig von den Bildgenerierungszeiten sind!

Um dies zu erreichen, ist das Trennen von Bildgenerierung und Bilddarstellung nötig. Die einzelnen Bilder müssen lange genug im voraus berechnet sein, ehe sie dann schließlich dargestellt werden. Durch die Anpassung der Zeit zwischen Fertigstellung und Anzeige des Bildes kann die Inhomogenität der Bildgenerierungszeiten absorbiert werden. Allerdings kann das System natürlich keine weiteren Benutzereingaben in dieser Wartezeit zwischen Fertigstellung und Bildanzeige annehmen und berücksichtigen. Dies ist nur zwischen dem Darstellen des einen und dem Generieren des nächsten Bildes möglich.

Es müssen also zum einen die für die Bildgenerierung benötigten Zeiten abgeschätzt werden und zum anderen muß eine Entscheidung getroffen werden, wieviel der verbleibenden Zeit (verfügbare Zeit t_{frame} ohne die geschätzte Bildgenerierungszeit) für mögliche Benutzereingaben und wieviel für das Warten (Sicherheit des Absorbierens) verwendet werden sollen. Die Abschätzung erfolgt durch das Animationsmodul selbst, indem es die zurückliegenden Bildgenerierungszeiten betrachtet und auswertet. Die Entscheidung der relativen Verteilung der verbleibenden Zeit auf Interaktion und Warten, kann zur Laufzeit vom Benutzer bestimmt werden, der eine Einstellung zwischen maximaler Interaktionszeit und maximaler Bildanzeigezeit-Sicherheit wählen kann.

Die zwischen einzelnen Bildern verfügbare Zeit t_{frame} kann ebenfalls zur Laufzeit direkt oder indirekt vom Anwender eingegeben werden. Sie läßt sich in die für Interaktionen zum nächsten Bild verwendbare Zeit ($t_{interact}$), die für die Vorbereitung des nächsten Bildes vom Visualisierungssystem benötigte Zeit ($t_{prepare}$), die zum reinen Bildrendern gebrauchte Zeit (t_{render}) und schließlich die zum Warten auf die Anzeige des gerenderten Bildes verwendbare Zeit (t_{wait}) aufteilen. Abb. 35 zeigt die Erzeugung von Bild i:

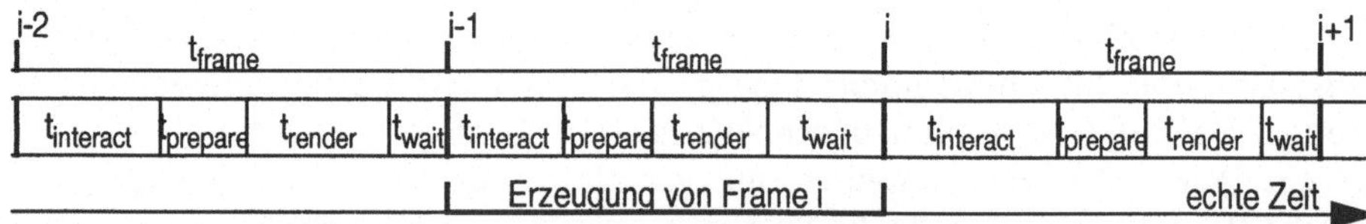

Abb. 35. t_{frame} als Summe von $t_{interact}$, $t_{prepare}$, t_{render} und t_{wait}

Für die Erzeugung von Bild i muß also die folgende Prozedur durchgeführt werden: Zuerst wird die für die Vorbereitung und das Rendern benötigte Zeit ($t_{prepare}$ + t_{render}) abgeschätzt. Ist diese Zeit größer als die zur Verfügung stehende Zeit t_{frame}, so muß eine Anzahl von Einzelbildern übersprungen werden. Diese Zahl errechnet sich aus (1).

$$\Delta datasteps = \left\lceil \frac{t_{estimatedprepare} + t_{estimatedrender}}{t_{frame}} \right\rceil$$

Anzahl der zu überspringenden Einzelbilder   (1)

Es wird also das Bild i+Δdatasteps als nächstes erzeugt. Falls t_{frame} ausreichend ist, beträgt der Wert für Δdatasteps 1. Von der nun verbleibenden Zeit (Δdatasteps *

$t_{frame} - (t_{estimatedprepare} + t_{estimatedrender})$)) wird der vom Benutzer vorgegebene Prozentsatz für Interaktionen verwendet. Während dieser $t_{interact}$ langen Zeitspanne wird also noch mit dem Generieren des Bildes gewartet und eventuelle Eingaben des Benutzers werden berücksichtigt. Nachdem also nun eine Zeit von $t_{interact}$ für Interaktionen gewartet wurde, führt das Visualisierungssystem die Vorbereitungen für das nächste Bild durch und die dafür wirklich benötigte Zeit wird gemessen. An dieser Stelle wird die noch von der ursprünglichen t_{frame} verbliebene Zeit mit der für das reine Rendering geschätzten Zeit verglichen. Sollte für das Rendering nicht mehr genug Zeit übrig sein, wird das Generieren des Bildes sofort abgebrochen und mit dem Erzeugen des nächsten Bildes i+j (wobei j anhand einer erneuten Abschätzung berechnet wird) begonnen. Im anderen Fall, wo noch genügend Zeit vorhanden ist, wird nun das Rendern des Bildes ebenfalls vom Visualisierungssystem durchgeführt. Sollte es nach dem Rendering immer noch zu früh für das Anzeigen des Bildes sein, wird bis zum exakt dafür bestimmten Zeitpunkt gewartet (t_{wait}). Andernfalls, wenn das Rendern wider Erwarten länger gedauert hat und bereits der Zeitpunkt der Bildanzeige verstrichen ist, wird das Bild sofort angezeigt, der Benutzer über die Unpünktlichkeit mit einer Warnung informiert, so daß er den Prozentsatz für die Sicherheit des Absorbierens erhöhen kann, und mit dem Abschätzen für das nächste Bild begonnen.

Der oben beschriebene Prozeß der a-priori Abschätzung von Bildgenerierungszeiten basiert auf der Annahme, daß den konstanten Werten von t_{frame} auch konstante Werte von t_{data_diff} entsprechen. Dies ist der in der Simulation von meteorologischen Daten üblicherweise vorliegende Fall. Jedoch sind die Konzepte mit geringen Änderungen auch für beliebig verteilt vorliegende Zeitpunkte der Datenobjekte, wie dies bei Beobachtungswerten von Wetterstationen der Fall ist, ebenfalls anwendbar. Hier muß lediglich die Berechnung von Δdatasteps an die dann variablen t_{frame} Werte angepaßt werden.

6.4.3 Interpolation in der Zeit

Bei Animationen ist jedoch eine konstante Bildrate von Vorteil. Je höher diese ist, desto eher nimmt der Mensch Bewegungen als solche wahr. Eine ungleichmäßige Bildrate, wie sie durch unterschiedliche t_{frame} Werte bei beliebig verteilt vorliegenden Datenzeitpunkten entsteht, wenn diese als Grundlage für das Bildgenerieren verwendet werden, verwirrt den Betrachter.

Haben also regulär in der Zeit vorliegende Daten fehlende Zeitschritte oder sind die Daten in der Zeit gänzlich irregulär (beliebig verteilte Datenzeitpunkte), so ist ein Interpolieren in der Zeit evtl. benötigt, um einen virtuell kontinuierlichen Datensatz zu erzeugen. Auch bei vom Anwender zur Laufzeit verlangten hohen Auflösungen in der Zeit, die in den Daten nicht vorhanden sind, kann diese Methode angewandt werden.

Die Interpolationsfunktion, die dabei verwendet wird, kann entweder linear oder von höherer Ordnung sein. Die eigentlichen Berechnungen lassen sich dann entweder während der Animation durchführen, was einerseits die Zeit $t_{prepare}$ deutlich erhöhen kann und andererseits Speicherplatz spart, oder einmal durchführen und bei der Animation die künstlich erzeugten Datensätze aus dem Datenspeicher des Visualisierungssystems, wo sie wie geladene Datensätze gehalten werden laden, was $t_{prepare}$ unverändert läßt aber natürlich zusätzlichen Speicherplatz verbraucht.

Auf jeden Fall muß die Interpolation in der Zeit stets optional sein, da sie Artefakte erzeugen kann und auch dem Betrachter die Illusion einer Genauigkeit vermittelt, die in den eigentlichen Daten nicht vorhanden ist. Aus diesem Grund sollten Bilder, die anhand in der Zeit interpolierter Datensätze generiert wurden, deutlich markiert werden, z. B. mit einem roten Viereck in einer Ecke des Bildes.

6.4.4   Zeitkontrolle durch den Anwender

Um eine effektive Analyse der Dynamik zu erlauben und zu fördern, muß die Mensch-Maschine-Kommunikation bei der Konzeptionierung eines Animationsmoduls sorgfältig geplant werden. Das im Rahmen dieser Arbeiten erstellte Konzept zur Bedienungsoberfläche resultiert in einer leicht zu erlernenden, leicht zu bedienenden und attraktiven Umsetzung (siehe Kap. 8.8) [Fol91]. Dabei ist es besonders wichtig gewesen, eine einfache und besonders klare Bedienungsoberfläche für Standardanwender bereitzustellen und zusätzlich fortgeschrittenen Anwendern sämtliche Informationen und Kontrollmöglichkeiten bei der Animation zur Verfügung zu stellen.

Das Konzept ist dabei in die Steuerung der Zeit und die Steuerung der Daten unterteilt, mit den jeweiligen Informations- und Bedienpanels. Die Zeitsteuerung kann durch das Setzen der Animationsgeschwindigkeit, die Angabe der Länge des Intervalls der Darstellungszeit, das Verhältnis von Datenzeit zu echter Darstellungszeit oder die explizite Angabe der Anfangs- und Endzeiten (t_{real_start} und t_{real_end}) des Darstellungszeit-Intervalls geschehen.

Die Datensteuerung erlaubt das Definieren des Datenzeit-Intervalls (Zeit Viewports) mit t_{data_start} und t_{data_end}, mit dem dann ein Clippen, Zoomen oder Pannen in der Zeit möglich ist. Es kann darüberhinaus eine beliebige Auflösung in der Datenzeit angegeben werden, die dann entweder in einem Überspringen von Zeitschritten oder einem optionalen Interpolieren resultiert.

6.4.5   Austausch von einer Raum- und der Zeitachse

Wie bereits erwähnt, kann der Austausch von einer Raum- und der Zeitachse sehr nützlich bei der Erforschung dynamischer Effekte sein. Das menschliche Sehen und visuelle Wahrnehmen ist auf das Erkennen und Abschätzen geometrischer Formen und Texturen optimiert. Die Interpretation von zeitabhängigen Effekten kann aber u. U. eher grob sein. Daher unterstützen die hier erarbeiteten Konzepte den freien Austausch von einer Raum- und der Zeitachse.

Dies resultiert nämlich darin, daß dynamische Effekte als Änderungen oder Gleichmäßigkeiten im Raum sichtbar werden. Periodische oder stetige Veränderungen in der Zeit können so als Eigenschaften von Texturen oder Objektgeometrien wahrgenommen werden! Sämtliche Werkzeuge für die Analyse von geometrischen oder texturbezogenen Elementen können nun auch auf die Zeit angewandt werden!

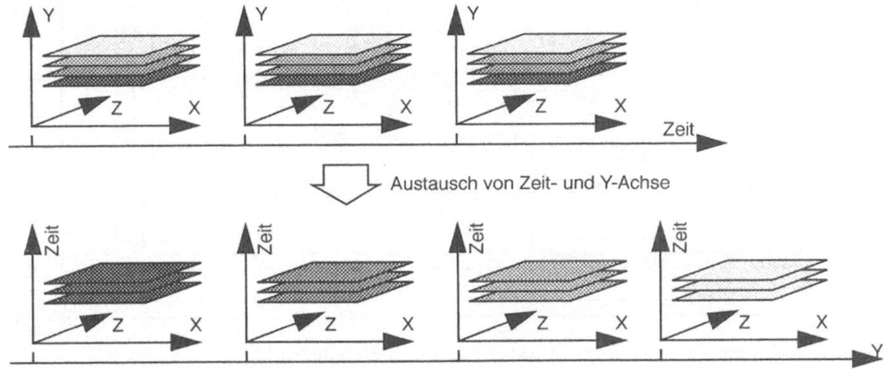

Abb. 36. Austausch der Zeit- mit der vertikalen Raumachse

Abb. 36 zeigt, wie ein Volumendatensatz mit vier horizontalen Schichten und drei Zeitschritten nach dem Austausch der Zeit- mit der vertikalen Raumachse erscheint. Wenn der Wissenschaftler mit dieser Art der Präsentation dynamischer Effekte einmal vertraut ist, so kann er diese Methode sehr effektiv einsetzen, um weitgehende Einblicke in die zu erforschende Dynamik zu bekommen. Diese Möglichkeit, die im Rahmen dieser Arbeit entwickelt wurde, vervollständigt die umfassende Kontrolle der Zeit als eine mindestens gleichberechtigte Dimension der Daten und bringt den Wissenschaftler weit über die Möglichkeiten der heute verfügbaren Animationstechniken hinaus. Beispiele mit meteorologischen Daten sind in der Abb. 72 zu sehen.

6.5 Architektur und Schnittstelle

Um die oben vorgestellten Konzepte, die im Rahmen dieser Arbeit entwickelt wurden, umzusetzen, wurde eine Architektur erarbeitet, die dann auch Grundlage für die Realisierung war. Diese Architektur soll nun hier erläutert werden.

Um ein Animationsmodul unabhängig von bestimmten Hardwareplattformen, Visualisierungssystemen oder Anwendungen implementieren zu können, muß dieses möglichst autark sein und eine klar spezifizierte und minimal gehaltene Schnittstelle zu den Visualisierungssystemen aufweisen. Abb. 37 zeigt den Datenfluß innerhalb des Animationsmoduls und die Schnittstelle zu den Visualisierungssystemen.

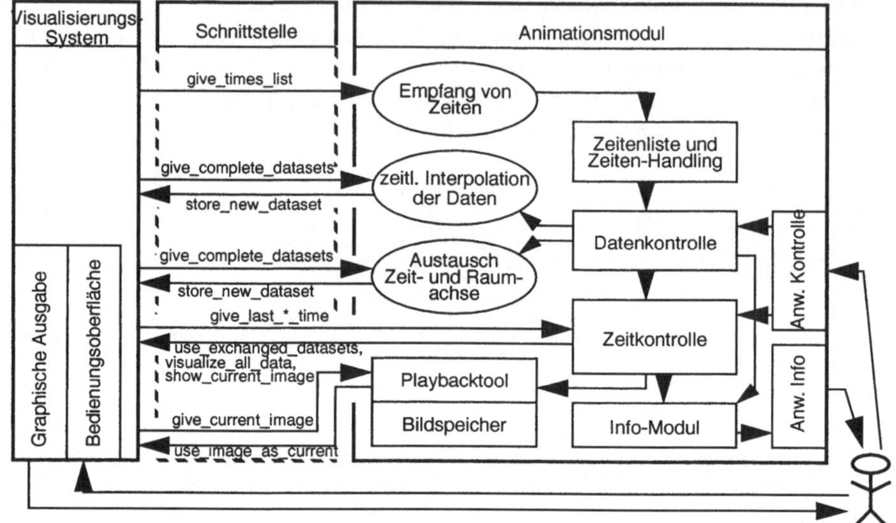

Abb. 37. Schnittstelle und innere Struktur des Animationsmoduls

6.5.1   Das Animationsmodul

Das Animationsmodul ist unterteilt in mehrere Untermodule, die für die Handhabung und Steuerung von Daten und Zeiten zuständig sind oder dabei unterstützend wirken. Grundsätzlich muß das Visualisierungssystem das Animationsmodul auf Anfrage über alle bisher geladenen oder neu hinzugekommenen wissenschaftlich-technischen Datensätze informieren. Im Animationsmodul werden dann alle vorkommenden Zeitmarken in einer Liste eingetragen und sortiert. Die Datensätze selbst im Animationsmodul zu halten, ist dabei natürlich nicht nötig.

Die gesamte Zeitensteuerung basiert auf den Funktionen, welche die für das Vorbereiten neuer Zeitschritte und das Rendering der Bilder innerhalb des Visualisierungssystems benötigten Zeiten abschätzen oder messen. Hier werden aber auch die Vorgaben des Benutzers ausgewertet, die die Handhabung von Daten und Zeiten betreffen. Die Zeitensteuerung triggert dann mit der Datensteuerung entweder das Visualisieren von den ausgewählten Datensätzen zu den gegebenen Zeiten oder das Anzeigen von im Animationsmodul selbst gespeicherten Einzelbildern.

Die Möglichkeit des Aufzeichnens und Abspielens von Sequenzen aus Einzelbildern durch das Animationsmodul im Hauptspeicher der Maschine erlaubt ein sehr schnelles Animieren, wenn währenddessen keine Interaktionen des Benutzers mit den Daten oder ihrer Darstellung benötigt werden. Eine eigene Funktion des Animationsmoduls erlaubt dann auch das Speichern der Bilder im YUV (4-2-2) Format auf der Festplatte für ein digitales Postprocessing.

Das Transferieren einzelner Datensätze zwischen Visualisierungssystem und Animationsmodul kann aber in zwei Fällen nötig sein, nämlich bei der Interpolation in der Zeit und beim Austausch von Raum- und Zeitachsen. Jedoch werden die Datensätze in beiden Fällen nur temporär im Animationsmodul gehalten. Beim Austausch der Achsen fordert das Animationsmodul alle im Visualisierungssystem gespeicherten wissenschaftlich-technischen Datensätze einzeln an, um dann an ihnen den Austausch vorzunehmen und die resultierenden neuen Datensätze wieder an das Visualisierungssystem zu übergeben. Dort werden diese zusätzlich zu den „normalen" Datensätzen verwaltet und auf Anweisung des Animationsmoduls durch den Benutzer anstatt derer visualisiert.

Wenn in der Zeit interpoliert werden soll, weil entweder Datensätze zu bestimmten Zeiten fehlen oder eine höhere als in den Daten vorhandene Zeitauflösung vom Anwender verlangt ist, wird analog verfahren. Die Datensätze werden jeweils nach ihren Zeitmarken sortiert an das Animationsmodul geschickt. Dort werden dann die zwischen den original Zeitmarken liegenden Datensätze anhand linearer oder höherer Ordnung gearteter Interpolationsfunktionen berechnet und anschließend an das Visualisierungssystem übergeben, wo sie ebenfalls zusätzlich zu den geladenen Datensätzen verwaltet werden.

6.5.2   Die Schnittstelle zum Visualisierungssystem

Um das oben skizzierte Animationsmodul an bestehende Visualisierungssysteme (Turnkeysysteme oder Application Builder) anbinden zu können, müssen von diesen bestimmte Anforderungen erfüllt werden und es muß die im folgenden geschilderte einfache Schnittstelle eingerichtet werden.

Innerhalb des in Frage kommenden Visualisierungssystems müssen alle wissenschaftlich-technischen Datensätze zusammen mit ihrer Zeitmarke, die den Zeitpunkt der Gültigkeit des betreffenden Datensatzes definiert, verwaltet werden. Ferner muß das Visualisierungssystem einen Mechanismus bereitstellen, mit dem alle Datensätze, deren Zeitmarke einer gegebenen Zeit entspricht, zusammen visualisiert werden können, wenn das Animationsmodul das Signal dazu sendet. Weiterhin muß die Datenverwaltung innerhalb des Visualisierungssystems in der Lage sein, auf Anfrage des Animationsmoduls diesem eine Liste aller verwendeter Zeitmarken zu schicken. Auch müssen ebenfalls auf Anfrage beliebige Datensätze komplett an das Animationsmodul verschickbar sein.

Die Schnittstelle zwischen Animationsmodul und Visualisierungssystem ist wie folgt spezifiziert (sämtliche Funktionen werden dabei vom Animationsmodul aufgerufen):

`give_complete_datasets ( time )`: Nach Aufruf dieser Funktion sendet das Visualisierungssystem alle Datensätze zu dem gegebenen Zeitpunkt an das Animationsmodul.

`store_new_dataset ( dataset )`: Diese Funktion schickt einen vom Animationsmodul durch Austausch von Raum- und Zeitachsen oder Interpolation in der Zeit erzeugten Datensatz an das Visualisierungssystem, um dort zusätzlich zu den bereits vorhandenen Datensätzen verwaltet zu werden.

`give_times_list ()` : Durch diese Funktion wird das Visualisierungssystem dazu veranlaßt, aus allen momentan vorhandenen Datensätzen eine Liste mit den verwendeten Zeitmarken zu erstellen und an das Animationsmodul zu senden.

`use_exchanged_datasets ( true_or_false )` : Mit dieser Funktion kann das Animationsmodul dem Visualisierungssystem mitteilen, ob dies bei sämtlichen Visualisierungsprozessen die original Eingangsdaten (einschließlich evtl. vorliegender in der Zeit interpolierter Daten) oder die Daten mit den ausgetauschten Achsen verwenden soll.

`visualize_all_data ( time )` : Hiermit wird das Visualisierungssystem vom Animationsmodul dazu veranlaßt, alle Datensätze mit einer Zeitmarke, die mit der gegebenen Zeit übereinstimmt, zu visualisieren. Das resultierende Bild wird jedoch nicht gezeigt. Diese Funktion besteht eigentlich aus zwei Teilen, wovon der erste das Vorbereiten des nächsten Zeitschritts und der zweite das eigentliche Rendern veranlaßt. Nach dem Rendern wartet das Visualisierungssystem ausschließlich auf die Aufforderung, das Bild auch anzuzeigen. Es sind während dieser Zeit keine weiteren Bearbeitungen dort möglich.

`give_last_preparation_time ()`, `give_last_rendering_time ( )`: Das Visualisierungssystem sendet nach Aufruf einer dieser Funktionen die zuletzt für das Vorbereiten des nächsten Zeitschrittes bzw. für das reine Rendern gemessenen Zeiten.

`show_current_image ( )` : Nach Aufruf dieser Funktion zeigt das Visualisierungssystem schließlich das aktuelle Bild. Nun kann es auch wieder Benutzereingaben verarbeiten oder andere Berechnungen durchführen.

`give_current_image ( )` : Soll das Animationsmodul eine Bildsequenz aufzeichnen, um sie anschließend schnell abzuspielen oder auf Festplatte abzulegen, so kann es mit dieser Funktion das Visualisierungssystem dazu auffordern, ihm das aktuell berechnete Bild zu schicken.

`use_image_as_current ( image )` : Wenn eine aufgezeichnete Bildfolge abgespielt werden soll, so schickt das Animationsmodul die einzelnen Bilder mittels dieser Funktion an das Visualisierungssystem, anstatt es zum Visualisieren aufzufordern. Es wird dort als aktuelles Bild verwendet, was die Zeit des Vorbereitens und Renderns erspart.

6.6 Zusammenfassung und Ergebnisse

Die im Rahmen dieser Arbeit entwickelten und realisierten Konzepte (siehe Kap. 8.8) erlauben eine umfassende Kontrolle der Zeit in interaktiver Visualisierung wissenschaftlich-technischer Daten. Sämtliche mögliche Parameter können vom fortgeschrittenen Anwender kontrolliert werden, während der normale Anwender sehr schnell wissenschaftliche Animationen mit einer einfach zu erlernenden und zu bedienenden Benutzungsoberfläche erzeugen kann.

Mit der beschriebenen Architektur des Animationsmoduls und seiner Schnittstelle zu Visualisierungssystemen können auch meteorologische Daten während einer hochinteraktiven Visualisierung animiert werden.

Die implementierten Funktionen werden zusammen mit dem ebenfalls im Rahmen dieser Arbeit entwickelten Visualisierungssystem RASSIN beim Deutschen Wetterdienst eingesetzt und erlauben den Meteorologen dort, Einsichten in die Dynamik von Wettersituationen zu gewinnen. Besonders durch den möglichen Austausch von Raum- und Zeitachsen gehen die erarbeiteten Konzepte weit über die Perfektionierung von wissenschaftlicher Animation hinaus, da sich so zeitabhängige Effekte als geometrische Eigenschaften oder Texturattribute wahrnehmen lassen.

7 Kontextabhängigkeit der Visualisierung meteorologischer Daten

In allen Bereichen von Forschung und industrieller Anwendung der Visualisierung wissenschaftlich-technischer Daten ist der Visualisierungsprozeß kontextabhängig. Dies muß stets in zweierlei Hinsicht berücksichtigt werden: Einmal stehen die Daten selbst in einem Kontext, der bei der Visualisierung von Bedeutung ist, um das Verständnis zu verbessern. So sollte bei der Darstellung von Finite Elemente Berechnungen einer Crashtestsimulation stets auch das Hindernis im Bild gezeigt werden, um das Erkennen von Zusammenhängen zu erleichtern. Gleiches gilt für die Visualisierung strömungsmechanischer Daten, wo es wichtig ist, auch die Geometrie des umströmten Objektes darzustellen. Viele Visualisierungstechniken und -systeme vernachlässigen diesen Aspekt, indem sie eine Einbindung solcher Kontextdaten in die Visualisierungspipeline entweder unnötig erschweren oder ganz unmöglich machen.

Zum zweiten steht der eigentliche Prozeß der graphischen Umsetzung von Daten in einem Kontext, der für ihn entscheidende Bedeutung hat. Diese Daten werden von jemanden für jemanden zu einem gewissen Zweck visualisiert. Das visualisierende und das betrachtende Individuum oder dessen Zugehörigkeit zu einer bestimmten Gruppe sowie der Zweck der Visualisierung müssen Einfluß auf die Art der Visualisierung haben, um wahrnehmungspsychologisch effektive Resultate zu erzielen. Abgesehen von Turnkeysystemen für bestimmte begrenzte Applikationen wird dies von allgemeiner gehaltenen Visualisierungssystemen und besonders von der Klasse der Application Builder weder berücksichtigt noch unterstützt.

Daten können also nur dann wahrnehmungspsychologisch effektiv visualisiert werden, wenn sowohl der Kontext, in dem sie selbst stehen, als auch der Kontext des eigentlichen Prozesses der Visualisierung in vollem Umfang berücksichtigt werden.

Die im Rahmen dieser Arbeit entwickelten Verfahren und Techniken sowie das realisierte offene Rahmensystem zur Visualisierung meteorologischer Daten unterstützen dies in jeder Hinsicht. Die Daten stehen hier in einem klar definierten geographischen und zeitlichen Kontext, der für die korrekte Interpretation der visualisierten Daten unabdingbar ist. Die Daten werden stets von Meteorologen visualisiert. Dies geschieht aber zu unterschiedlichen Zwecken und vor allem für unterschiedliche Betrachtergruppen. Der Zweck kann so z. B. das eigene Verständnis der Daten oder Simulationsmodelle sein bzw. die Demonstration gefundener Effekte für einen Kollegen oder interessierten Laien.

Im folgenden dieses Kapitels soll daher geschildert werden, wie der geographische und zeitliche Kontext der meteorologischen Daten zu berücksichtigen sind und wie man nach den Zielgruppen der Visualisierungsanstrengungen unterscheiden muß. Bei der Visualisierung der geographischen Kontextdaten war es wichtig, deren Komplexität mit einem im Rahmen dieser Arbeit entwickelten neuen Algorithmus zu reduzieren, um eine hochinteraktive Visualisierung der meteorologischen zusammen mit den Kontextdaten zu erlauben.

7.1   Geographischer Kontext

Meteorologische Vorgänge und Phänomene hängen über den Kontinenten und in den bodennäheren Schichten sehr stark von den Merkmalen des darunterliegenden Geländes ab. Aus diesem Grund wird dieses Gelände in den numerischen Wettervorhersagemodellen als sogenannte Modellorographie bei den Berechnungen berücksichtigt. Bei der Visualisierung und Interpretation des resultierenden Modelloutputs ist es nun von entscheidender Bedeutung, daß diese geographischen Kontextdaten zusammen mit dem Modelloutput visualisiert werden. Zum einen erlaubt dies die geographische Orientierung innerhalb der Daten und somit eine Zuordnung der sichtbaren Effekte zu Positionen auf der Erde. Zum zweiten kann so der Einfluß des Geländes auf die Modellrechnungen verifiziert und bei der Interpretation berücksichtigt werden.

7.1.1   Berücksichtigung des geographischen Kontextes

Alle meteorologischen Daten sind eindeutig in der Erdatmosphäre definiert. Sie liegen dort jeweils in Bezug auf eine geographische Ortsangabe auf der Erdoberfläche mit der dazugehörigen Höhe bei dreidimensionalen Daten vor.

Um den geographischen Kontext darzustellen, kann man die Küstenlinien der Kontinente, Höhenlinien des Geländes oder am besten eine polygonale Geometrie des Geländes selbst, die anhand einer beliebigen Farbtabelle eingefärbt ist, zusammen mit den Originaldaten visualisieren.

Da Bildschirme und geplottete Karten aber zweidimensionale Ausgabemethoden sind und die meteorologischen Daten sich auf eine Kugeloberfläche beziehen, muß eine Projektion auf eine Fläche stattfinden. Dies geschieht in den Breitengraden Europas und Nordamerikas am häufigsten mittels einer polarstereographischen Projektion.

Bei der polarstereographischen Projektion werden die in geographischen Koordinaten vorliegenden Punkte der Erdoberfläche auf eine ebene Fläche projiziert, welche die Erdkugel meistens durch den 60. Breitengrad Nord schneidet [Pro76]. Punkte nördlich dieses Breitengrades werden verdichtet und Punkte südlich davon auseinandergezogen auf die Fläche gebracht. Der Südpol ist dabei der unendlich ferne Punkt der Projektion, der sich nicht auf diese Fläche projizieren läßt. Um die polarstereographische Projektion eindeutig zu bestimmen werden neben der Angabe des zu schneidenden Breitengrades noch der senkrechte Meridian, der die Ausrichtung der Fläche bestimmt und die Lage des Projektionsursprungs relativ zum Nordpol, was die Lage der Fläche angibt, benötigt. Näheres zur polarstereographischen Projektion ist in Kap. 8.3 zu finden.

Wichtig ist, daß sämtliche zu visualisierenden Daten wie Beobachtungswerte, zweidimensionale Druckprognosen, dreidimensionaler Modelloutput und geographischer Kontext in der gleichen Projektion und korrekt zueinander visualisiert werden. In Abb. 38 ist das Gitter der untersten Schicht des Europamodells über der polygonalen Geometrie des geographischen Kontextes zu sehen.

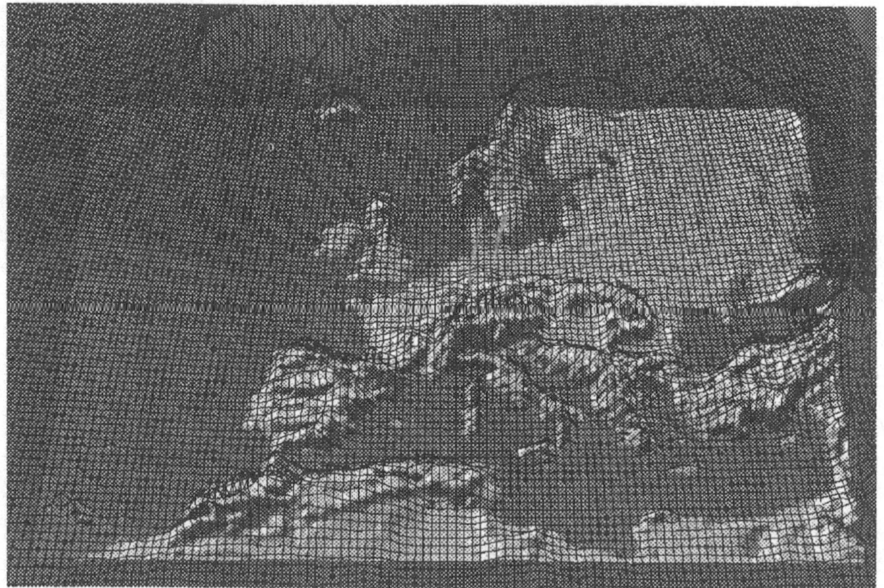

Abb. 38. Kontextabhängige Visualisierung des Europamodellgitters über einer polygonalen Geometrie mit 20 km Auflösung als geographischer Kontext

7.1.2 Bewältigung der Komplexität von digitalen Geländemodellen

Für die gemeinsame Visualisierung von Daten mit ihrem geographischen Kontext in wissenschaftlichen Applikationen genügt zumeist die Modellorographie. Sie zeigt dem Meteorologen, wie das Gelände die Simulation beeinflußt und kann gleichzeitig zur Orientierung dienen. Darüberhinaus kann es hier auch sinnvoll sein, wesentlich höher aufgelöste Geländedaten zu verwenden, um die physikalisch bedingten Auswirkungen der tatsächlichen Geographie auf das Wetterverhalten so gut wie möglich begutachten zu können.

In Anwendungen für Wettervorhersagen im Fernsehen kann das verwendete Geländemodell nicht präzise genug sein. Besonders bei virtuellen Flügen durch prognostiziertes Wetter über dem Vorhersagegebiet, bei denen man üblicherweise recht nahe an den Boden herankommt, ist das möglichst exakte Wiedergeben lokaler geographischer Merkmale von hoher Bedeutung.

In beiden Fällen führt die gewünschte hohe Auflösung des Geländes zu unerwünscht aufwendigen Geometrien, die das Berechnen der einzelnen Bilder verlangsamen und so die erforderliche Interaktivität bei wissenschaftlichen Anwendungen oder das Erstellen attraktiver Vorhersagefilme mit genügend vielen Einzelbildern für Wettervorhersagevideos unmöglich machen. Im Rahmen dieser Arbeit wurde daher ein neuer Algorithmus entwickelt, der die Komplexität der Geländegeometrien unter Beibehaltung des visuellen Eindrucks signifikant reduzieren kann [Ross93][SchRo94].

Heute kann die Erdoberfläche extrem genau vermessen oder automatisch in digitalen Datensätzen gespeichert werden. Gleichzeitig steigt die Nachfrage nach solchen Informationen stark an. Den stärksten Bedarf haben hier sicherlich die Geographischen Informationssysteme. Wie bereits ausgeführt ist in der Meteorologie der Boden für die Prognosemodelle und für die Visualisierung der Daten wichtig.

Mit modernen Meßverfahren kann theoretisch beinahe jede Genauigkeit erreicht werden, indem stereoskopische Bilder von Satelliten oder Flugzeugen ausgewertet werden. Auch Nivellierverfahren am Boden sind sehr präzise, wenngleich auch erheblich aufwendiger. Daher sind digitale Geländemodelle meist ein Kompromiß zwischen der gewünschten hohen Auflösung und den damit verbundenen Kosten.

Automatische Vermessungsverfahren arbeiten fast ausschließlich nicht-adaptiv. Wenn also z. B. Bergregionen eine hohe Auflösung benötigen, um die dort vorhandenen Einzelheiten wiederzugeben, so wird auch der Rest des Geländes mit dieser feinen Auflösung gerastert. Dies resultiert in einer extrem hohen Anzahl von Punkten im entstandenen digitalen Geländemodell - auch in Gegenden, wo sie eigentlich nicht benötigt werden, da dort wenige Gradientenänderungen zu finden sind. Die Bundesrepublik Deutschland wird zur Zeit mit einer Auflösung von 40 Metern in Nord-Süd sowie West-Ost Richtung digitalisiert. Das resultierende Geländemodell wird so also aus etwa 500 Millionen Meßpunkten im Deutschland umgebenden Viereck bestehen. Darüberhinaus gibt es auch für einige Gebiete Datensätze mit einer Auflösung von 25 Metern.

Die meisten Applikationen aus den verschiedensten Bereichen brauchen jedoch nicht die gleiche hohe Auflösung über das ganze Gebiet hinweg. Die ansonsten entstehenden Datenmengen führten zu Problemen mit der Datenhaltung oder bei Postprozessoren und das graphische Darstellen eines solchen Geländes in vernünftiger Zeit scheint geradezu unmöglich - auch unter Einsatz modernster Graphikhardware. Natürlich wird die hohe Auflösung in Bergregionen unverzichtbar, wo es starke Änderungen im Gelände gibt, die repräsentiert werden müssen. In flachen Regionen jedoch, wo es wenige Gebirge oder Hügellandschaften gibt, wie in Norddeutschland oder den Niederlanden, sind wesentlich weniger Datenpunkte ebenfalls ausreichend. Das Ziel des zu entwickelnden Algorithmus' war es also, die Auflösung dort zu erhalten, wo sie benötigt wird und sie dort herabzusenken, wo sie unnötig hoch ist.

Die Qualität eines Geländemodells kann durch den Abstand zwischen dem Modell und der wirklichen Erdoberfläche gemessen werden. In flachen Regionen können also mehr Punkte die Qualität des Modells nicht stark weiter erhöhen. Auch das Entfernen einiger Punkte verschlechtert das Modell nicht wesentlich, wenn sie nur gering von der planaren Approximation der sie umgebenden Punkte abweichen.

Im Rahmen dieser Arbeit konnte ein Algorithmus neu entwickelt werden, der solche Gegenden in einem Geländemodell zuverlässig findet, ihre charakteristischen Details erkennt und die eher unwichtigen Punkte entfernen kann. Er ermöglicht das einfache Handhaben und schnelle Rendern der geographischen Kontextdaten in der Meteorologie.

Rohdaten. Da die Rohdaten für die Geländedatensätze in den unterschiedlichsten Formen vorliegen können, wurde der hier entwickelte Algorithmus diesbezüglich weitestgehend flexibel gestaltet. Die verschiedenen Formen müssen lediglich gemeinsam haben, daß sie das Originalgelände mit Punkten approximieren, welche die Höhe über dem Meeresspiegel angeben. Optional kann auch bereits eine Topologie für diese Punkte berücksichtigt werden. Die folgenden Formen von Rohdaten werden also unterstützt:

1. Punkte auf einem regulären Gitter: Das zweidimensionale Feld mit den Höhenangaben wird zusammen mit den Gitterinformationen (z. B. die Parameter einer polarstereographischen Projektion, Gitterauflösung, Lage der angegebenen Region etc.) in den Algorithmus importiert.

   An dieser Stelle ist es nun möglich, eine teilweise nötige Vorverarbeitung durchzuführen, mit der das Gitter stochastisch verfeinert werden kann. Es klingt zwar paradox, daß ein Gitter künstlich verfeinert wird, ehe eine Reduktion stattfindet, aber auf diese Weise können gleichzeitig flache Gegenden effektiv repräsentiert und Bergregionen noch natürlicher dargestellt werden. Die durchgeführten Versuchsreihen zeigten, daß eine solche Verfeinerung mit einer Triangle-Edge oder Square-Square Unterteilungsmethode [KoHe92] [Mill86] vor der Reduktion von Punkten der nachträglichen Verfeinerung des reduzierten Modells weitaus überlegen ist.

   Vor der eigentlichen Reduktion werden die einzelnen Punkte des Gitters durch Triangulierung mit einer Dreieckstopologie versehen. Dabei wird jedes Rechteck, das durch vier Höhenpunkte definiert ist, in jeweils zwei Dreiecke aufgeteilt. Die Orientierung der unterteilenden Diagonale wird dabei zufällig bestimmt. Damit lassen sich die worst-cases vermeiden, bei denen charakteristische Kanten entweder unterbrochen werden oder fälschlicherweise erst entstehen können.

2. Irreguläre Dreiecksnetze: Mit irregulären Dreiecksnetzen können beliebige Höhenpunkte, die an kein reguläres Gitter gebunden sind, zusammen mit ihrer Topologie importiert werden. So lassen sich auch konkav geformte Gebiete erfassen (z. B. Wassertiefen in einem Flußdelta). Das Modell beschreibt also nicht nur die Höhen an den Meßpunkten sondern auch, wie diese zu verbinden sind - die Topologie nämlich. Diese irregulären Dreiecksnetze können ohne weitere Vorverarbeitung für die Reduktion verwendet werden.

3. Verteilte und nicht zusammenhängende Höhenpunkte: Solche Eingangspunkte müssen als Liste von Koordinaten zusammen mit den Höhenangaben importiert werden. Vor der Reduktion werden dann diese Punktegruppen, die ohne Gitterinformationen oder Topologie vorliegen, in ihrer konvexen Hülle mit dem Delaunay Algorithmus trianguliert [Bow81], so daß ein irreguläres Dreiecksnetz für die Reduktion entsteht.

4. Konturlinien: Konturlinien können als Listen von Koordinaten zu entsprechenden konstanten Höhenwerten berücksichtigt werden. Vor der Reduktion werden sie dann aber entweder auf ein reguläres Gitter gesampled (siehe Punkt 1) oder als verteilte und nicht zusammenhängende Höhenpunkte (siehe Punkt 3) betrachtet, ehe sie dann in ein irreguläres Dreiecksnetz konvertiert werden.

Unabhängig von der Ursprungsform der Höhendaten des Geländemodells, werden die importierten Daten also in der Vorverarbeitungsphase in ein irreguläres Dreiecksnetz gewandelt, ehe die Reduktion beginnt.

Reduktion. Das im Rahmen dieser Arbeit entwickelte Verfahren zur Reduktion der Komplexitäten von Geländemodellen, welches nun ausführlicher beschrieben wird, berücksichtigt im Grunde die einzelnen Höhenwerte (auch Knoten genannt) und ihre Wichtigkeit oder Bedeutung für diese Modelle. So werden unwichtige Punkte aus dem jeweiligen Geländemodell entfernt und Knoten, die einen unverzichtbaren Beitrag zum Modell leisten, bleiben erhalten.

Andere Verfahren wie die „Skeleton Method" von [FoLi79] folgen einem Ansatz, der von einer extrem groben Flächenapproximation mit wenigen charakteristischen Punkten ausgeht und sie schrittweise durch das Hinzufügen von weiteren ausgewählten Modellpunkten verbessert. Dieses Hinzufügen wird dann abgebrochen, wenn eine maximale Komplexität des reduzierten Modells oder ein über den Abstand definiertes Qualitätskriterium erreicht worden ist (siehe auch die „Filter Method" von [ChGu87]). Jedoch ist das Berechnen der charakteristischsten Punkte und der ersten Flächenapproximation eine nicht triviale Aufgabe und während dem Hinzufügen kann bei diesem Ansatz auch kein Rauhigkeitskriterium angewandt werden (siehe unten).

Die im Rahmen dieser Arbeit entwickelten Verfahren unterstützen das Abstands- und das Rauhigkeitskriterium. Darüberhinaus ist es erheblich schneller, die unwichtigen Punkte in einem Modell zu identifizieren, als die wichtigsten. Dieser hier erarbeitete Algorithmus zeichnet sich also durch eine höhere Flexibilität, bessere Performanz und verbesserte Qualität der Ergebnisse aus. Im folgenden wird nun zunächst die Entscheidung zum Löschen einzelner Punkte unter Qualitäts- sowie Quantitätsaspekten beschrieben. Anschließend werden die drei grundlegenden Re-Triangulierungsarten diskutiert und die überlegene Technik vorgestellt. Schließlich werden auch noch Verfahren zum Minimieren von entstandenen Fehlern im Modell und zum Behandeln von Farbkonturen auf der Geländeoberfläche beschrieben.

Löschentscheidung. Um die Komplexität von irregulären Dreiecksnetzen, die aus Dreiecksflächen mit Punkten und Kanten bestehen und ein gegebenes Gelände approximieren, zu reduzieren, betrachtet der Algorithmus jeden Punkt und entscheidet, ob er aus dem Dreiecksnetz entfernt werden kann. Für diese Entscheidung wird die Wichtigkeit eines jeden Punktes anhand seines Beitrags zum Detail der Geländeapproximation berechnet. Dies kann nach verschiedenen Kriterien geschehen. Hier wird nun das Rauhigkeitskriterium beschrieben. Andere Kriterien, wie das Maß an Verschiebung zwischen Knoten und mittlerer Fläche, die das Gebiet ohne diesen Knoten beschreibt [SchZL92], oder Abstandswerte innerhalb des Originalmodells können auch angewandt werden (siehe auch die „Heuristic Method" in [Lee89]). Der neue Algorithmus kann für seine Löschentscheidung alle oben aufgeführten Kriterien einzeln oder in Kombination berücksichtigen.

Rauhigkeitskriterium: Um die Wichtigkeit eines Knotens anhand der Rauhigkeit innerhalb der ihn umgebenden Dreiecke zu beurteilen, wird eine Tangentialfläche S_T durch den Punkt P gelegt, der gerade betrachtet wird (siehe Abb. 39).

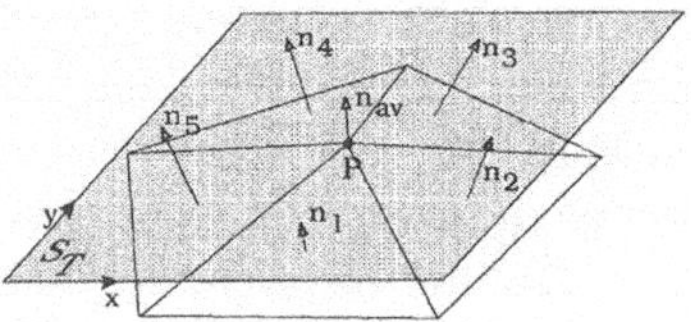

Abb. 39. Berechnung von n_{av}

Die Orientierung von S_T folgt der Normalen n_{av} an P, die durch Mittlung der einzelnen Flächennormalen n_i der P umgebenden Dreiecke gewichtet mit ihren Flächen A_i berechnet wird (siehe (2)). Anstatt der Fläche könnten hier auch andere Wichtungsfaktoren wie z. B. Kantenlängen oder interne Winkel der Dreiecke zur Bestimmung der mittleren Normalen n_{av} von S_T an P verwendet werden.

$$\vec{n}_{av} = \frac{\displaystyle\sum_{i=1}^{t_{no}} \vec{n}_i \cdot A_i}{\displaystyle\sum_{i=1}^{t_{no}} A_i}$$

Berechnung der mittleren Normalen an P   (2)

n_{av}: mittlere Normale, die die Orientierung von der Tangentialfläche S_T an P bestimmt

t_{no}: Anzahl der Dreiecke, die den betrachteten Punkt P umgeben

n_i: Flächennormale des Dreiecks i

A_i: Fläche des Dreiecks i

Nun wird der maximale Winkel a_{max} zwischen der mittleren Normale n_{av} und den einzelnen Flächennormalen n_i von den P umgebenden Dreiecken mit (3) ermittelt.

$$a_{max} = \max_{i=1}^{t_{no}} (\arccos \frac{\vec{n}_{av} \cdot \vec{n}_i}{|\vec{n}_{av}| \cdot |\vec{n}_i|})$$

Berechnung des maximalen Winkels a_{max} von n_{av} und allen n_i (3)

Das Ergebnis von a_{max} stellt nun den größten Winkel des Skalarprodukts von n_{av} und allen n_i dar und hat Werte zwischen 0 und π. Wenn sowohl n_{av} wie auch alle Flächennormalen des irregulären Dreiecksnetzes die Länge 1 haben, kann auch (4) verwendet werden.

$$a_{max} = \max_{i=1}^{t_{no}} (\arccos (\vec{n}_{av} \cdot \vec{n}_i))$$

Sonderfall von (3) wenn alle Normalen die Länge 1 haben   (4)

Die im folgenden beschriebenen Qualitäts- und Quantitätsziele verwenden diesen maximalen Winkel des Skalarprodukts a_{max}, um das Rauhigkeitskriterium für die Löschentscheidung einzusetzen.

Punkte an den Rändern des irregulären Dreiecksnetzes: Wenn Punkte am Rand des Dreiecksnetzes betrachtet werden, so muß a_{max} leicht abgeändert berechnet werden. Hier müssen dann nämlich auch das Skalarprodukt der Randkanten von P und deren Tangente E_T in die Berechnung von a_{max} mit einbezogen werden (siehe Abb. 40).

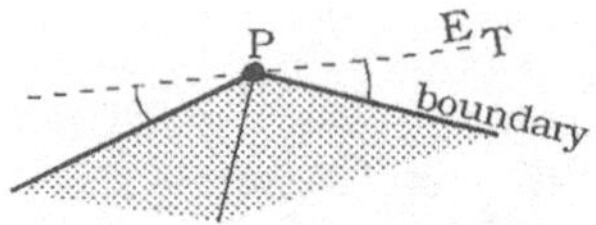

Abb. 40. Betrachten von Punkten am Rand von Dreiecksnetzen

Qualitätsziel: Wenn der Reduktionsalgorithmus eine gegebene Rauhigkeit bewahren soll, so folgt die Löschentscheidung dem Qualitätsziel. Hier kann der Anwender oder die Applikation einen maximalen Winkel definieren, der dann mit allen a_{max} während der Reduktionsphase verglichen wird. Jeder Knoten, der einen maximalen Winkel a_{max} aufweist, der unter dem definierten Wert liegt, wird aus dem irregulären Dreiecksnetz entfernt. Hiermit kann eine bestimmbare Qualität in dem reduzierten Modell erhalten bleiben. Wenn also nach der Reduktion Gebiete relativ detaillos sind, so hat der Anwender hier die Gewißheit, daß sie auch vor der Reduktion keine höhere als die angegebene Rauhigkeit aufwiesen. Viele Applikationen verlangen diese Vorgehensweise, die auch mit der Aufforderung an den Algorithmus beschrieben werden kann: „Reduziere das Originalmodell auf eine möglichst kleine Anzahl von Knoten, so daß gerade die angegebene Rauhigkeit erhalten bleibt!".

Quantitätsziel: Andererseits ist es häufig nötig, daß ein Originalmodell auf eine genau vorgegebene Anzahl von Knoten reduziert wird, ohne Berücksichtigung der ursprünglichen Anzahl. Hier muß dann die bestmögliche Qualität bei Erreichen der Zielknotenzahl erhalten bleiben. Wenn also ein Originalmodell mit n Punkten zu einem neuen Modell mit m Punkten reduziert werden soll, so müssen die (n - m) unwichtigsten Punkte aus dem original Dreiecksnetz entfernt werden. Dazu müssen alle Punkte nach ihren maximalen Winkeln a_{max} in aufsteigender Folge der Rauhigkeit sortiert werden. In der Reduktionsphase werden dann im Grunde nur die ersten (n - m) Punkte aus dem Netz entfernt. Dieses Ziel kann man als Forderung an den Algorithmus etwa so formulieren: „Reduziere das Originalmodell zu einem Modell mit genau m Knoten und erhalte dabei die Qualität des Originals so gut wie möglich!"

Re-Triangulierung. Jedesmal, wenn die Löschentscheidung bestimmt, daß ein Punkt aus dem irregulären Dreiecksnetz entfernt werden soll, müssen alle diesen Punkt umgebenden Dreiecke (sie hatten vorher ihre Flächennormalen n_i und Flächen A_i zur Berechnung von a_{max} beigesteuert) ebenfalls entfernt werden. Das dadurch im Dreiecksnetz entstehende Loch kann als Polygon betrachtet werden, dessen Kanten die Ränder des neu entstandenen Loches sind. Dieses Loch muß retrianguliert werden, um sicherzustellen, daß das Ergebnis der Reduktion wieder ein Dreiecksnetz darstellt. Um diese Re-Triangulierung durchzuführen, lassen sich drei grundlegend verschiedene Ansätze verfolgen. In dieser Arbeit wurden alle drei Ansätze realisiert, miteinander verglichen und schließlich der bevorzugte für den Algorithmus ausgewählt:

Delaunay Ansatz: Nachdem alle unwichtigen Punkte durch Überprüfen des Löschkriteriums aus dem irregulären Dreiecksnetz entfernt worden sind, kann das Ergebnis der Reduktion als Menge von einzelnen Höhenpunkten betrachtet werden, die als wichtig für das Modell identifiziert wurden. Um diese Punktemenge von reduzierter Komplexität wieder in ein irreguläres Dreiecksgitter zu überführen, wurde der Delaunay Algorithmus implementiert und evaluiert [Bow81] [SaBhPr90]. Die für diese Aufgabe benötigte Rechenzeit ist natürlich niedriger, wenn die Reduktionsrate höher ist und entsprechend weniger Punkte übrigbleiben. Vorteilhaft ist hier, daß die so entstehende Modelltopologie alle Vorteile der Delaunay-Triangulierung aufweist und sich der Reduktionsalgorithmus selbst nicht um eine Triangulierung kümmern braucht. Andererseits werden auf diese Weise vom Delaunay Algorithmus auch Regionen im Dreiecksnetz trianguliert, wo gar keine Punkte entfernt wurden und wo die Originaltopologie noch intakt ist. Als worst-case kann hier der Fall angesehen werden, daß nur ganz wenige Punkte aus dem ursprünglichen Modellnetz beim Reduzieren entfernt wurden, und daß dadurch fast das gesamte Netz mit hohem Rechenaufwand neu trianguliert würde - zusammen mit dem Verlust der möglicherweise wichtigen Originaltopologie. Es ist also wünschenswert, nur lokale Veränderungen zu aktualisieren.

„Small-Hole" Ansatz: Bei diesem Ansatz werden beim Reduzieren entstehende Löcher sofort re-trianguliert, wenn sie durch das Entfernen eines Punktes aus dem irregulären Dreiecksnetz entstanden sind [SchZL92]. Wenn das Löschkriterium die den zu entfernenden Punkt umgebenden Dreiecke identifiziert, werden die Randkanten gespeichert, die das entstehende Loch als Polygon beschreiben. Nun kann jeder beliebige Triangulierungsalgorithmus verwendet werden, um dieses Loch zu re-triangulieren. Hier wurde erfolgreich das sogenannte „Loop-Splitting" Verfahren eingesetzt, das rekursiv und kontinuierlich ein Polygon nach bestimmten Regeln in zwei neue unterteilt, bis es nur noch aus drei Ecken besteht [SchZL92] [Turk92] (siehe auch Algorithmus weiter unten).

Dieser Ansatz bietet den Vorteil, daß nur dort re-trianguliert werden muß, wo das Löschkriterium Punkte entfernen ließ und die Originaltopologie überall dort erhalten bleibt, wo das Netz noch aus Originalpunkten besteht. Nachteilig auf die Rechenperformanz wirkt sich natürlich hier die Tatsache aus, daß durch die sofortige Re-Triangulierung der Fall u. U. häufig auftreten kann, wo gerade generierte Dreiecke im nächsten Löschschritt durch Entfernen des nächsten Punktes wieder gelöscht werden. Also war ein Verfahren gesucht, welches nach Abschluß aller Reduktion einmal die verbleibenden Punkte re-trianguliert, aber nur dort, wo auch wirklich Punkte entfernt und somit die Originaltopologie zerstört wurde.

„Big-Hole" Ansatz: Um nicht ständig Dreiecke zu löschen, die gerade erst durch einen Re-Triangulierungsschritt erzeugt wurden, konnte der „Big-Hole" Ansatz entwickelt und bewertet werden. Hier läßt man die durch sukzessives Löschen von Punkten entstehenden Löcher wachsen und re-trianguliert nur diese Löcher, die natürlich durchaus sehr groß und komplex werden können, abschließend nach der gesamten Reduktion. Dabei bleiben die Regionen, in denen keine Punkte entfernt wurden, unberührt.

Dieses Verfahren kann den Vorteil des Delaunay Ansatzes, daß nämlich nur einmal in einer abschließenden Phase re-trianguliert wird, und den des „Small-Hole" Ansatzes, daß die Originaltopologie überall dort erhalten bleibt, wo keine Veränderungen stattfanden, miteinander verbinden. Stark nachteilig wirkt sich hier die Tatsache aus, daß die während der Reduktionsphase entstandenen Löcher extrem komplex sein können. So können z. B. solche Löcher noch „Inseln" von Originalpunkten umschließen, die auch mit „Stegen", welche aus lediglich einzelnen Kanten bestehen können, zum restlichen Dreiecksnetz Verbindung haben. All dies macht diese Re-Triangulierung sehr rechenzeitaufwendig.

Nach der Implementierung und Bewertung der drei grundlegenden Ansätze können folgende Aussagen gemacht werden: Die Delaunay Re-Triangulierung erzeugt die einheitlichsten Topologien für die resultierenden irregulären Dreiecksnetze. Andererseits funktioniert dieser Ansatz aber nur mit konvexen Dreiecksnetzen und ist von der benötigten Rechenzeit dem „Small-Hole" Ansatz erst bei Reduktionsraten über etwa 60% überlegen (siehe Abb. 41).

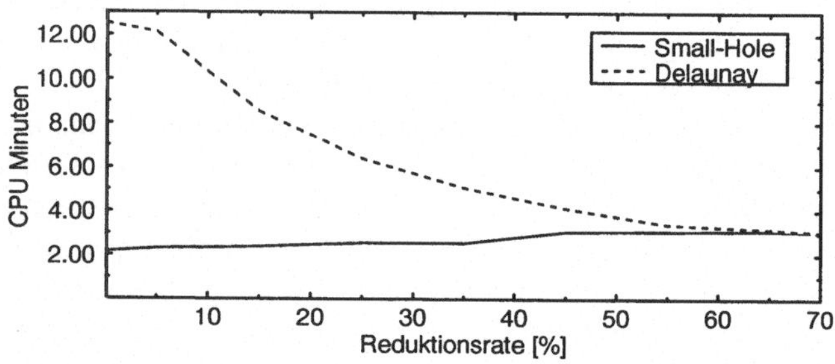

Abb. 41. Für Delaunay und „Small-Hole" Ansatz gemessene Rechenzeiten

Die beiden übrigen Ansätze erlauben konkave Dreiecksnetze und müssen nun miteinander verglichen werden. Ein Vorteil des „Small-Hole" Ansatzes genenüber dem „Big-Hole" Ansatz ist die Möglichkeit der Auswertung eines Abstandskriteriums bei der Löschentscheidung (siehe oben). Ein weiterer Vorteil ist, obwohl dieses als paradox erscheinen mag, der im allgemeinen niedrigere Rechenzeitbedarf. Die durchgeführten Performanzmessungen ergaben, daß der Grund dafür die üblicherweise sehr hohen Komplexitäten der beim „Big-Hole" Ansatz entstehenden Löcher und die zeitintensive Aufgabe sie zu triangulieren ist. In beiden Ansätzen ist die Re-Triangulierungsprozedur der für die Rechendauer entscheidende Faktor, deren Zeitbedarf wiederum direkt mit der Komplexität der zu triangulierenden Löcher zusammenhängt. Es zeigte sich, daß es also insgesamt schneller ist, sehr häufig sehr einfache Löcher zu triangulieren (auch wenn diese Arbeit durch die nächsten Löschschritte wieder überflüssig gemacht wird), als nur einmal eine kleinere Menge extrem komplexer Löcher zu bearbeiten. Diese Erkenntnis und die weiteren Vorteile, die im folgenden beschrieben werden, lassen den „Small-Hole" Ansatz sich als absolut überragend darstellen.

Erweitertes Löschkriterium: Das oben vorgestellte Löschkriterium berücksichtigt lediglich die Punkte und die Topologie des irregulären Dreiecksnetzes vom original Geländemodell. Dies kann allerdings zu worst-cases führen, bei denen ganze Elemente wie Hügel oder Täler völlig aus dem Modell entfernt werden, weil die diese Elemente formenden Dreiecke zu geringe Steigungsunterschiede zu ihren Nachbarn aufwiesen (siehe Abb. 42).

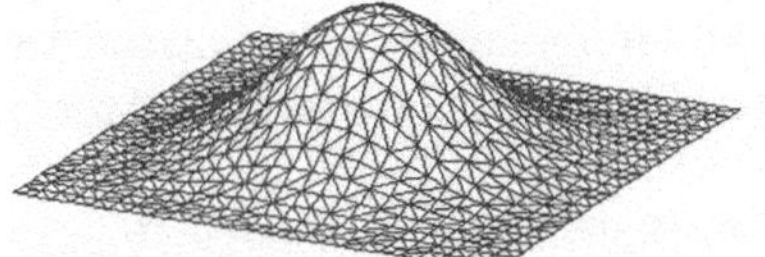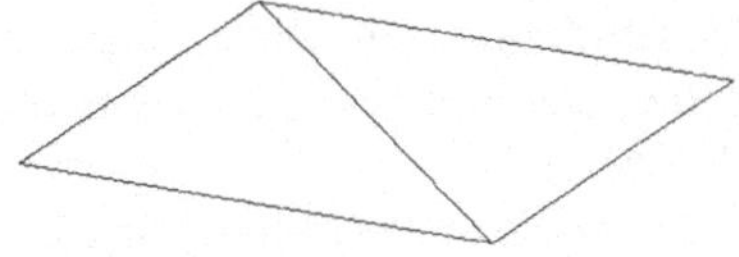

Abb. 42. Hügel, der ohne das erweiterte Löschkriterium eliminiert wird

Da sich der „Small-Hole" Ansatz ohnehin als überlegen herausgestellt hat, läßt sich - als weiterer Vorteil, da dies nur bei diesem Ansatz möglich ist - auch die Löschentscheidung so erweitern, daß diese worst-cases nicht mehr auftreten können. Das Berechnen des maximalen Winkels a_{max} an jedem Punkt P (siehe oben) wird beim erweiterten Löschkriterium nicht nur im Dreiecksnetz des Originalmodells, sondern auch im Netz des bereits reduzierten Modells durchgeführt. Dies ist deshalb nur beim „Small-Hole" Ansatz möglich, da nur hier auch das reduzierte Netz stets eine intakte Dreieckstopologie aufweist. Ein Punkt wird nun nur dann entfernt, wenn beide a_{max} - von Originalmodell und bereits reduziertem Modell - unter dem definierten Wert liegen. Ein anfänglich als unwichtig erachteter Punkt kann also durch das Entfernen von Nachbarpunkten plötzlich wichtig werden und somit dem Entfernen entgehen (siehe Abb. 43).

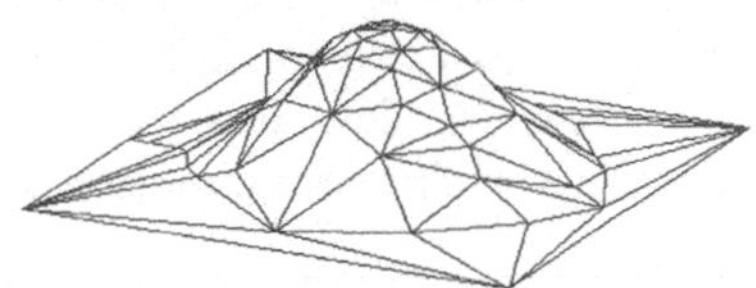

Abb. 43. Reduktion desselben Hügels mit dem erweiterten Löschkriterium

Das Reduzieren mit dem Quantitätsziel muß nun natürlich an das erweiterte Löschkriterium angepaßt werden, da die Wichtigkeit aller Punkte nicht mehr a-priori durch das Betrachten des irregulären Dreiecksnetzes des Originalmodells bestimmt werden kann. Einige können ja an Wichtigkeit gewinnen. Daher ist ein ständiges Re-Sortieren der Wichtigkeitsliste nötig (siehe unten).

Der maximale Winkel aller Flächennormalen a_{max} muß stets in beiden Netzen berechnet werden. Es wurde eben diskutiert, was passieren kann, wenn dies lediglich im Originalmodell geschieht. Es können aber auch worst-cases auftreten, wenn nur das bereits reduzierte Modell berücksichtigt wird. Dann kann nämlich das Entfernen eines Punktes zu einer Verflachung von Dreiecken in einer Region führen, die dann plötzlich dazu führt, daß die a_{max} Werte von Punkten kleiner als der definierte Schwellwert werden, die im Originalmodell deutlich darüber lagen. So werden dann Punkte entfernt, die im Originalmodell eine wichtige Rolle spielten, weil die einzelnen n_i und somit auch der eigene n_{av} Wert der sie umgebenden Dreiecke sich durch das Löschen eines Punktes veränderten.

Fehlerminimierung. Im Rahmen dieser Arbeit wurden, wenngleich auch nicht abschließend, Methoden zur Minimierung von durch die Reduktion auftretenden Gesamtfehlern im Modell untersucht. Als Fehler kann man hier den Abstand zwischen den Punkten des Originalmodells und den Flächen des reduzierten Modells definieren.

Es wurde ein Verfahren entwickelt, das wie bei [ScPa92] vorgeschlagen beginnt, wo ein Krümmungsindex für jedes Dreieck des reduzierten Netzes bestimmt wird. Dieser wird anhand der innerhalb dieses Dreiecks liegenden Originalpunkte ermittelt. Der Gradient dieser Punkte wird zu diesem Krümmungsindex zusammengefaßt. Je höher der Index, desto stärker war die Krümmung innerhalb dieses nun planaren Dreiecks im Originalmodell, desto mehr Krümmung wurde also vom Reduktionsprozeß an dieser Stelle aus dem Modell genommen.

Das Verfahren zur Fehlerminimierung bewegt nun die im reduzierten Modell verbleibenden Punkte in die angrenzenden Dreiecke mit den höchsten Krümmungsindizes hinein. Die Bewegungslinie der Punkte wird dabei aus den Kanten, die in diesem Punkt enden mit den Krümmungsindizes der dazugehörigen Dreiecke bestimmt. Der Punkt wird nun entlang dieser Linie so bewegt, daß der hier auftretende Fehler minimiert und die Krümmung des Originalmodells an dieser Stelle möglichst gut wiederhergestellt ist.

Das Ergebnis dieses Verfahrens ist es, daß sämtliche Punkte des reduzierten Modells zu den Gebieten mit der stärksten Krümmung im Originalmodell wandern und so die Approximation des reduzierten Modells vom Originalmodell optimiert wird, was der gewünschte Effekt ist. Die Abb. 44 zeigt, wie der Gesamtfehler durch die Reduktion mit diesem Verfahren minimiert werden kann.

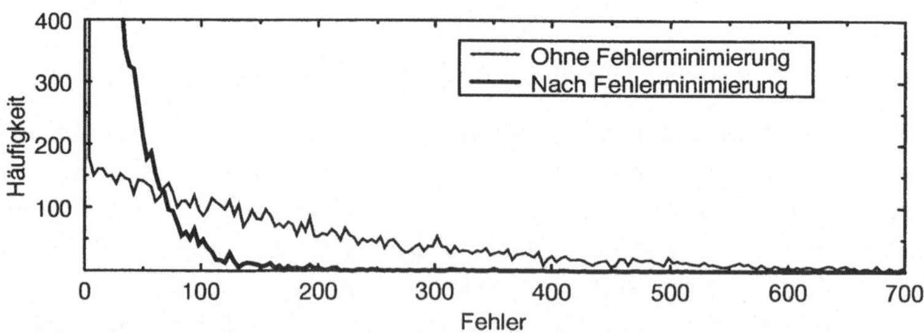

Abb. 44. Fehler nach der Reduktion eines Geländemodells mit und ohne Fehlerminimierung

Jedoch muß das Bewegen von verbleibenden Punkten im reduzierten Modell stets optional bleiben, da es in vielen Applikationen nicht zulässig ist. Der Grund dafür ist, daß die verbleibenden Punkte im reduzierten irregulären Dreiecksnetz die einzigen exakten Punkte des Modells darstellen und mit dem wirklichen Gelände übereinstimmen. Das übrige Modell besteht nur aus Interpolation und Approximation. Werden diese Punkte nun bewegt, so wird die letzte gewisse Information aus dem Modell entfernt, auch wenn der Gesamtfehler minimiert und die Modellapproximation somit verbessert werden kann.

Flut und Ebbe. In den meisten Anwendungen, bei denen Gelände visualisiert werden, sind sie anhand irgendwelcher Daten eingefärbt. Dies kann die Bebauungsart, Vegetationsform, oder Bevölkerungsdichte sein. Wird das Gelände aber z. B. als Kontext für meteorologische Applikationen visualisiert, so bietet sich eine Einfärbung nach den Höhenwerten selbst an, wie dies auch in Atlanten oder Weltkarten zu finden ist. In jedem Fall können stufenartige Farbübergänge auftreten, die wichtige Information über das Gelände geben und nicht durch das Reduzieren des Geländemodells und dem damit verbundenen Entfernen von Punkten (denen die Farben ja meist zugeordnet sind) und dem Vergrößern von Dreiecken (entlang deren Kanten die Farben meist interpoliert werden) verfälscht werden dürfen.

Um diesen unerwünschten Effekt zu vermeiden, kann einerseits das Löschkriterium zusätzlich erweitert werden, so daß auch die Farben im Zusammenhang mit den Normalen berücksichtigt werden (siehe unten). Aber mit einer simplen Technik, ähnlich zu Ebbe und Flut, kann dies ebenfalls verhindert werden.

Vor der Reduktionsphase wird jedes Gebiet, das eine andere Farbe hat, gegenüber seinen umgebenden Gebiet stark in der Höhe angehoben. Als Ergebnis gibt es im so vorbereiteten Modell stets dort eine sehr starke Steigung, wo es im Originalmodell einen starken farblichen Unterschied gegeben hat. Nun kann der Reduktionsprozeß einschließlich Re-Triangulierung wie oben beschrieben durchgeführt werden. Dabei werden Punkte an den Farbübergängen eher erhalten bleiben, da dort nun auch starke Höhengradienten-Änderungen vorherrschen. Nach der Reduktionsphase müssen natürlich alle vorher angehobenen Punkte wieder auf ihr ursprüngliches Niveau herabgesenkt werden. Abb. 45 verdeutlicht die einfache Technik von Flut und Ebbe im eindimensionalen Fall.

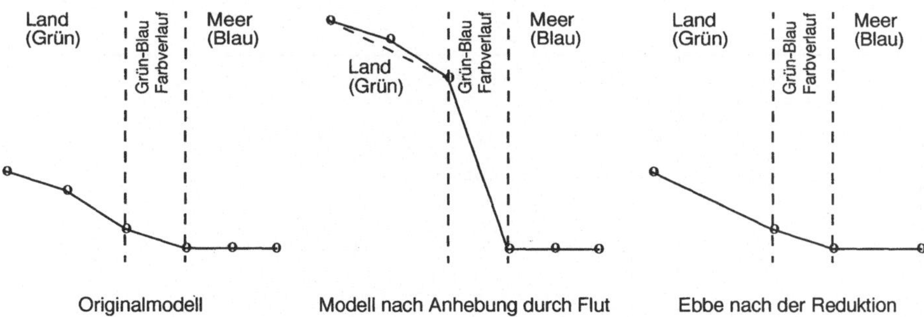

Abb. 45. Reduktion zwischen Flut und Ebbe

Der Algorithmus. Hier wird nun in Pseudo-Code der im Rahmen dieser Arbeit entwickelte neuartige Algorithmus vorgestellt. Dabei werden die Funktionen `QUALITY_REDUCE`, `QUANTITY_REDUCE` und `TRIANGULATE_POLYGON` detailliert ausgeführt.

QUALITY_REDUCE und QUANTITY_REDUCE entfernen Punkte aus dem irregulären Dreiecksnetz des original Geländemodells jeweils dem Qualitätsziel bzw. Quantitätsziel (siehe oben) folgend. Schließlich zeigt TRIANGULATE_POLYGON die einzelnen Schritte des rekursiven „Loop-Splitting" Triangulierungsverfahrens, das von den „Small-Hole" und „Big-Hole" Ansätzen verwendet wird. Da die Eingabe stets in Form eines irregulären Dreiecksnetzes vorzuliegen hat, müssen alle zu importierenden Geländemodelle in ein solches konvertiert werden (siehe oben).

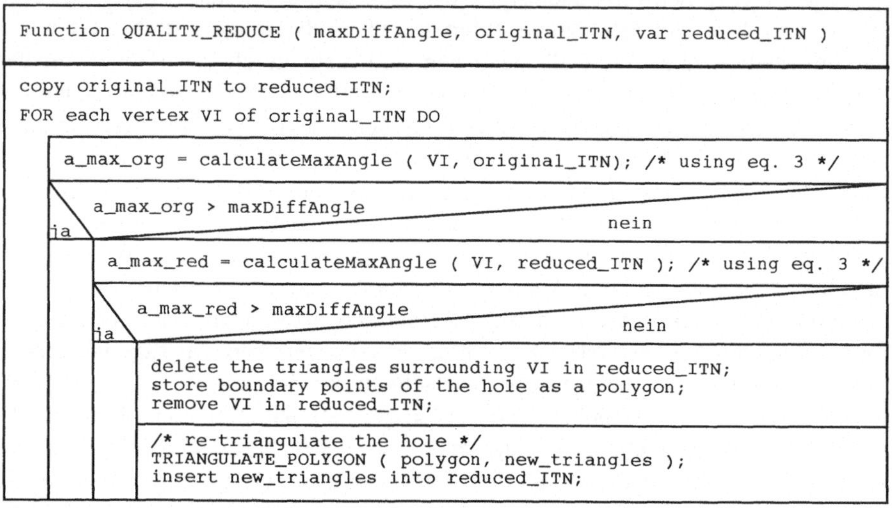

```
Function QUALITY_REDUCE ( maxDiffAngle, original_ITN, var reduced_ITN )

copy original_ITN to reduced_ITN;
FOR each vertex VI of original_ITN DO

    a_max_org = calculateMaxAngle ( VI, original_ITN); /* using eq. 3 */

    a_max_org > maxDiffAngle
  ja                                                   nein

        a_max_red = calculateMaxAngle ( VI, reduced_ITN ); /* using eq. 3 */

        a_max_red > maxDiffAngle
      ja                                                nein

            delete the triangles surrounding VI in reduced_ITN;
            store boundary points of the hole as a polygon;
            remove VI in reduced_ITN;

            /* re-triangulate the hole */
            TRIANGULATE_POLYGON ( polygon, new_triangles );
            insert new_triangles into reduced_ITN;
```

Abb. 46. QUALITY_REDUCE

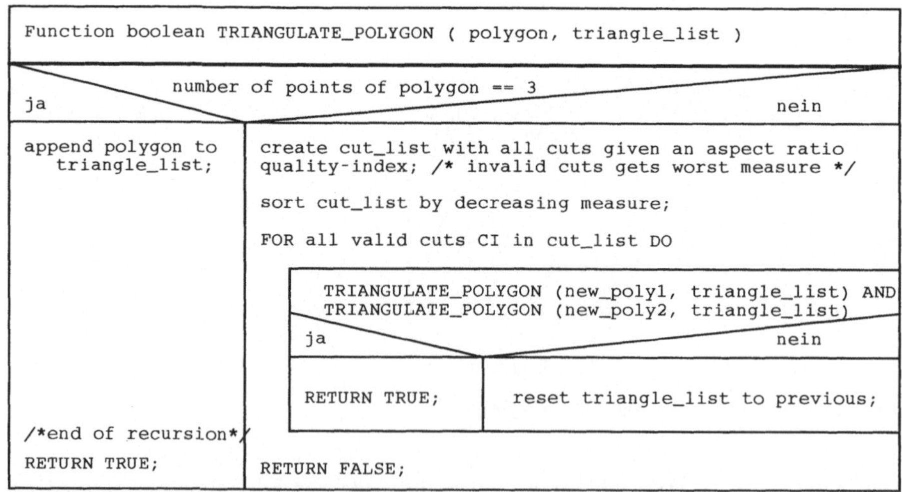

Abb. 47. TRIANGULATE_POLYGON

```
Function QUANTITY_REDUCE ( reduction_rate, original_ITN, var reduced_ITN )

copy original_ITN to reduced_ITN;
FOR each vertex VI DO create list VIinfo with

    VIinfo[VI].a_max_org = calculateMaxAngle ( VI, original_ITN ); /*using eq
    VIinfo[VI].a_max_red = calculateMaxAngle ( VI, reduced_ITN ); /* using eq

VI is first vertex of VIinfo;

min_new_angle = very low; /* forces first sorting of VIinfo */

WHILE reduction_rate isn't reached DO

    NOT((VIinfo[VI].a_max_org > min_new_angle) OR
    (VIinfo[VI].a_max_red > min_new_angle))

ja                                                          nein

        sort list VIinfo starting with VI by increasing MAX(a_max_org,a_max_red);

        min_new_angle = very high; /* necessary for MIN() */

    delete the triangles surrounding VI in reduced_ITN;
    store boundary points of the hole as a polygon;
    remove VI in reduced_ITN;

    /* re-triangulate the hole */
    TRIANGULATE_POLYGON ( polygon, new_triangles );
    append new_triangles to reduced_ITN;

    FOR all points PI of the polygon DO

        update VIinfo[PI].a_max_red;
        /* update min_new_angle to detect need for re-sorting */
        min_new_angle = MIN ( min_new_angle, VIinfo[PI].a_max_red );

    VI is the next vertex in VIinfo;
```

Abb. 48. QUANTITY_REDUCE

Anwendung und Ergebnisse. Nachdem der hier entwickelte Reduktionsalgorithmus anhand sorgfältig ausgewählter Testbeispiele verifiziert wurde, wird er nun in den verschiedensten echten Anwendungen eingesetzt. Die Ergebnisse sind sehr zufriedenstellend, wobei natürlich die Reduktionsraten stark von den Geländemodellen selbst abhängen. Mit dem Qualitätsziel lassen sich Anforderungen z. B. aus der Medizin erfüllen, wo eine minimale Rauhigkeit dort erhalten werden muß, wo sie im Originalmodell auftritt. Das Quantitätsziel unterstützt Anwendungen aus dem Bereich der Virtuellen Realität, wo zum Erreichen bestimmter Bildwiederholraten nur eine bestimmte Anzahl von Polygonen zulässig ist [AFGMZ94] und ein Geländemodell gesucht wird, daß das Originalmodell mit dieser Maximalanzahl von Dreiecken möglichst gut wiedergibt.

Der hier entwickelte Algorithmus wird außer bei digitalen Geländemodellen als Kontext für meteorologische Applikationen auch im Bereich der wissenschaftlich-technischen Visualisierung allgemein, der Medizin, der Forschung im Wasserbau, der Computer-Animation und der Virtuellen Realität eingesetzt. Er wurde auch bereits erfolgreich in CAD Anwendungen der Automobilindustrie angewandt und eignet sich ideal für die Reduktion von Oberflächen gescannter Objekt, da die meisten 3D Scanner nicht adaptiv arbeiten.

Auch konnte dieser Algorithmus in dem Visualisierungssystem ISVAS3.0 als Postprozessor für die Ergebnisse des „Marching Cubes" Verfahrens für die Extraktion von Isoflächen aus Volumendaten integriert werden. Dort ließen sich so z. B. Dreiecksnetze, die ein menschliches Knie beschreiben und aus CT Schichten gewonnen wurden, erfolgreich für einen Arthroskopie Simulator reduzieren [Ziegler95].

Bei den geographischen Kontextdaten für die meteorologischen Applikationen ließen sich bemerkenswerte Reduktionsraten erzielen. Die Darstellungen in Abb. 49 und Abb. 50 zeigen die Ergebnisse, die mit dem Reduktionsalgorithmus für ein digitales Geländemodell von Südfrankreich erreicht wurden. Links sind die Pyrenäen zu sehen und die Alpen sind rechts im Bild. Hier erhielt das „Flut und Ebbe"-Verfahren die Ränder der Farbübergänge.

Abb. 49. irreguläres Dreiecksnetz des original Geländemodells von Südfrankreich

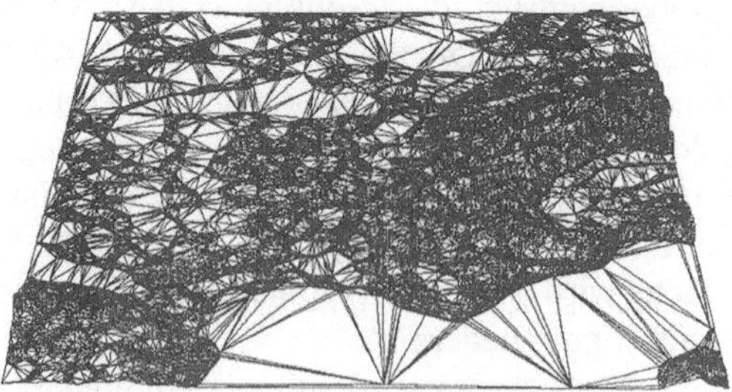

Abb. 50. Drahtmodelldarstellung des um 60% reduzierten Netzes

Abb. 51. Geländemodell um etwa 60% reduziert

Forscher für Computational Fluid Dynamics bei der Bundesanstalt für Wasserbau in Hamburg reduzieren ihre Finite Elemente Netze mit dem hier entwickelten Algorithmus, die aus bis zu 800.000 Knoten bei 1.500.000 Dreiecken bestehen können, um sie auch auf kleineren Workstations verarbeiten zu können (siehe Abb. 52). Ohne Reduktion lassen sich solche Modelle heute auf den meisten Rechnern kaum vernünftig bearbeiten.

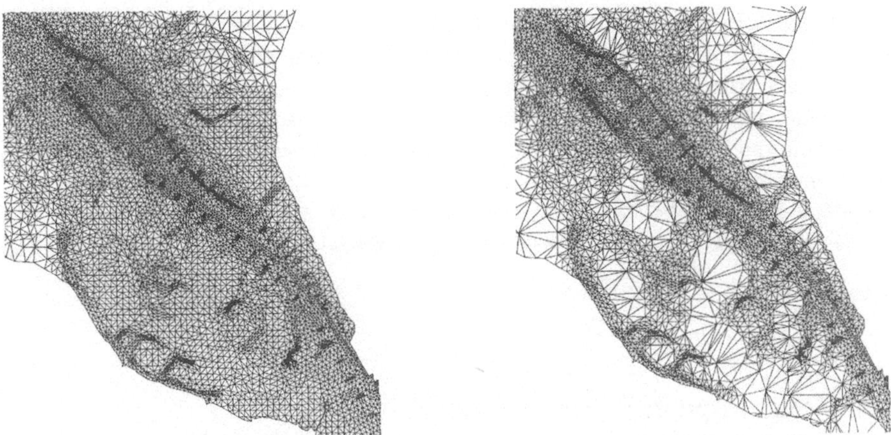

Abb. 52. Teil eines Flußdeltas. Links das Originalnetz mit etwa 22.000 Punkten. Rechts das reduzierte Netz mit etwa 17.000 Punkten (jeweils nur Ausschnitte).

Die für den Reduktionsprozeß benötigten Rechenzeiten bleiben stets in akzeptablen Größenordnungen. Die Reduktion eines digitalen Geländemodells von Europa z. B. dauerte mit 120.000 Punkten und 230.000 Dreiecken auf weniger als 45% der Originalkomplexität etwa 12 Minuten auf einer Silicon Graphics Indigo2 mit einem mit 150 Mhz getakteten R4400 Prozessor.

Zusammenfassung. Der im Rahmen dieser Arbeit entwickelte Algorithmus kann erfolgreich die Komplexität von irregulären Dreiecksnetzen und digitalen Geländemodellen reduzieren. Die Entscheidung über das Entfernen von Punkten aus dem Modell oder Netz wird dabei anhand der Wichtigkeit der Punkte und dem Beitrag, den sie zur Approximation der Erdoberfläche leisten, getroffen.

Die realisierten Methoden erlauben entweder eine minimale Rauhigkeit zu erhalten (Qualitätsziel) oder das Original auf eine feste Anzahl von Dreiecken zu reduzieren (Quantitätsziel). Schließlich lassen sich auch noch optional die verbleibenden Punkte automatisch verschieben, um den auftretenden Gesamtfehler zu minimieren.

Es wird hiermit das Ziel erreicht, eine maximale Reduktionsrate mit der Erhaltung der Hauptcharakteristika des Originalmodells zu verbinden.

7.2 Zeitkontext

Die Bedeutung des Zeitkontextes wurde bereits in Kap. 6 betont und begründet. An dieser Stelle soll daher lediglich nochmals erwähnt werden, was die zwei wesentlichen Punkte bei der Berücksichtigung des zeitlichen Kontextes sind.

Zum einen muß bei der Visualisierung der meteorologischen Daten stets die für sie geltende Zeitmarke ersichtlich sein. Erst aus der Zuordnung eines statischen Ausschnittes eines dynamischen Datensatzes zu einer Jahres- und Tageszeit lassen sich richtige Rückschlüsse auf die beobachtbaren Effekte schließen. Zudem muß es möglich sein, direkt beliebige Zeitschritte auszuwählen, um verschiedene Zeiten miteinander zu vergleichen oder Veränderungen über die Zeit zu erkunden.

Des weiteren muß bei Animationen eine unbedingt konstant zu haltende Relation zwischen Datenzeit und Darstellungszeit erreicht werden, so daß sich auch verschiedene dynamische Veränderungen miteinander vergleichen lassen und ein exaktes Nachmessen von Datenzeitvorgängen anhand der Darstellungszeit möglich ist.

7.3 Zielgruppe der Visualisierung

Wissenschaftlich-technische Daten können nicht wahrnehmungspsychologisch effektiv visualisiert werden, wenn die Zielgruppe der Betrachter der Visualisierung nicht bei der Wahl und Parametrisierung der verwendeten Verfahren umfassend berücksichtigt wird [Schr93b, Mar93]!

Wenn Wissenschaftler Daten visualisieren, die von Messungen oder Simulationen stammen, so müssen die verschiedensten Aspekte in Betracht gezogen werden, um die geeignetste Methode dafür zu finden.

Hauptsächlich werden natürlich die Visualisierungsverfahren vom Typ der Daten bestimmt. Weiter spielt das anvisierte Präsentationsmedium (z. B. Papier, Film oder Bildschirm) eine wichtige Rolle. Aber zusätzlich hängen die Entscheidungen z. B. über zu verwendende Interpolationsarten, Abbildungsvorschriften oder Farbgebungen stark von der Betrachtergruppe ab, für welche die Bilder aus den Daten erzeugt werden.

Werden die aus dem Visualisierungsprozeß resultierenden Bilder für Kollegen und Mit-Forscher erstellt, welche die Daten und deren Zusammenhang genauestens kennen oder eher für andere Wissenschaftler mit weniger Informationen über die Hintergründe der Daten? Werden diese Bilder von gesammelten Daten vorbereitet für Mitglieder oder Vorsitzende des firmeneigenen Vorstands, für potentielle Geldgeber oder gar für ein nicht-wissenschaftliches Publikum über z. B. Zeitungen, Journale, Fernsehen oder andere Medien?

Wissenschaftler verlangen visuelle Ergebnisse, die im möglichst direkten Zusammenhang mit den Originaldaten stehen. Betrachter aus Kreisen von entscheidungstreffenden Gremien erwarten „polierte" Bilder, die Fortschritte oder neue Errungenschaften hervorheben. Ein Publikum völlig ohne wissenschaftliches Hintergrundwissen benötigen eine einfache Präsentation mit Visualisierungsergebnissen, die es leicht, schnell und intuitiv verstehen kann. Wie stark jedoch die Art des Publikums Einfluß auf die Form der Visualisierung hat, hängt von der speziellen Anwendung ab.

Obwohl in jeder Applikation die verschiedenen Datentypen besonderer Verarbeitungs- und Präsentationsmethoden bedürfen, müssen die spezifischen Anforderungen durch das Zielpublikum stets in Betracht gezogen werden. Es gibt einige Gebiete, auf denen Visualisierung davon besonders stark abhängt: z. B. Medizin, Geschichtswissenschaften, Umweltforschung, Strömungsmechanik, Ozeanographie, Finite Elemente Simulationen, Kartographie oder Archäologie.

In der Meteorologie ist aber die Abhängigkeit der Visualisierung vom Zielpublikum besonders ausgeprägt! Wetterbeobachtungen haben schon seit Menschengedenken immer zu den interessantesten Informationen gehört und waren oftmals überlebenswichtig. Heute beschäftigen sich Experten aus den Bereichen der Meteorologie, Klimatologie und der Umweltforschung im allgemeinen mit dem Wetter (siehe auch [Rhyne93]). Aber ihre Bilder von gemessenen oder prognostizierten Daten gehen in alle Welt an Piloten, Kapitäne, Straßenmeister und überall tagtäglich an ein riesiges Laienpublikum über die Wettervorhersage im Fernsehen.

Im Rahmen dieser Arbeit konnte festgestellt werden, daß sich die Anforderungen dieser letzten Gruppe, nämlich der Laien, an die Visualisierungsverfahren zu stark von den Bedürfnissen der Meteorologen selbst unterscheiden, als daß man sie in einem System zusammen verwirklichen könnte. Bei den Forschungen auf diesem Gebiet waren durch die beiden Gruppen und die für die Durchführung der Visualisierung sehr früh zwei sich ergänzende aber technisch wenig zu vereinbarende Einsatzgebiete für Visualisierungstechniken in der Meteorologie erkennbar geworden.

Zum einen bestand ein starker Bedarf an hochinteraktiven sowie exakten visuellen Verfahren bei der Analyse von Wetterphänomenen oder der Entwicklung und Verbesserung von Prognosemodellen, wenn Meteorologen ihre eigenen Daten für sich oder andere Experten visualisieren. In diesem Fall muß das Visualisierungssystem extrem flexibel sein und den Anwender bei seiner interaktiven Analyse und Erforschung von Effekten in Daten oder Modellen möglichst wirksam unterstützen.

Zum zweiten wurden innovative Visualisierungstechniken zur graphischen Präsentation von Wettervorhersagen für ein breites Laienpublikum im Bereich der Medien benötigt. Bei der Produktion von Wettervorhersagefilmen für Fernsehsender wird im Gegensatz zum wissenschaftlichen Bereich ein Automatismus unverzichtbar. Dieser muß die Simulationsdaten nach den Designvorstellungen der einzelnen Sender mit einem auf das Notwendigste beschränktem Maß an manuellem Eingreifen eines Meteorologen visuell umsetzen. Hier sind auch anstatt exakter Visualisierungstechniken stärker Verfahren gefragt, welche die numerischen Daten in für den Laienzuschauer möglichst intuitiv verständliche Bilder bringt.

Daher besteht das im Rahmen dieser Arbeit entwickelte und realisierte offene Rahmensystem zur Visualisierung meteorologischer Daten aus den zwei Komponenten für die hochinteraktive Visualisierung solcher Daten für Meteorologen und für die weitgehend automatisierte Produktion von Wettervorhersagefilmen für das Laienpublikum. Diese Komponenten werden von den Visualisierungssystemen RASSIN (siehe Kap. 8) und TriVis (siehe Kap. 9) gestellt.

Teil IV
Visualisierung für Meteorologen und Laien

8 Das Visualisierungssystem RASSIN

RASSIN (ein persischer Frauenname) stellt die Forschungskomponente des offenen Rahmensystems zur Visualisierung meteorologischer Daten dar. Mit RASSIN ist das interaktive Erforschen meteorologischer Daten zur Analyse der Vorhersage oder zur Erkenntnisgewinnung über die eingesetzten numerischen Wettervorhersagemodelle selbst möglich.

8.1 Einführung

Wie in Kap. 2 dieser Arbeit (Meteorologische Daten und Simulationsmodelle) bereits ausgeführt, stellen meteorologische Daten besonders hohe Anforderungen an Visualisierungssysteme. Zum einen liegen sie in einem Volumen der Erdatmosphäre vor, dessen vertikale Ausdehnung verschwindend gering in Relation zu der horizontalen Erstreckung ist. Weiterhin liegen diese Daten auf keinem regulären sondern auf einem kurvilinearen Volumengitter vor, welches seine Koordinaten den Veränderungen von Bodendruck und Temperaturen ständig anpaßt und somit dynamisch ist. Außerdem werden für dieses Gitter von der numerischen Simulation eine Fülle verschiedener meteorologischer Werte berechnet, zu denen die abgeleiteten Werte noch hinzukommen, und die mit den verschiedensten Verfahren zusammen und getrennt visualisiert werden müssen, um ihre Bedeutung zu erfassen. Auch lassen sich die meteorologischen Daten nicht korrekt interpretieren, wenn nicht ihr Kontext (z. B. die Modellorographie) ebenfalls stets zusätzlich und richtig visualisiert wird. Schließlich spielt die Dynamik von Daten in der Meteorologie eine besonders große Rolle, da viele Effekte und Phänomene sich erst durch eine Änderung von Werten auszeichnen.

Mit dem im Rahmen dieser Arbeit entwickelten Visualisierungssystem RASSIN ist es nun möglich, diese Besonderheiten umfassend zu berücksichtigen und den Meteorologen ein mächtiges Werkzeug für die Erforschung ihrer Daten und Modelle zur Verfügung zu stellen. Dabei wurde für diesen Benutzerkreis auch eine spezielle Benutzungsschnittstelle entwickelt und der Datenimport optional auf die standardisierte GRIB-Datenbank [DWD91] aufgesetzt. Auch lassen sich die Daten sowohl im geographisch-räumlich korrekten Z-System sowie im von Meteorologen meistens bevorzugten p-System über den Druck darstellen. RASSIN entstand in Zusammenarbeit mit dem Deutschen Wetterdienst und wird dort voraussichtlich im Sommer 1996 im Routinebetrieb eingesetzt werden. Es ist dort auch in das Projekt VISUAL der Abteilung Entwicklung und Anwendung eingebunden.

Dieses Kapitel befaßt sich zu Beginn noch einmal kurz mit den in der Meteorologie vorkommenden Simulationsmodellen und Datentypen. Anschließend wird auf die Berechnung der Gitterkoordinaten exemplarisch für das Europamodell näher eingegangen. Nach der Beschreibung der Datenverwaltungskonzepte und der realisierten Visualisierungstechniken wird die Benutzerschnittstelle und Interaktion erläutert. Abschließend wird das Animationsmodul von RASSIN zur umfassenden Kontrolle der Zeit bei der Visualisierung vorgestellt.

8.2   Simulationsmodelle und Datentypen

RASSIN kann numerischen Output sämtlicher in Kap. 2 genannter Gitterpunktemodelle für die Wettervorhersage, welche beim Deutschen Wetterdienst das Deutschlandmodell und das Europamodell sind, visualisieren. Um die von den Simulationsmodellen berechneten Daten zu verarbeiten, mußte zunächst eine Klassifizierung dieser Daten in Kategorien der Computerwissenschaft (skalare Daten, Vektordaten und multivariate Daten) vorgenommen werden [Aftahi94]. Darauf wurde bereits in Kap. 3 eingegangen.

Abgesehen von einigen zweidimensionalen Datensätzen wie z. B. Bodendruck, liegen sämtliche Modelldaten in dem dreidimensionalen Raum der Atmosphäre vor. Sie gehören daher alle in die Klasse der Volumendaten. Diese werden dann in Abhängigkeit der an den einzelnen Volumenpunkten gehaltenen Werte weiter in die in Kap. 3 aufgeführten Kategorien aufgeteilt:

8.2.1   Skalare Daten

Die überwiegende Zahl der berechneten meteorologischen Elemente liegt in dem Datenvolumen als skalare Daten vor, d. h. pro Gitterpunkt wurde genau ein einzelner Datenwert (skalar = Zahl auf einer Skala) berechnet, der auch für sich allein interpretiert werden kann. Als Beispiele sollen hier nun kurz Temperatur (Maßeinheit: Grad Celsius), Druck (Pascal oder Hektopascal) und Luftfeuchtigkeit vorgestellt werden:

Temperatur. Es liegen gesicherte Erkenntnisse über die vertikale Temperaturverteilung in der Atmosphäre vor (siehe Abb. 53). Die wesentlichen Geschehnisse für das Wetter spielen sich in der unteren Schicht bis zu etwa 30 km Höhe ab. Aus meßtechnischen und aus Kostengründen werden auch nur bis dahin die regelmäßigen Messungen der aerologischen Stationen durchgeführt. In höheren Schichten wird seltener und unregelmäßiger gemessen.

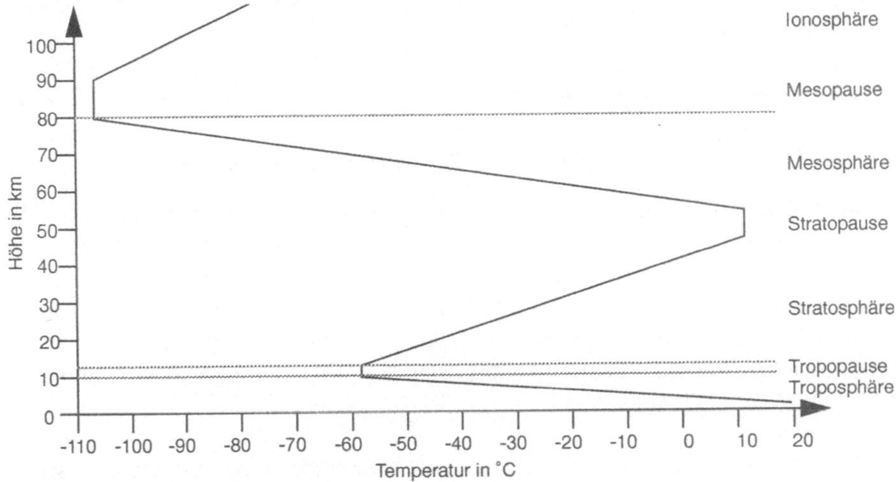

Abb. 53. vertikale Temperaturverteilung in der Atmosphäre

Abb. 53 zeigt die einzelnen Schichten der Erdatmosphäre und den vertikalen Temperaturverlauf. In der für das Wettergeschehen wesentlichen Troposphäre nimmt die Temperatur mit der Höhe stetig ab. In der Ionosphäre geschieht ab 90 km Höhe das Gegenteil. Dort nimmt die Temperatur bis zu 1140 Grad in 210 km und sogar bis zu etwa 2000 Grad in 1000 km Höhe zu.

Luftdruck. Der Luftdruck wird durch die auf eine bestimmte Fläche (z. B. 1 cm^2) lastende Luftsäule von der Höhe der Fläche bis an der Rand der Atmosphäre bestimmt. Mit zunehmender Höhe nimmt die Länge der Luftsäule und damit auch der Luftdruck stetig ab. Das Gewicht der Luft in der Luftsäule hängt aber auch von der Luftdichte ab, die wiederum auch vom Luftdruck und der Temperatur bestimmt wird. Daher sind Luftdruckdifferenzen bei gleichen Höhenunterschieden im erdnahen Bereich größer als in höheren Luftschichten. Abb. 54 (links) verdeutlicht dies.

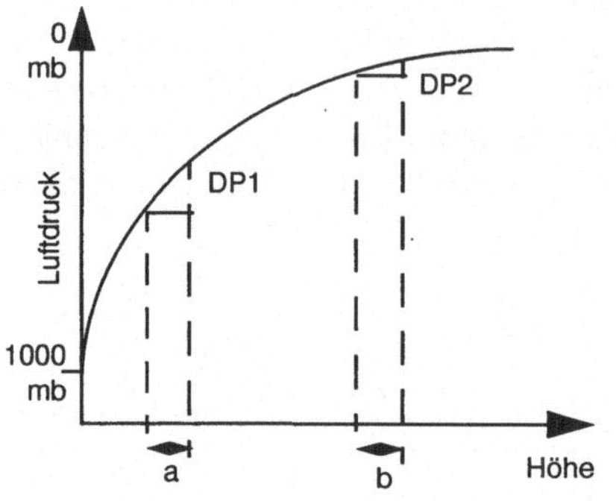

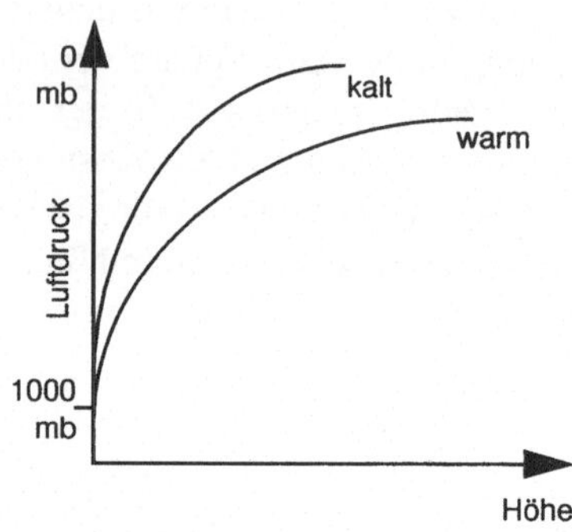

Abb. 54. Luftdruckdifferenzen / Einfluß der Temperatur auf den Luftdruck

Durch den Einfluß der Temperatur auf die Dichte der Luft, wird auch der Luftdruck beeinflußt. In einer warmen Atmosphäre nimmt er mit der Höhe langsamer ab, da die gleiche Luftmenge nun ein größeres Volumen einnimmt und damit geringere Dichten aufweist. Abb. 54 (rechts) zeigt die Wirkung der Temperatur bei der Luftdruckabnahme mit zunehmender Höhe. Unterschiede im Luftdruck in der freien Atmosphäre resultieren in Luftmassenströmungen, die von hohem zu niedrigem Druck gerichtet sind.

Luftfeuchtigkeit. Die Luftfeuchtigkeit (auch Wasserdampfgehalt genannt) gehört zu den wichtigsten meteorologischen Parametern neben Temperatur und Luftdruck. Die spezifische Feuchte wird dabei als Quotient von Masse Wasser pro Masse Luft angegeben. Wird Luftfeuchtigkeit in Prozent angegeben, bestimmt der Wert, wieweit die Luft noch von der Kondensation entfernt ist.

Bei hoher Luftfeuchtigkeit, was einer starken Sättigung der Luft mit Wasserdampf entspricht, ist ein Entstehen von Wolken durch eine solche Bildung von flüssigem Wasser möglich.

8.2.2 Vektordaten

Die Luftdruckunterschiede in der Erdatmosphäre bewirken Luftmassenströmungen (Wind), die natürlich auch von entscheidender Bedeutung für das Wetter sind. Daher werden diese auch von den numerischen Modellen erfaßt. Sie werden dabei als einzelne Vektorkomponenten für zwei horizontale und eine vertikale Richtung gespeichert, die den dreidimensionalen Bewegungsvektor der Luft in dem Datenvolumen beschreiben.

Für die Visualisierung kommen allerdings meist nur die horizontalen und die vertikalen Komponenten getrennt voneinander in Frage, da die vertikale Luftströmung außerhalb von Gewittergebieten vernachlässigbar gering ist im Verhältnis zur horizontalen Strömung [Man72]. Für das Modell intern spielt die vertikale Komponente allerdings eine besonders wichtige Rolle: Dort, wo sie nämlich nach oben gerichtet ist, kann es zu Wolken- und Niederschlagsbildung kommen. Makroskalige Vertikalwinde dienen zur Abschätzung der Entwicklung von Druckgebilden und Gewittergebieten. Windgeschwindigkeiten werden üblicherweise als km/h, m/s, Beaufort oder Knoten angegeben (1 Knoten entspricht 1 Seemeile/Stunde oder 0.5144 m/sec).

Obwohl die Winddaten intern in den drei einzelnen Komponenten „zonaler Wind" (parallel zum Äquator), „meridionaler Wind" (orthogonal zum Äquator) und vertikaler Wind mit den jeweiligen Geschwindigkeitsbeträgen im Modell vorliegen, werden sie ursprünglich als Vektoren mit Betrag, Richtung und Neigung erfaßt, da sich diese Größen direkt messen lassen. Die Angaben der Windrichtung und der Windneigung erfolgen in Winkelgrad. Dabei liegt Osten bei 90, Süden bei 180, Westen bei 270 und Norden bei 360 Grad. Horizontale Luftströmungen haben eine Neigung von 0 Grad und senkrecht nach oben gerichtete Winde eine Neigung von 90 Grad (nach unten -90 Grad).

Bei Wind wird sehr häufig der Betrag des Windvektors als absolute Windgeschwindigkeit an dem Bezugspunkt des Vektors als abgeleiteter Wert betrachtet. Dieser läßt sich dann einfach als skalarer Wert (siehe oben) behandeln und man kann so z. B. rasch Gebiete hoher oder niedriger Windgeschwindigkeiten erkennen. Auch eignet sich der Betrag als Wert, der zu einer Einfärbung der Vektoren eingesetzt werden kann, wenn diese z. B. als Pfeile dargestellt werden.

8.2.3 Multivariate Daten

Multivariate Daten stellen im allgemeinen sehr hohe Anforderungen an die Visualisierung. Sie sind als n-Tupel von Werten pro Datenpunkt definiert, die einen direkten Zusammenhang haben und stets gemeinsam zu betrachten sind. Sie kommen so z. B. sehr häufig in der Statistik vor, wo meistens erst sehr viele einzelne Parameter zusammen eine Aussage ergeben und es evtl. auch noch unbekannte Korrelationen zwischen den Parametern gibt.

In der Meteorologie sind Wolkendaten ein Fall von multivariaten Daten. Wolken können nicht durch einzelne skalare Werte vollständig beschrieben oder erfaßt werden. Es müssen stets alle entsprechenden meteorologischen Werte zusammen betrachtet werden, um Wolken definieren zu können. Beispielsweise lassen sich der Flüssigwassergehalt, die relative Luftfeuchtigkeit, die vertikale Luftströmung und die von der Wolke zu erwartende Niederschlagsmenge gemeinsam als multivariates vier-Tupel zur Wolkenbeschreibung verwenden.

8.3 Modellgitter

In Kap. 2 wurden bereits die Modellgitter der numerischen Wettervorhersagemodelle vorgestellt und das Gitter des Europamodells des Deutschen Wetterdienstes näher beschrieben. Um die korrekte Visualisierung des Modelloutputs auf dem original Gitter zu erläutern, muß an dieser Stelle auf die Berechnung der einzelnen Koordinaten der Gitterpunkte am Beispiel des Europamodells näher eingegangen werden.

8.3.1 Berechnung der horizontalen Koordinaten

Die Europamodell-Datenfelder sind intern auf einem geographischen Gitter mit einem in den Pazifik (bei 32.5° N und 170.0° W) verlegten Nordpol definiert [DWD91]. Die Bezeichnung für diese Art von Gittern lautet „rotated latitude/longitude grid" bzw. „rotiertes-sphärisches Gitter". Grund dafür ist die Tatsache, daß die numerische Simulation bei gleichmäßigen Ortsabständen (in km) zwischen den einzelnen Gitterpunkten mit einem kürzeren Zeitschritt integriert werden kann, als dies bei ungleichmäßigen Abständen der Fall ist. Wird also für das Europamodell das normale geographische Gitternetz wie beim Globalmodell des DWD verwendet, so sind die Ortsabstände bei gleichmäßigen Winkelabständen im Süden und Norden des Modellgebietes stark unterschiedlich. Im rotiert-sphärischen Gitter sind jedoch die Ortsabstände bei konstanten Winkelabständen (0.5°) relativ gleichmäßig (ca. 50 km). Dies bringt z. B. gegenüber einer Testversion des Europamodells auf der polarstereographischen Projektion einen Rechenzeitgewinn von 35% für das Vorhersagemodell [DWD91].

Die horizontalen Koordinaten des Modellgitters werden also wie folgt berechnet: Zuerst wird der geographische Nordpol des normalen geographischen Gradnetzes (Phi, Lambda Koordinaten) in den Pazifik (Phi$_N$ = 32.5° N, Lambda$_N$ = 170.0° W) gedreht, so daß sich der Äquator nach Norden verschiebt. Dann wird in diesem neuen geographischen System (Phi', Lambda' Koordinaten) ein äquidistantes Gitter ($\Delta\varphi'$ = $\Delta\lambda'$ = 0.5°) eingeführt. Auf diesem Gitter erfolgt die gesamte numerische Wettervorhersage.

Vor der Visualisierung und Bewertung des Modelloutputs müssen also die horizontalen Koordinaten des rotiert-sphärischen Gitters zurück in die normalen geographischen Koordinaten gebracht werden. In (5) wird diese Umrechnung von rotierten Koordinaten in normale geographische Koordinaten gezeigt. In (6) wird ersichtlich, wie man die umgekehrte Rechnung durchführen kann, um von normalen geographischen auf rotierte Koordinaten zu gelangen.

$$\lambda = \text{atan}\left(\frac{\sin\lambda_N \cdot (\cos\varphi_N \cdot \sin\varphi' - \sin\varphi_N \cdot \cos\lambda' \cdot \cos\varphi') - \cos\lambda_N \cdot \sin\lambda' \cdot \cos\varphi'}{\cos\lambda_N \cdot (\cos\varphi_N \cdot \sin\varphi' - \sin\varphi_N \cdot \cos\lambda' \cdot \cos\varphi') + \sin\lambda_N \cdot \sin\lambda' \cdot \cos\varphi'}\right)$$

$$\varphi = \text{asin}\,(\cos\varphi_N \cdot \cos\lambda' \cdot \cos\varphi' + \sin\varphi_N \cdot \sin\varphi')$$

Rotierte Koordinaten in geographische Koordinaten   (5)

$$\lambda' = \text{atan}\left(\frac{-\cos\varphi \cdot \sin(\lambda - \lambda_N)}{-\sin\varphi_N \cdot \cos\varphi \cdot \cos(\lambda - \lambda_N) + \cos\varphi_N \cdot \sin\varphi}\right)$$

$$\varphi' = \text{asin}\left(\cos\varphi_N \cdot \cos\varphi \cdot \cos(\lambda - \lambda_N) + \sin\varphi_N \cdot \sin\varphi\right)$$

Geographische Koordinaten in rotierte Koordinaten   (6)

Da die Visualisierung meteorologischer Daten allerdings in unseren Breitengraden üblicherweise in polarstereographischer Projektion erfolgt, müssen die nun in die normalen geographischen Koordinaten zurückgerechneten Werte noch in eine solche Projektion gebracht werden.

Bei der polarstereographischen Projektion wird die Erdoberfläche K von dem unendlich fernen Punkt der Projektion (S) aus (z. B. der Südpol) auf die Ebene eines Breitenkreises Phi_0 (häufig 60° N) projiziert. Die Ausrichtung der Breitenkreisebene wird dabei vom senkrechten Meridian $Lambda_0$ bestimmt. Die Nachbarpunkte P und Q auf der Erdoberfläche gehen so in die Punkte P' und Q' auf der Ebene über [Pro76] [Aftahi94] [BrSe87]. Abb. 55 und (7) zeigen die polarstereographische Projektion.

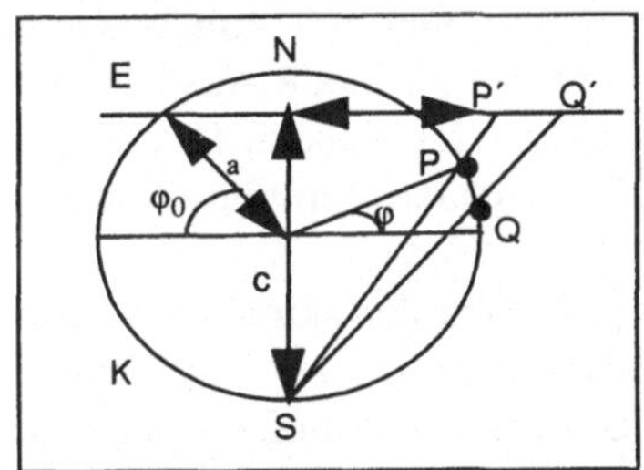

$$c = a \times \left(1 + \sin\left(\varphi_0\right)\right)$$

c: ist der Abstand der Südpol bis zur Projektionsebene E konstanter Term der folgenden Gleichungen

a: Radius der Erdkugel 6371,229

φ_0: hier wird gewöhnlich 60° = $\pi/3$ eingesetzt

Abb. 55. Polarstereographische Projektion

$$x = \text{referenzpolx} - \left(\tan\left(\frac{90° - \varphi}{2}\right) \times \sin(10° - \lambda) \times c\right)$$

$$y = \text{referenzpoly} - \left(\tan\left(\frac{90° - \varphi}{2}\right) \times \cos(10° - \lambda) \times c\right)$$

Polarstereographische Projektion (Kugel auf Fläche)   (7)

$$\lambda = 10^{\circ} - \text{atan}\left(\frac{referenzpolx - x}{referenzpoly - y}\right)$$

$$\varphi = 90^{\circ} - 2 \times \text{atan}\left(\frac{referenzpoly - y}{c \times \cos\left(\text{atan}\left(\frac{referenzpolx - x}{referenzpoly - y}\right)\right)}\right)$$

Inverse polarstereographische Projektion (Fläche auf Kugel)   (8)

Die horizontalen Koordinaten des Europamodells bleiben statisch über die gesamte Zeit einer Vorhersage. Im Gegensatz zu den Vertikalkoordinaten (siehe unten) passen sie sich nicht den sich verändernden Wetterbedingungen an.

8.3.2   Berechnung der Vertikalkoordinaten

Wie bereits in Kap. 2 ersichtlich wurde, bestehen die Modellgitter in der Vertikalen aus einer Reihe von Schichten, die verschieden dicht zusammenliegen. Beim Europamodell nimmt der Abstand der Schichtgrenzen zueinander mit zunehmender Höhe ebenfalls zu - die Schichten bekommen eine größere vertikale Ausdehnung. Nahe des Erdbodens liegen die Schichtmitten, auf denen die meisten Datenwerte definiert sind, wesentlich dichter zusammen, was eine genauere Simulation in diesen Bereichen erlaubt.

Die exakte Lage der einzelnen Schichten richtet sich nach der aktuellen Wetterlage - genauer gesagt, nach dem Luftdruck und der Temperatur sowie der Feuchte an diesen Stellen. Um also die Vertikalkoordinaten zu berechnen, muß zunächst der Luftdruck pro Gitterpunkt bestimmt werden. Dazu werden der Bodendruck und die zwei pro Schicht konstanten Werte AK und BK (siehe Tabelle 1) benötigt. Der Bodendruck wird vom Modell berechnet und die Werte AK und BK sind für jedes Modell im voraus bestimmte Konstanten, die als Gewichtungen in die Formel für die Berechnung des Luftdrucks pro Gitterpunkt eingehen (siehe (9) und (10)). Diese Konstanten werden auch Vertikalkoordinaten-Parameter genannt. Tabelle 1 zeigt die für das Europamodell bestimmten Werte. Das Globalmodell des DWD hat andere Werte. Tabelle 1 enthält außerdem Angaben für die Lage der Schichtmitten und Schichtobergrenzen bei den exemplarisch ausgewählten Bodendruckwerten von 1000 hPa und 700 hPa.

Tabelle 1. Vertikalkoordinaten-Parameter und Lage der Schichten bei verschiedenen Boden-druckwerten des Europamodells

K	AK(Pa)	BK	Schicht-obergr. (hPa) PS=1000hPa	Schicht-mitte (hPa) PS=1000hPa	Schicht-obergr. (hPa) PS=700hPa	Schicht-mitte (hPa) PS=700hPa
0	0.0	0.00000	0.000	25.000	0.000	25.000
1	5000.0	0.00000	50.000	75.000	50.000	75.000
2	10000.0	0.00000	100.000	130.000	100.000	130.000
3	16000.0	0.00000	160.000	190.000	160.000	190.000
4	22000.0	0.00000	220.000	250.000	220.000	238.462
5	20307.7	0.07692	280.000	310.000	256.932	275.385
6	18615.4	0.15385	340.000	270.000	293.846	312.308
7	16923.1	0.23077	400.000	432.500	330.769	350.769
8	15089.7	0.31410	465.000	500.000	370.769	392.308
9	13115.4	0.40385	535.000	567.500	413.846	433.846
10	11282.1	0.48718	600.000	630.000	453.846	472.308
11	9589.7	0.56410	660.000	690.000	490.769	509.231
12	7897.4	0.64103	720.000	750.000	527.692	546.154
13	6205.1	0.71795	780.000	810.000	564.615	583.077
14	4512.8	0.79487	840.000	865.000	601.538	616.923
15	3102.6	0.85897	890.000	907.500	632.308	643.077
16	2115.4	0.90385	925.000	937.500	653.846	661.538
17	1410.3	0.93590	950.000	962.500	669.231	676.923
18	705.1	0.96795	975.000	983.500	684.615	689.846
19	225.6	0.98974	992.000	996.000	695.077	697.538
20	0.0	1.00000	1000.000		700.000	

Mit (9) kann dann der Luftdruck für die Schichtobergrenzen an den entsprechen-den geographischen Koordinaten und Höhen für das Element Geopotential berech-net werden. Da die übrigen meteorologischen Daten (Temperatur, Feuchte, Flüssigwassergehalt, Windvektorkomponenten) aber für die Schichtmitten berech-net werden, wird (10) eingesetzt, was den Druck dort berechnet.

In den folgenden Formeln haben diese Variablen die nun aufgeführte Bedeutung:

I   : horizontaler Gitterindex parallel zum Äquator
J   : horizontaler Gitterindex orthogonal zum Äquator
K   : vertikaler Gitterindex, der nach oben hin zu dekrementieren ist
AK : Wert aus Tabelle 1 und pro Schicht konstant (Maßeinheit Pascal)
BK : Wert aus Tabelle 1 und pro Schicht konstant (ohne Maßeinheit)
P   : Luftdruck im dreidimensionalen Modellgitter an der Stelle (I, J, K)
      Maßeinheit Pascal)
PS : aktueller Bodendruck an der Stelle (I, J) (Maßeinheit HektoPascal = 100
      Pascal)

$$P(I,J,K) = AK(K) + BK(K) * PS(I,J)$$

Berechnung des Druckes der Schichtobergrenzen [EdMa93]   (9)

$$P(I, J, K) = \frac{AK(K) + AK(K+1)}{2} + \frac{BK(K) + BK(K+1)}{2} \times PS(I, J)$$

Berechnung des Druckes der Schichtmitten [EdMa93]   (10)

Mit der Anwendung dieser Formeln liegen nun die einzelnen Druck-Werte für jeden Punkt des dreidimensionalen Datengitters vor. Wie diese nun die Form der Visualisierungsobjekte beeinflussen, hängt vom Höhensystem ab, welches der Anwender für seine Analyse bevorzugt. Das p-System stellt eine vom Bodendruck nach oben kontinuierlich und homogen bis zum Wert 0 abnehmende Druckskala bereit, über welche die einzelnen Druckwerte aufgetragen werden. Das Z-System zeigt die korrekte Lage der Punkte in geopotentiellen Metern und muß dazu auch die lokal unterschiedlichen Temperaturen sowie die Feuchte berücksichtigen.

Das p-System. Das p-System wird vor allem aus historischen Gründen verwendet. Meteorologen sind im Interpretieren der im p-System erzeugten Darstellungen geübt. Als weitere Vorzüge lassen sich sowohl das endliche Intervall für die Vertikalerstreckung (von dem Wert 0 bis zum Bodendruckwert im Gegensatz zu Z von 0 m bis ∞) wie auch die Tatsache anführen, daß eine gleichmäßige Teilung der p-Skala eine Aufteilung in nahezu gleiche Massen bedingt. Darüberhinaus bietet es zwei wesentliche Vorteile für die Analyse der Modelldaten. Werden nämlich Modellflächen betrachtet, kann man deutlich erkennen, wo das Modell niedrigeren Luftdruck (Modellflächen wölben sich nach oben), höheren Luftdruck (Flächen wölben sich nach unten) sowie konstanten Druck vorhersagt (Modellflächen verlaufen eben und parallel zum Volumenboden). Schließlich ist die Kontinuitätsgleichung im p-System wesentlich einfacher, da dort das Medium gewissermaßen inkompressibel ist. Weiterhin stellen hier ebene horizontale Schnitte durch das Volumen die Verteilung der Modelldaten bezüglich einem konstanten Luftdruck dar, was von wesentlichem Interesse ist. Legt man also durch das Datenvolumen eine horizontale Schnittfläche bei einem bestimmten Druck, so kann man das Verhalten anderer Werte (z. B. Temperatur) in Relation zum konstanten Druck analysieren, unabhängig davon, auf welcher wirklichen Höhe dieser vorhergesagt wird.

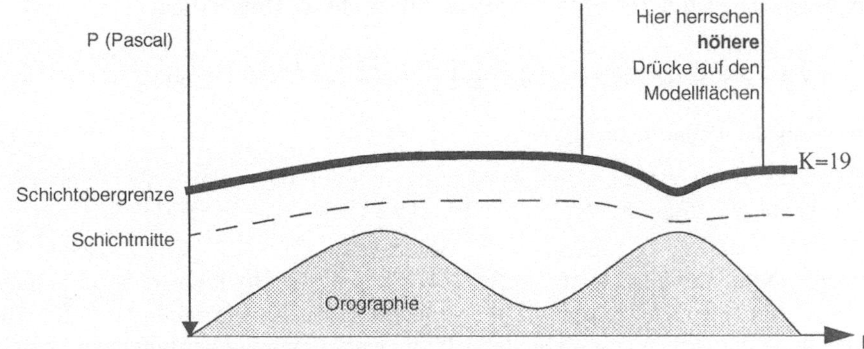

Abb. 56. Eine Modellfläche oberhalb der Modellorographie (p-System)

Abb. 57 zeigt, wie sich verschiedene Bodendruckwerte auf die Lage einer Modellfläche auswirken. Es sind dabei ein Tief und ein Hoch mit im p-System entsprechend angepaßten Vertikalkoordinaten zu sehen.

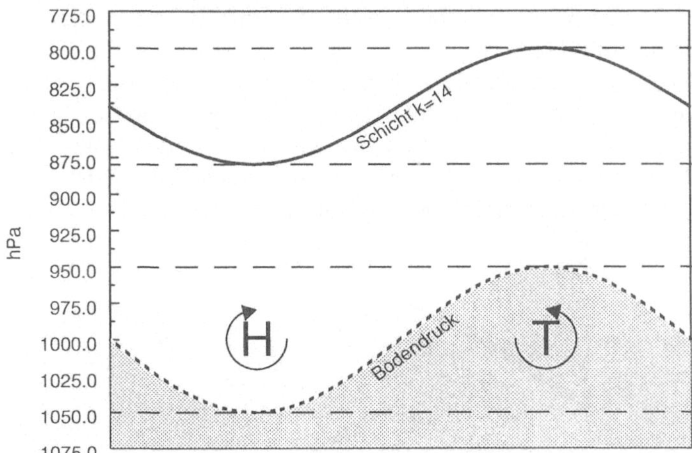

Abb. 57. Abhängigkeit einer Modellfläche vom Bodendruck (p-System)

Das Z-System. Das Z-System erlaubt hingegen eine Beurteilung der Anordnung von Modellflächen im wirklichen physikalischen Raum über der Orographie. So sind maßstabsgetreue Vergleiche von horizontaler zu vertikaler Auflösung im Modell möglich. Für einige Untersuchungen ist daher auch das Z-System von Interesse.

Im Z-System werden die Druckdifferenzen zusammen mit den Temperaturdifferenzen zwischen den einzelnen Schichten entlang einer Luftsäule in Höhenunterschiede (Meter) umgerechnet. Denn nachdem nun der Luftdruck für alle

Gitterpunkte (I, J, K) des Modells bekannt ist, kann man mit ihm, der Temperatur und der Luftfeuchte der Atmosphäre die Höhen der Gitterpunkte in Metern über dem Meeresspiegel bestimmen. Zur Berechnung dieser Höhen dient (11).

$$Z2 - Z1 = 184000 \times \left(1 + \left(\frac{1}{273.15} \times \frac{Tv2 + Tv1}{2} \right) \right) \times \log_{10}\left(\frac{P1}{P2} \right)$$

Berechnung der absoluten Topographie   (11)

Tv ist dabei die virtuelle Temperatur, die sich aus prognostizierter Temperatur und Feuchte wie folgt errechnen läßt: $Tv = [1 + ((R_D / R) - 1) * q_D] * T$.

Dabei können mit (11) lediglich die Höhendifferenzen (Z2 - Z1) zwischen den einzelnen Schichten errechnet werden. Z1 ist dabei die Höhe der unteren Schicht an der Stelle (I, J, K + 1) und Z2 die gesuchte Höhe für die Stelle (I, J, K). Die Berechnung der Höhen geschieht also additiv, wobei man mit der untersten Schicht beginnt und dort die Basishöhe der Orographie für Z1 einsetzt. Analog stellen die Werte P1 und P2 den Luftdruck an den Stellen (I, J, K + 1) bzw. (I, J, K) dar. P2 ist also der Luftdruck der aktuellen Schichtmitte. Die mittlere virtuelle Temperatur für jede Schicht geht ebenfalls in die Formel ein. Dazu wird das arithmetische Mittel der Temperatur von zwei vertikal benachbarten Gitterpunkten (Tv2 = Tv(I, J, K) und Tv1 = Tv(I, J, K + 1)) gebildet. Abb. 58 verdeutlicht die Vorgehensweise dieser Berechnung mit (11).

Das Geopotential beschreibt Flächen konstanten Potentials um die Erdkugel herum, welche generell an den Polkappen der Erde näher sind als in den äquatornahen Regionen. Die Potentialwerte ϕ der einzelnen Modellflächen liegen auf den Schichtobergrenzen vor und stehen in einer diagnostischen Beziehung zu den übrigen Modellwerten. Sie sind auf der Datenbank abgespeichert.

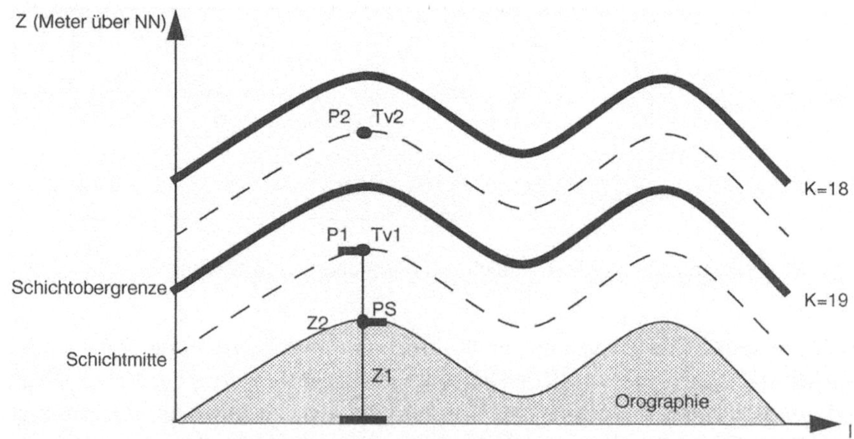

Abb. 58. Die ersten beiden Schichten oberhalb der Modellorographie (Z-System)

Die sich so mit dem Wetter (Bodendruck und virtueller Volumentemperatur) verändernden vertikalen Koordinaten des Modellgitters müssen bei der Visualisierung stets korrekt berücksichtigt werden und bei jedem neuen ausgewählten Zeitschritt angepaßt werden.

8.4 Datenverwaltung

Die in Kap. 8.2 beschriebenen meteorologischen Daten werden zusammen mit ihren Kontextdaten wie z. B. einer geographischen Karte und den Attributdaten der Visualisierungsfunktionen wie z. B. Farbtabellen in RASSIN von einem zentralen Datenverwaltungsmodul gespeichert. Dort liegen auch sämtliche vom System selbst erzeugten Datenobjekte wie die Geometrien der Schnittebenen, oder das Drahtgittermodell der Boundingbox des Datenvolumens vor. Die einzelnen Visualisierungsfunktionen fordern dann von diesem Datenverwaltungsmodul die benötigten Datensätze zu einer bestimmten Zeit und zu einem bestimmten geographischen Kontext an [Aftahi94].

Im folgenden werden zunächst die intern gültigen Datenklassen vorgestellt. Anschließend werden die Entwurfskriterien, das Konzept und die Realisierung des zentralen Datenverwaltungsmoduls erläutert. Schließlich wird die Schnittstelle zu den Visualisierungsfunktionen beschrieben.

8.4.1 Interne Datenklassen

In RASSIN stehen für sämtliche Typen meteorologischer Daten (siehe oben), für Attributdaten der Visualisierungsverfahren, für Konfigurationsdaten, für vom Anwender eingegebene Parameter, für Farbtabellen, für interne Verwaltungsdaten oder für Geometriedaten der Renderingobjekte eigene Datenstrukturen zur Verfügung. Jedoch lassen sich alle Daten im System in drei Klassen einteilen: Eingangsdaten, Verwaltungsdaten und Renderingdaten. Die Eingangsdaten bestehen aus den eigentlichen meteorologischen Modelldaten sowie den Parametern für die Visualisierung, die über eine Konfigurationsdatei voreingestellt werden können. Intern werden für ein effizientes Datenmanagement Verwaltungsdaten angelegt, die schnellere Zugriffe und bessere Verknüpfungen zwischen den Eingangsdaten und den Modulen des Systems erst ermöglichen. Die Renderingdaten werden schließlich durch Visualisierungsprozesse erzeugt und stellen Visualisierungsobjekte, welche aus graphischen Primitiven wie Dreiecken oder Linien bestehen, dar. Abb. 59 zeigt, welche Rolle diese Klassen, die im folgenden vorgestellt werden, im System spielen.

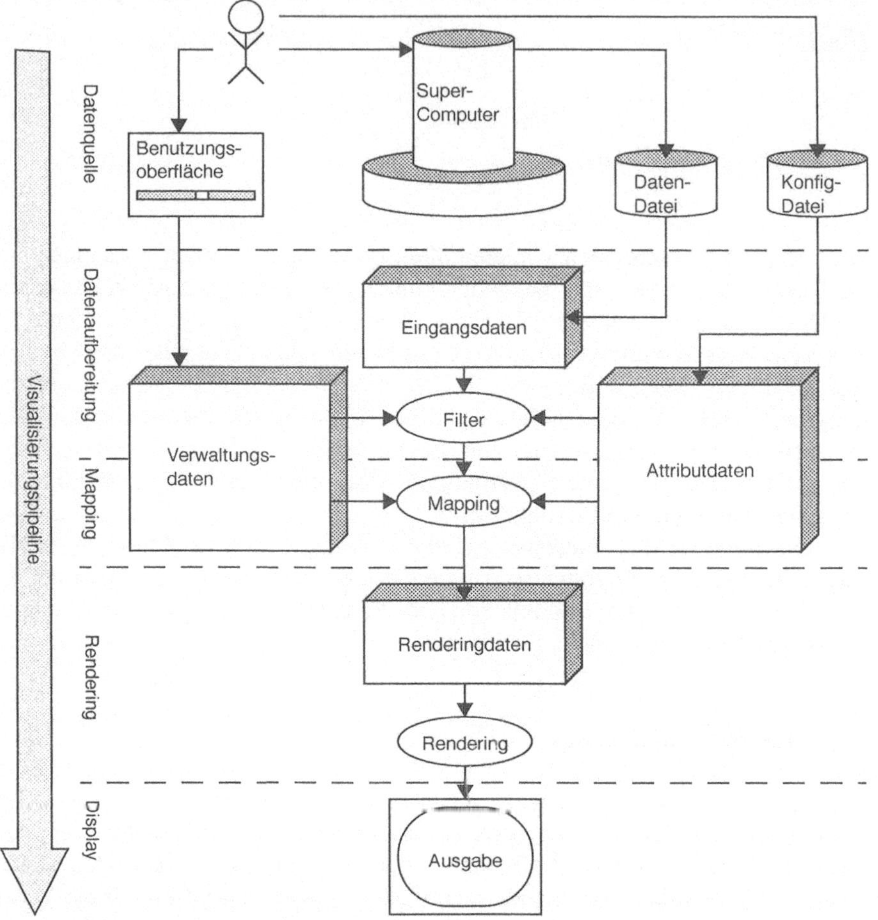

Abb. 59. Die Datenklassen in RASSIN und ihre Rolle im Visualisierungsprozeß

Eingangsdaten. Zu dieser Datenklasse zählen alle Daten, die vom Anwender in das System geladen werden können. Dazu gehören die Koordinatendaten, die meteorologischen Rohdaten, die orographischen Daten des geographischen Kontextes und die Attributdaten der Visualisierungsfunktionen sowie die Konfigurationsdateien, die das System in den jeweils gewünschten Anfangszustand bringen.

Die Koordinatendaten beschreiben die Verteilung der meteorologischen Rohdaten oder der orographischen Höhendaten über und auf der Erdoberfläche. Diese Angaben können von zweidimensionalen impliziten Koordinatensystemen bis zu dreidimensionalen explizit vorgegebenen Informationen für das hybride Modellgitter (siehe oben) vorliegen. Dabei können räumliche Positionswerte jeweils entweder in geographischen Koordinaten (Lambda und Phi) oder als Werte bezüglich einer polarstereographischen Projektion mit beliebig gewählten Parametern angegeben werden. Koordinatendaten können innerhalb des Systems von beliebig vielen anderen Datensätzen referenziert werden und liegen deshalb getrennt von diesen vor.

Für die meteorologischen Rohdaten bietet das System z. Z. Datenstrukturen für zwei- oder dreidimensionale skalare Daten und für dreidimensionale Vektordaten. Jeder Rohdatensatz wird im Datenverwaltungsmodul mit seiner Zeitmarke, seinem Datentyp, seinem Namen, seiner Koordinatensystemreferenz, seinem Dateinamen sowie einem Verweis auf den zu bevorzugenden Kontext abgelegt. So können Visualisierungsfunktionen später einzelne Datensätze mit Angabe von Namen und Uhrzeit beim Datenverwaltungsmodul anfordern und erhalten diese dann auch, wenn der vom Anwender augenblicklich gewählte Kontext mit der Angabe für den Datensatz verträglich ist. Das Format der Rohdaten kann entweder dem GRIB-Standard entsprechen, was eine optimale Anbindung an die Umgebung des Deutschen Wetterdienstes darstellt oder aber auch ein leicht erzeugbares ASCII-Dateiformat sein, dessen Inhalt sich dann auch aus anderen Datenquellen bereitstellen läßt.

Die orographischen Eingangsdaten werden in eigenen Datenstrukturen gespeichert. Man kann hier nicht auf die zweidimensionalen skalaren Datensätze zurückgreifen, da außer der Höhe über dem Meeresspiegel pro Gitterpunkt einer Orographie auch noch Informationen über die Land-/Meer-Maske vorliegen müssen.

Schließlich kann der Anwender durch Laden der entsprechenden Attributdaten über Dateien die Parametrisierung der Visualisierungstechniken erreichen. Diese Attributdaten werden ebenfalls gesondert verwaltet. Das wichtigste Beispiel sind hier die Farbtabellen. Unabhängig von den übrigen Eingangsdaten können beliebig viele Farbtabellen geladen werden. Während der Visualisierung kann der Anwender dann über Auswahlmenüs für die Datensätze entsprechende Farbtabellen selektieren oder wahlweise zwischen mehreren umschalten. Darüberhinaus können über Konfigurationsdateien sämtliche Visualisierungsparameter voreingestellt werden, um das System in einen für die jeweilige Aufgabe optimalen Ausgangszustand zu bringen.

Verwaltungsdaten. Diese Klasse setzt sich aus den Unterklassen der eingangsdatenspezifischen und der systemspezifischen Verwaltungsdaten zusammen. Zur ersten Unterklasse gehören die Verwaltungsinformationen, die das System automatisch zu jedem eingegangenen Datensatz anlegt und für die Verwaltung derselben benötigt. Die Unterklasse der systemspezifischen Verwaltungsdaten besteht aus Informationseinheiten, die nicht bestimmten Eingangsdatensätzen zugeordnet sind, aber vom System für die Kontrolle interner Abläufe (z. B. Bedienungsoberflächensteuerung) benötigt werden.

Renderingdaten. Da RASSIN auf dem hybriden Renderingsystem Vis-a-Vis aufsetzt (siehe unten) [FrHaSchr92] [Früh93], müssen die Geometrien der Visualisierungsobjekte für den Renderingprozeß intern verwaltet werden. Sie stellen das Ergebnis der Berechnungen der Visualisierungsfunktionen in Form und Einfärbung dar, die auf die entsprechenden meteorologischen Eingangsdaten angewandt wurden.

8.4.2   Das zentrale Datenverwaltungsmodul

Sämtliche Daten der oben aufgeführten Typen werden in RASSIN zentral in einem eigens dafür entwickelten Datenverwaltungsmodul gespeichert und für Zugriffe der Visualisierungsfunktionen bereitgehalten. Da dort die unterschiedlichsten Daten gemeinsam gehalten werden müssen, galt es zunächst, eine Entscheidung bezüglich der Datenorganisationsform zu treffen. Die Forderung nach einer sehr dynamischen Datenverwaltung, die weder das Visualisierungssystem noch den Anwender einschränkt und die spezifischen Datencharakteristika meteorologischer Anwendungen führten zum Einsatz von Listen und Feldern. Baumstrukturen sind hier nicht geeignet, da ihre Stärken, Hierarchien und Gewichtungen wiederzugeben und dadurch effizient zu sein, nicht genutzt werden könnten. Meteorologische Daten sind raum-, zeit- und elementbezogen, ohne daß dominante Hierarchien oder Gewichtungen vorhanden wären.

Die einzelnen meteorologischen Datensätze stellen Volumendaten auf kurvilinearen Gittern dar. Hier bieten sich dreidimensionale Datenfelder geradezu an, da sie die effiziente und geschwindigkeitsbringende Indizierung unterstützen, die auch in den Daten anwendbar ist. Gleichzeitig sollen sich aber stets verschiedene meteorologische Elemente oder Zeitschritte und Kontextdaten nachladen bzw. nicht mehr benötigte aus Speicherplatzgründen wieder entfernen lassen. Für diese dynamische Verwaltung eignen sich Listen besonders. Daher sind in RASSIN sämtliche Verwaltungsinformationen, die schließlich die Datenfelder referenzieren, in verketteten Listen abgelegt (siehe auch Abb. 62).

In unsortierten Listen steigt der Suchaufwand linear mit der Listenlänge bzw. der Anzahl der verwalteten Elemente. Meteorologische Daten belegen zwar im allgemeinen sehr viel Hauptspeicher, tun dies aber vor allem durch ihre Ausdehnung und Auflösung im Volumen. Die Anzahl der Elemente ist jedoch größenordnungsmäßig meistens geringer als 10 und die Anzahl der Zeitschritte etwa maximal 100. Im ungünstigsten Fall müssen also 1000 Listeneinträge nach einem Namen oder einer bestimmten Uhrzeit durchsucht werden. Eine Aufgabe, die von jeder Workstation ohne spürbare Verzögerung erledigt werden kann. Im spezifischen Fall der meteorologischen Applikation überwiegt also der Vorteil der Flexibilität der verketteten Listen zusammen mit Feldern gegenüber Baumstrukturen, die eine nicht merklich schnellere Suche durch das Aufzwingen einer eigentlich nicht vorhandenen Hierarchie oder Gewichtung bedeuten würde.

Entwurfskriterien. Nach der Festlegung über die für die Datenverwaltung zu verwendenden Grundstrukturen müssen nun die Entwurfskriterien genauer definiert und ausgeführt werden. Ziel ist es, eine möglichst einfache und übersichtliche

Datenverwaltung mit wenigen Funktionen und Datenstrukturen zu realisieren und gleichzeitig eine redundante Datenhaltung zu vermeiden.

Die Entwurfskriterien, auf die im folgenden näher eingegangen wird, waren also:

- typenunabhängiger Zugriff auf die Daten,
- einfache sowie flexible Verwaltung bzgl. Hinzufügen und Entfernen von Datenobjekten und
- möglichst häufige gemeinsame Nutzung der Strukturinformationen von unterschiedlichen Datenobjekten.

Typenunabhängiger Zugriff auf die Daten. Ein wichtiges Prinzip der Datenverwaltung in RASSIN ist, daß der Typ eines Datensatzes (meteorologische Elementform oder interne Klasse (siehe oben)) möglichst wenig zu beachten ist. Die eigentliche Verwaltung geschieht daher für alle Typen gleich mit allgemeinen Funktionen. Lediglich die wirklich typspezifischen Lese- und Visualisierungsroutinen berücksichtigen den Datentyp. Realisiert wird dies mit allgemein gehaltenen Elementen der Verwaltungslisten, die lediglich Informationen über Objektnamen, Objekttyp, Kontext des Objektes bzgl. Zeit und Raum sowie den Typ des Objektes beinhalten. Zusätzlich wird ein typloser Zeiger als Referenz auf die typspezifischen Daten gehalten. Die entsprechenden Funktionen können also anhand der Typangabe und des typlosen Zeigers diese Daten korrekt interpretieren. Alle Objekte sind aber völlig eindeutig über ihren Namen und die für sie geltende Uhrzeit (time stamp) identifizierbar.

Einfache sowie flexible Verwaltung. Bei der Visualisierung wissenschaftlich-technischer Daten ist es von großer Bedeutung, daß der Anwender bei Bedarf beliebig viele Datensätze nachladen kann. So muß ein Meteorologe stets die Möglichkeit haben, bei bestimmten Situationen oder schwierigen Wetterlagen zusätzliche meteorologische Elemente oder weitere Zeitschritte nachzuladen, um ein erweitertes Bild der Daten zu bekommen. In RASSIN wird dies durch die Listenverwaltung unterstützt. Beim Nachladen von Datensätzen, werden deren Verwaltungsinformationen als neue Elemente in die Verwaltungsliste eingetragen und die Volumenwerte als eigene neue Felder angelegt, die von den neuen Verwaltungselementen referenziert werden. Beim Löschen von Datenobjekten, werden diese Felder einfach wieder freigegeben und die Verwaltungselemente wieder aus der Liste entfernt.

Gemeinsame Nutzung der Strukturinformationen. Bei der Festlegung der Datenstrukturen für RASSIN wurde stark darauf geachtet, daß sich einerseits sowohl programmtechnisch möglichst viele Strukturen möglichst oft verwenden lassen und andererseits zur Laufzeit keine Informationen mehrfach gehalten werden. So wird z. B. für alle Datensätze, die ein gleiches Koordinatensystem haben, dieses nur einmal gehalten und anschließend lediglich darauf verwiesen. Entfernt werden kann dieses Koordinatensystem natürlich nur dann, wenn es keine Datensätze mehr referenzieren.

Konzept und Realisierung. Das zentrale Datenverwaltungsmodul stellt einen eigenen Systemteil dar, der ihm übergebene Daten verwaltet und auf Anfrage auch wieder bereitstellt. Abb. 60 zeigt, wie dieses Modul in RASSIN im Zusammenhang mit den Routinen zum Datenlesen und den Visualisierungsmodulen zu sehen ist.

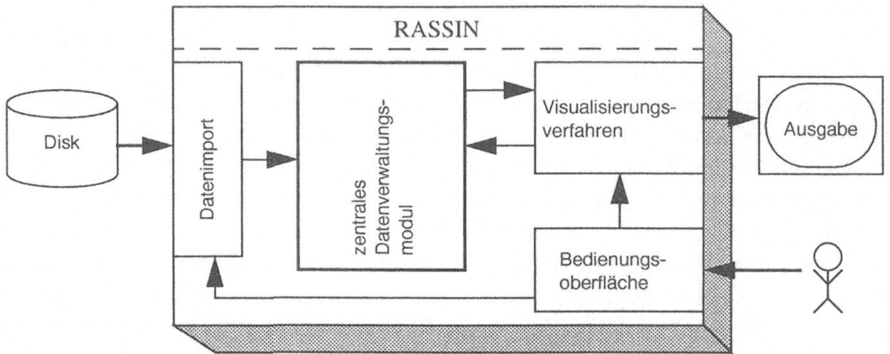

Abb. 60. Das zentrale Datenverwaltungsmodul im Zusammenhang mit Leseroutinen und Visualisierungsmodulen

Intern ist das zentrale Datenverwaltungsmodul in die zwei Bereiche der Listenverwaltung und der eigentlichen Datenhaltung untergliedert. Die Listenverwaltung beantwortet Suchanfragen oder Einfügewünsche der übrigen Module, während die eigentliche Datenhaltung neue Datensätze aufnimmt bzw. gespeicherte zur Verfügung stellt. Diese Unterteilung zeigt Abb. 61. Dabei besteht die eigentliche Liste aus den datentypunabhängigen Elementen, welche die konkreten Datenobjekte beschreiben und auf diese in datentypabhängigen Strukturen verweisen.

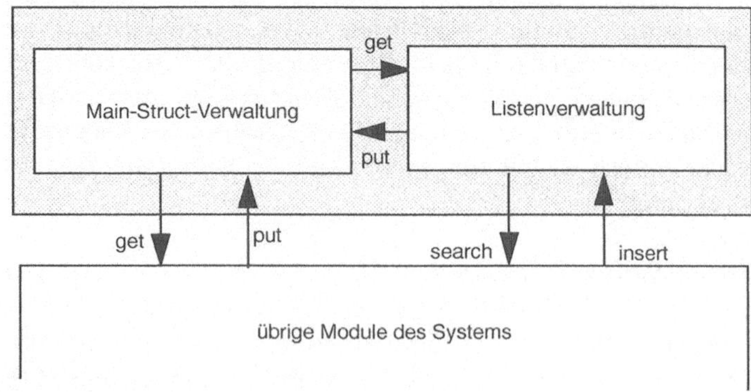

Abb. 61. Listenverwaltung und die eigentlichen Datenhaltung

Diese Form der zentralen Datenverwaltung stellt eine zuverlässige und leicht zu wartende Art dar. Gleichzeitig können alle Anforderungen an Flexibilität und Geschwindigkeit erfüllt werden.

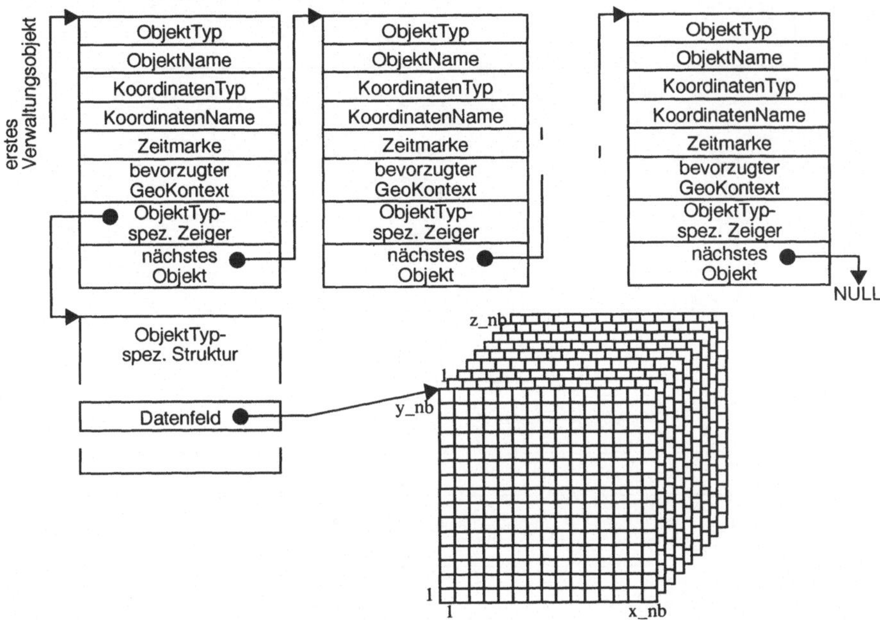

Abb. 62. Beispiel einer internen Liste mit Verweis auf Felder

In Abb. 62 wird deutlich, wie relativ kurze und somit schnell zu durchsuchende Listen auf sehr große aber direkt zu indizierende Datenfelder verweisen. Hier ist eine Liste für Eingangsdaten zu sehen, die aus Objekten mit Einträgen besteht, die vom Typ des betreffenden Objektes unabhängig sind. Beispielsweise könnte der ObjektTyp „SKALAR3D", der Objektname „TEMPERATUR", der Koordinaten-Typ „POLARSTEREO", der KoordinatenName „BRDZENTRAL", die Zeitmarke „14.04.96 72:00.00" und der bevorzugte geographische Kontext „ANY" sein. Über den objekttypspezifischen Zeiger können die einzelnen Visualisierungsfunktionen dann auf die Volumendaten und weitere typabhängige Einzelinformationen zugreifen.

8.4.3   Schnittstellen des Datenverwaltungsmoduls

Abschließend soll nun das zentrale Datenverwaltungsmodul in der Architektur des Systems RASSIN vorgestellt werden. Abb. 63 zeigt dabei die Hauptkomponenten der Systemarchitektur mit den Datenströmen. Deutlich zu erkennen ist die zentrale Rolle, die dabei das Datenverwaltungsmodul spielt.

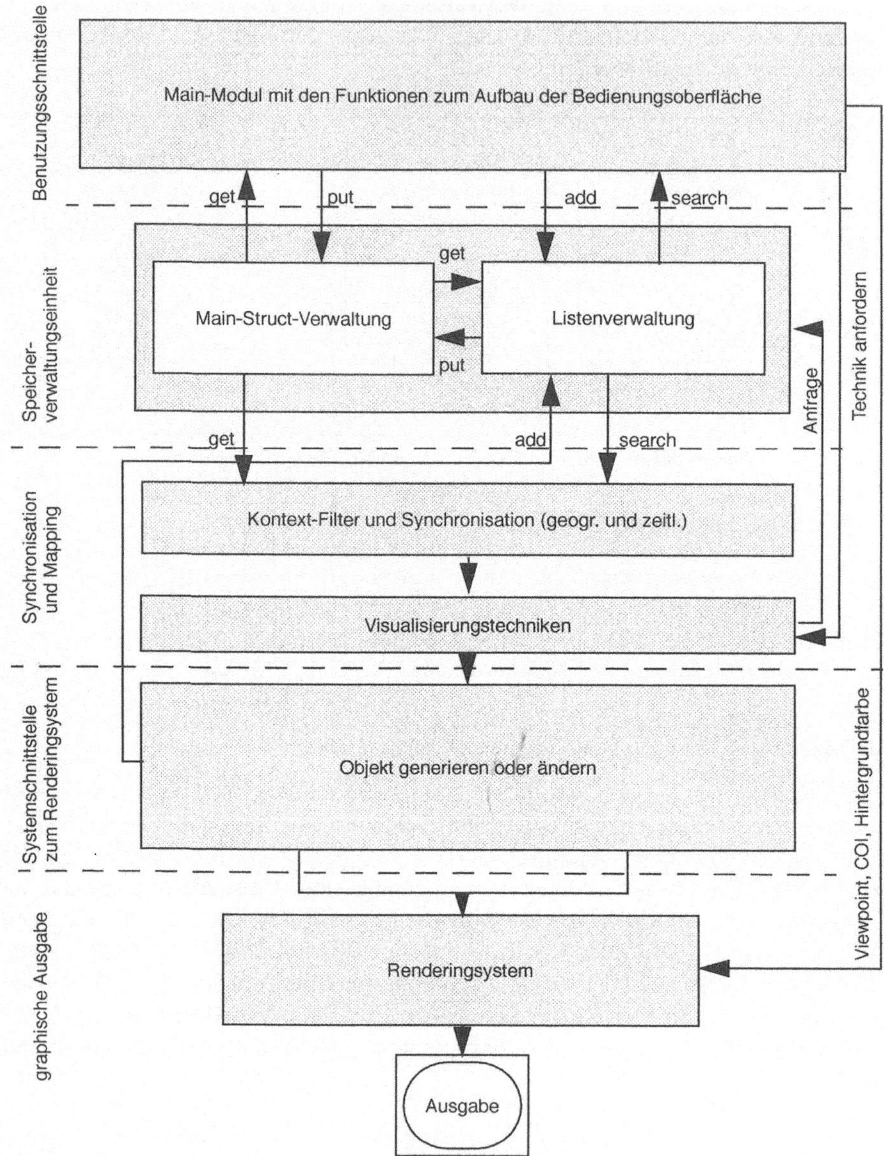

Abb. 63. Das zentrale Datenverwaltungsmodul in der Systemarchitektur

Es werden auch die verschiedenen Schnittstellen sichtbar. Die Funktionen, welche die Kommunikation mit dem Anwender abwickeln, müssen ständig Zustände von Systemvariablen abfragen oder Verwaltungsvariablen ändern, was jeweils nur über Zugriffe auf das Datenverwaltungsmodul geschieht.

Der Kontextfilter (geographisch und zeitlich) muß stets Zugriff auf aktuelle Karten haben oder das Datenverwaltungsmodul beauftragen, zu einem gegebenen Zeitpunkt einen bestimmten Datensatz zu übermitteln. Er kann so die beiden Aufgaben erfüllen, für die er konzipiert wurde, nämlich zum einen Daten anhand von Zeitmarken und bevorzugten geographischen Kontexten zu filtern und zum anderen das Umrechnen in gemeinsame ortsrichtige Weltkoordinaten. Die Aufgabe des Filterns wird durch einen einfachen Vergleich der Objektbeschreibungen mit der gerade global aktuellen Zeitmarke und dem vom Anwender ausgewählten geographischen Referenzkontext erledigt. Stimmen Zeiten und Projektionen überein, wird der entsprechende Datensatz an die Visualisierungsfunktionen weitergereicht. Alternativ kann auch der bevorzugte geographische Kontext offen gelassen werden („ANY"). Dann rechnet der Kontextfilter die Raumkoordinaten des Datensatzes in die gerade aktuelle Projektion um, so daß die Lage sämtlicher sichtbarer Visualisierungsobjekte in der dreidimensionalen Szene zueinander richtig ist.

Über die bereits in Kap. 6 (Bedeutung der Zeit in der Visualisierung) beschriebene Schnittstelle ist auch das Animationsmodul des Systems RASSIN (siehe unten) an das Datenverwaltungsmodul direkt angeschlossen.

Schließlich werden die geometrischen Objekte für das Renderingsystem Vis-a-Vis direkt in dem dafür benötigten Format vom Datenverwaltungsmodul im Hauptspeicher gehalten, um eine optimale Performanz beim Rendering zu gewährleisten.

8.5 Berücksichtigung des Datenkontextes

Der Kontext der meteorologischen Daten wird in RASSIN sowohl zeitlich als auch geographisch umfassend und exakt berücksichtigt. Dabei können alle in Kap. 7 aufgestellten Forderungen erfüllt werden, die Bedingung einer eingehenden Erforschung der Daten durch Visualisierung sind.

8.5.1 Geographischer Kontext

Da sämtliche meteorologischen Daten in einem geographischen Kontext stehen, ist dessen korrekte Berücksichtigung von besonderer Wichtigkeit bei der Visualisierung. Auch hat die unter den in der Erdatmosphäre vorliegenden Daten vorhandene Topographie einen großen Einfluß auf das Wettergeschehen und ist deshalb sowohl bei der Simulation selbst als auch bei der anschließenden Visualisierung von starkem Interesse.

In RASSIN kann der Anwender für sämtliche Daten ein Referenzkoordinatensystem bestimmen. In dieses Referenzkoordinatensystem werden dann alle meteorologischen und kartographischen Daten umgerechnet. Eine Möglichkeit ist dabei die polarstereographische Projektion, auf die bereits in Kap. 8.3.1 näher eingegangen wurde. Aber auch reguläre Lambda-Phi Gitter sind auswählbar und die Realisierung weiterer Koordinatensystemtypen wie Kugelkoordinaten etc. ist bereits vorgesehen.

Bei der Umrechnung wird dabei wie folgt vorgegangen: Sämtliche Daten sind für die Kugel eindeutig definiert. Also werden sie zunächst von den eigenen Projektionen und Koordinatensystemen auf die Erdoberfläche zurückgerechnet. Von dort aus werden sie dann alle gemeinsam in die Referenzkoordinaten gebracht, wo sie dann korrekt zueinander visualisiert werden können. Von den in das System geladenen möglichen Referenzkoordinatensystemen lassen sich zur Laufzeit interaktiv beliebige auswählen. Jeder Datensatz hat dafür eine Angabe, für welche Koordinatensysteme er nur vorgesehen ist, oder ob es diesbezüglich keine Beschränkungen gibt.

Bei der Visualisierung des Datenvolumens wird auch stets auf Maßstabstreue geachtet. Die in den Daten enthaltenen Seitenverhältnisse bleiben gewahrt. Dazu wird zunächst eine in Kilometern meßbare Einheitslänge berechnet, relativ zu welcher dann die horizontale Ausdehnung des Datensatzes in Nord/Süd sowie West/Ost Richtungen und die vertikale Ausdehnung orthogonal zur Erdoberfläche im Z-System definiert werden. Da dies aber die Einblicke in das Datenvolumen erschwert (Das Verhältnis von horizontaler zu vertikaler Größe kann leicht 1000:1 betragen), ist es dem Anwender gestattet, die vertikale Ausdehnung explizit zu skalieren.

Nach der Umrechnung werden die Datensätze zusammen mit den expliziten Koordinaten der Gitterpunkte im Referenzkoordinatensystem für den gerade aktuellen Zeitschritt gehalten. Durch dieses Speichern der Volumenkoordinaten ist eine wesentlich beschleunigte Berechnung der Visualisierungsobjekte möglich, da nicht ständig die vertikalen Koordinaten wie bereits ausführlich beschrieben errechnet und die gesamten Koordinaten anschließend in das Referenzkoordinatensystem umgerechnet werden müssen. Aus Speicherplatzgründen wird allerdings nur für den jeweils aktuellen Zeitschritt diese Information gehalten. Wird der Zeitschritt gewechselt, werden diese Bearbeitungsschritte für alle Gitterpunkte einmal erneut durchgeführt.

8.5.2   Zeitlicher Kontext

Der zeitliche Kontext wird in RASSIN entsprechend den in Kap. 6 gemachten Angaben berücksichtigt. Es werden stets nur die Daten gemeinsam visualisiert, die zu der gleichen Zeitmarke vorliegen. Dies gilt auch für eine laufende Animation.

Bei fehlenden Daten kann durch eine vom Anwender explizit geforderte Interpolation entlang der Zeit der entsprechende Datensatz künstlich aus den zeitlich früher und später definierten Datensätzen erzeugt werden.

Schließlich wird bei der Animation ebenfalls ein zeitlicher Einheitswert vom Anwender direkt oder indirekt bestimmt, der dafür Sorge trägt, daß der zeitliche Abstand zwischen den einzelnen angezeigten Bildern stets entsprechend der dabei in den Daten vergangenen Zeit gleich ist und nicht durch nichtlineare Verzerrungen in der Zeit verwirrende Artefakte entstehen.

8.6 Realisierte Visualisierungstechniken

Für die in Kap. 8.2 klassifizierten Daten wurden in RASSIN Visualisierungstechniken entwickelt. Dabei erschweren die irregulären hybriden dynamischen Datengitter sowie die auftretenden großen Datenvolumina die Realisierung solcher Techniken und verhindern zumeist den direkten Einsatz von Standardverfahren. Sämtliche Verfahren können gleichzeitig auf verschiedene Datensätze angewandt werden und die dabei entstehenden Visualisierungsobjekte lassen sich in einem Bild kombiniert darstellen.

8.6.1 Realisierte Verfahren für skalare Daten

In der im Rahmen dieser Arbeit entstandenen Realisierung sind für skalare Daten nur Schnittflächenvisualisierungen in RASSIN implementiert worden. Auf diesen Schnittflächen können dann entweder Isolinien oder Farbflächen aufgebracht werden. Der Anwender kann beliebige Farbtabellen in das System laden sowie dann zur Laufzeit verschiedene auswählen und auf die Daten anwenden. Abb. 64 zeigt solche Schnitte durch das Datenvolumen.

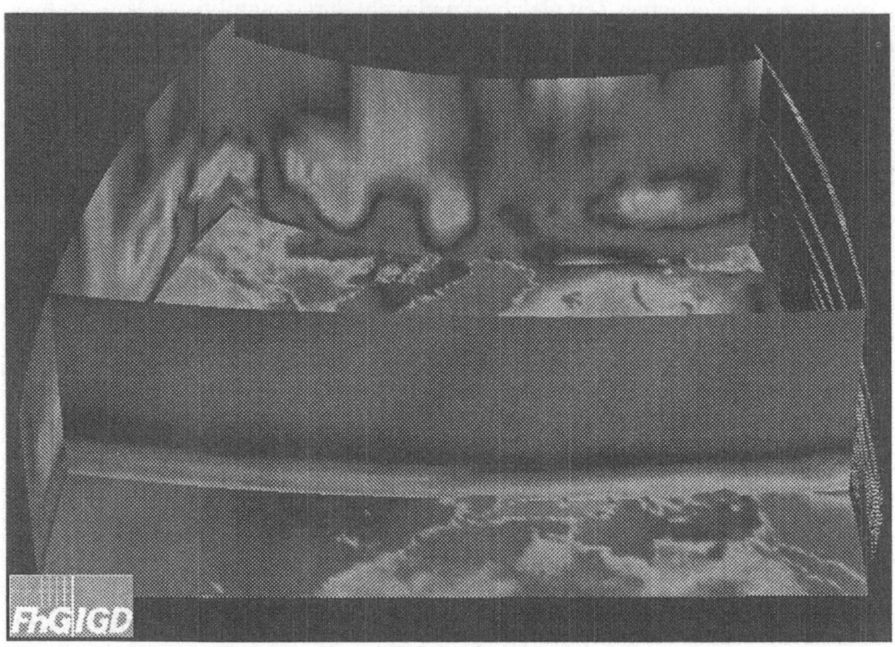

Abb. 64. Schnittflächenvisualisierung in RASSIN (Modellflächen)

Bei den Schnittflächen kann zwischen zwei Typen ausgewählt werden: Zum einen ist es möglich, die Daten auf den Modellflächen bzw. entlang der vertikalen Gitterlinien zu visualisieren. Dies erlaubt ein besseres Verständnis der Vorgänge im Modell und den besten Zugriff auf die original Rohdaten, die durch möglichst weitgehende Vermeidung von Interpolationen dargestellt werden können. Als zweite Möglichkeit können planare Schnitte durch das Datenvolumen gelegt werden. So sind entweder horizontale Schnitte einer konstanten Höhe (Z-System) bzw. eines konstanten Drucks (p-System) oder vertikale Schnitte, die stets orthogonal auf dem Volumenboden stehen, möglich. Auf diese Schnitte werden dann die Daten des Originalgitters interpoliert und entweder in Falschfarbdarstellung oder mit Isolinien visualisiert. Abb. 65 zeigt eine solche Visualisierung.

Schließlich ist das System bereits auf die Erzeugung und das Rendern von Isoflächen im skalaren Volumen vorbereitet. So ist die Integration des „Marching Cubes" Algorithmus, welcher hier für die kurvilinearen Gitter modifiziert werden muß, vorbereitet und auch das Renderingsystem sowie die Datenhaltung auf das Verwalten von Isoflächenobjekten aus Dreiecken vorbereitet.

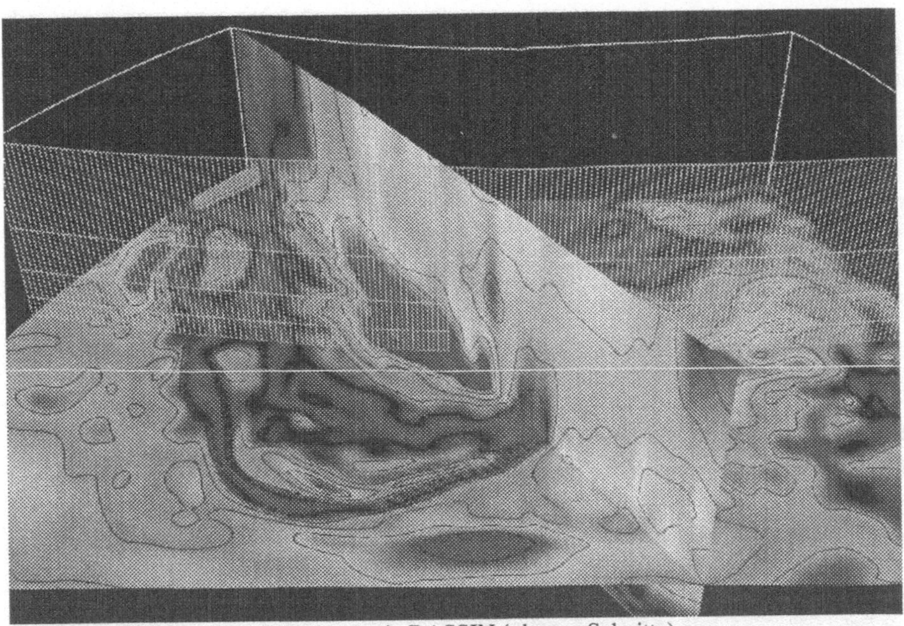

Abb. 65. Schnittflächenvisualisierung in RASSIN (planare Schnitte)

8.6.2   Realisierte Verfahren für Vektordaten

Für Vektordaten ist in der momentanen Systemversion lediglich die direkte Darstellungsform über Pfeildarstellung realisiert. Indirekte Verfahren wie Trajektorienberechnungen sind aber konzeptionell vorbereitet.

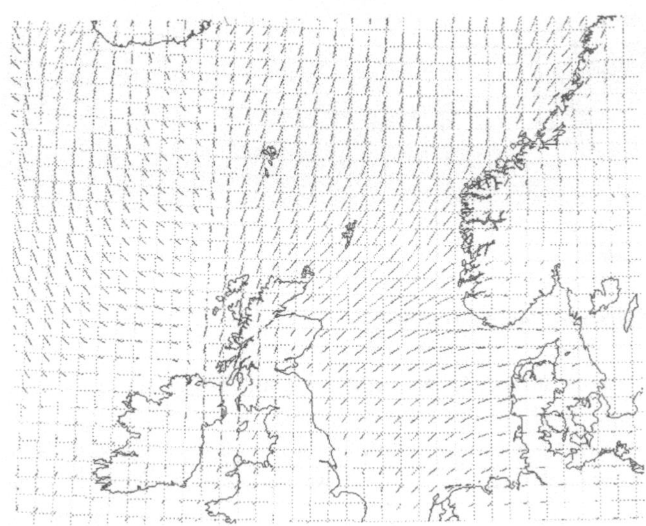

Abb. 66. Pfeildarstellung in RASSIN

Die Pfeile werden von dem Bezugspunkt auf dem Originalgitter aus in die von den einzelnen Komponenten bestimmte Richtung mit der vom Betrag vorgegebenen Länge gezeichnet. Dabei kann die Länge noch vom Anwender skaliert werden, um in schwachwindigen Gebieten überhaupt noch Pfeile erkennen zu können oder in stürmischen Lagen übersichtlich kurze Pfeile ohne gegenseitige Verdeckung zu erhalten (siehe Abb. 66). Die Pfeilobjekte können jeweils auch mit einer beliebigen Farbtabelle entsprechend dem Betrag des Vektors eingefärbt werden.

8.6.3   Realisierte Verfahren für multivariate Daten

Für RASSIN ist momentan nur die komponentenweise Visualisierung multivariater Daten bzw. die gemeinsame Darstellung mehrerer Visualisierungsobjekte solcher Einzelkomponenten in einem Bild realisiert. Zusammen mit dem Deutschen Wetterdienst werden noch spezielle Visualisierungsverfahren z. B. für wolkenspezifische multivariate Daten entwickelt. Wie eine solche Komponente, nämlich der Flüssigwassergehalt in RASSIN visualisiert werden kann, zeigt Abb. 67.

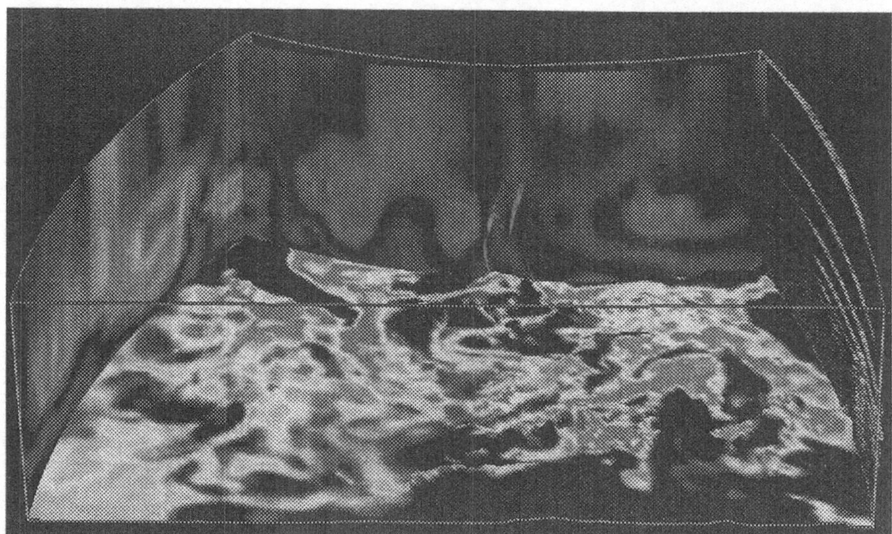

Abb. 67. Visualisierung von Flüssigwassergehalt in RASSIN

8.6.4   Darstellung des Datengitters

In RASSIN ist es möglich, bei jeder Visualisierungsart auch gleichzeitig das Modellgitter als Objekt einblenden zu lassen. Dies dient einerseits neben der darstellbaren Boundingbox zur besseren Orientierung des Betrachters im Datenvolumen und andererseits erfüllt es die wichtige Aufgabe der Genauigkeitsangabe.

Die Datenwerte werden von der Simulation nur jeweils an den einzelnen Gitterpunkten berechnet. Dazwischen macht das Modell keine Aussage über die einzelnen Werte. Sollen aber aus Übersichtlichkeitsgründen z. B. kontinuierlich eingefärbte Farbflächen eingesetzt werden, so ist eine Interpolation zwischen den berechneten Originalwerten nötig. Aus Geschwindigkeitsgründen kann man diese Interpolation auf Computern mit Graphikhardware ebendieser überlassen. Allerdings wird dann dort intern nach einer Triangulierung der zu füllenden Fläche im Bildraum zwischen Farbwerten linear (Gouraud) interpoliert. Sowohl die Triangulierung als auch das Interpolieren im zweidimensionalen Bildraum anstatt auf dem eigentlichen dreidimensionalen Objekt und das Auswerten der Farb- anstatt der original Datenwerte sind potentielle Fehlerquellen, die sehr wahrscheinlich Artefakte erzeugen, die als Effekte in den Daten mißinterpretiert werden können.

Liegen die Originalwerte auf den Punkten des Datengitters dicht zusammen, so sind die durch die Interpolation induzierten Fehler minimal. Je größer der Abstand zwischen den Gitterpunkten, desto größer wird die Wahrscheinlichkeit solcher Fehler und deren Auswirkungen. Für den Meteorologen ist es also durchaus interessant zu wissen, wie nah die Originalpunkte an einer untersuchten Stelle beieinander liegen. Hier hilft die Darstellung des Originalgitters, aus der ersichtlich wird, wo die resultierenden Farben direkt aus den von der Simulation berechneten Werten ermittelt wurden (Kreuzpunkte der Gitterlinien) und wo sie durch die Farbinterpolation im Bildraum der Graphikhardware entstanden (zwischen diesen Kreuzpunkten). Abb. 68 zeigt eine solche Darstellung des Modellgitters.

Für den Meteorologen, der die eigentlichen numerischen Wettervorhersagemodelle verstehen oder gar optimieren möchte, leistet die präzise Modellgitterdarstellung eine unverzichtbare Hilfe. Allein oder zusammen mit Daten visualisiert, kann so ein besseres Verständnis über die genaue Plazierung der vertikalen Koordinaten durch das Modell bei verschiedenen Wetterlagen erreicht werden. Animiert man die Daten, kann man sogar das dynamische Verhalten des Modellgitters exakt beobachten.

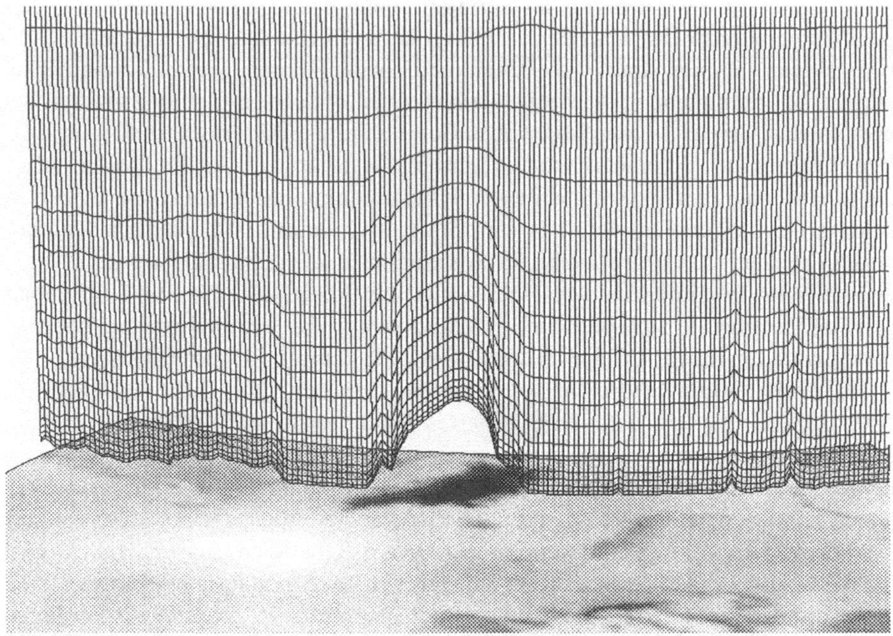

Abb. 68. Darstellung des Modellgitters mit RASSIN im Z-System (Modellfläche)

8.7 Benutzerschnittstelle und Interaktion

In RASSIN wird bei der Benutzerschnittstelle und der Kommunikationsführung zwischen Anwender und System auf die besonderen Kenntnisse und Bedürfnisse der Meteorologen eingegangen. Der folgende Abschnitt gibt einen Überblick über die Bedienungsoberfläche. Die zugrundeliegenden Konzepte der Mensch-Maschine-Kommunikation werden in Kap. 10 erarbeitet und ausführlich beschrieben. Abb. 69 zeigt eine typische Anwendungssitzung mit RASSIN.

8.7.1 Laden der Daten

Wie einzelne Datensätze mit verschiedenen berechneten Variablen oder Zeitschritten in das System geladen werden können, ist von großer Bedeutung. Ein mühsames Laden wird den Einsatz eines solchen Systems erschweren oder verhindern, da vor vielleicht noch so wertvollen Ergebnissen für den Anwender lästige Prozeduren liegen. Im System VIS5D (siehe Kap. 4.1.3) ist die Lösung ebenfalls hinderlich, da hier beim Starten des Systems eine Datei anzugeben ist, in der sämtliche zu visualisierenden Datensätze enthalten sein müssen. Ein späteres Nachladen weiterer Datensätze ist nicht möglich. Dies führt dazu, daß man entweder alle verfügbaren Datensätze zu laden hat, was zu lange dauert und zu viel Speicher belegt, den man meistens dann nicht benötigt, oder daß man sich auf die wichtigsten Daten beschränkt und wichtige Untersuchungen ausläßt, zu denen weitere Datensätze nötig wären.

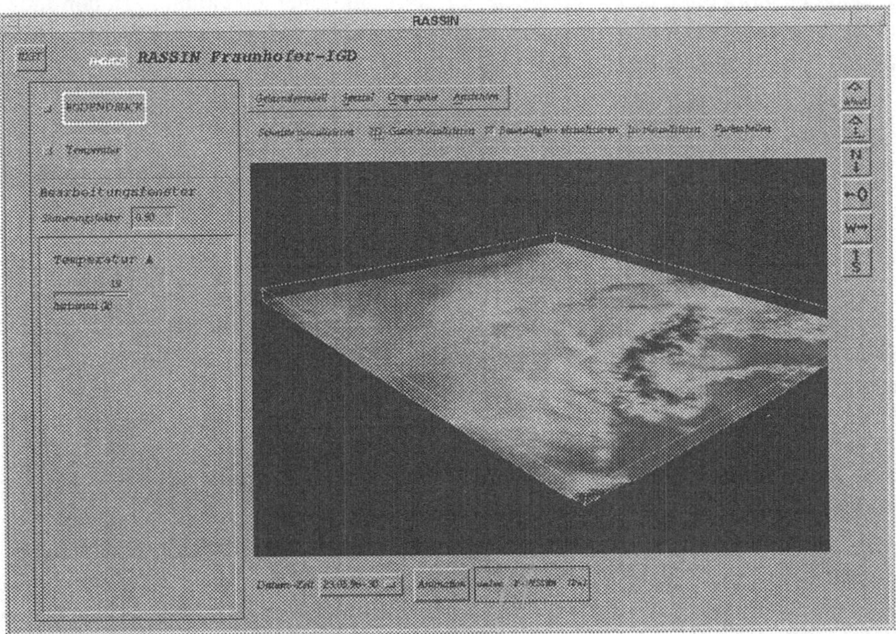

Abb. 69. Bedienungsoberfläche von RASSIN

In RASSIN kann eine Liste zu ladender Datensätze in einer Konfigurationsdatei angegeben werden. Diese lassen sich dann über einen Knopfdruck in das System laden. Darüberhinaus ist es jederzeit möglich, beliebige Datensätze nachzuladen, wenn der Anwender den Bedarf dazu sieht. Diese lassen sich dann über einen Dateiselektor auswählen. Alternativ können in der Konfigurationsdatei Angaben zu den Datensätzen aus der GRIB-Datenbank gemacht werden, die zu laden sind. In einer gesonderten Liste werden dort auch die Namen der Datenobjekte den GRIB-Mnemonics zugeordnet.

8.7.2   Zugriff auf die Parameter der Visualisierungstechniken

An das Objekt/Funktion Denkschema angepaßt ist der Zugriff auf die Parameter der einzelnen Visualisierungstechniken. Der Anwender orientiert sich zuerst an den verfügbaren Objekten (Datensätzen) und bestimmt dann die Funktionen, die auf diese angewandt werden sollen.

So gibt es in RASSIN auf der linken Seite des Bedienfensters eine Spalte, in der die Namen sämtlicher verfügbarer Datensätze (z. B. Temperatur, Wind, Druck etc.) auf eigenen Knöpfen auftauchen. Entscheidet sich der Anwender für ein Objekt und drückt den entsprechenden Knopf, so steht ihm die Liste der für dieses Objekt verfügbaren Visualisierungsfunktionen zur Verfügung. Über weitere Knöpfe gelangt er schließlich an die Parameter dieser Funktionen und kann z. B. den Index einer Schnittebene im Modellgitter oder die beim Abbilden auf Farbe anzuwendende Farbtabelle auswählen.

8.7.3   Interaktive Navigation im Datenraum

Besondere Bedeutung kommt bei der Visualisierung von Volumendaten mittels dreidimensionaler Visualisierungsobjekte der interaktiven Navigation im Datenraum zu (siehe auch [HaGö94]). Wie bereits in Kap. 5 erläutert, dient eine solche sowohl dem mentalen Erfassen der Visualisierungsobjekte an sich in Form und Lage sowie des Erlangens eines tieferen Verständnisses der räumlichen Zusammenhänge in den Daten.

In RASSIN wurde dazu die Navigationstechnik des „virtuellen Trackballs" implementiert [SlDa91] [ETW81] [NiOl87] [ChMS88] [Karl94]. Bei dieser Technik wird eine virtuelle Kugel rotiert, die sämtliche in der Szene vorhandenen Objekte umschließt. Wird die Maus im Graphikfenster plaziert und bei gleichzeitigem Niederdrücken eines Mausbuttons bewegt, so wird der virtuelle Trackball dergestalt bewegt, als hätte man seine Oberfläche berührt und in die entsprechende Richtung gedreht. Alle Objekte drehen sich dann um den Mittelpunkt der Szene, der dem Zentrum des virtuellen Trackballs entspricht.

Gleichzeitig ist auch ein Bewegen der Szene parallel zum Bildschirm möglich, wenn ein anderer Mausbutton gedrückt wird, während die Maus im Graphikfenster bewegt wird. Schließlich erlaubt es der dritte Mausknopf in die Szene hinein oder aus der Szene hinaus zu zoomen, um Details zu erkennen oder wieder einen Überblick zu bekommen.

Da jede dreidimensionale Navigation mittels zweidimensionalen Ausgabe- (Bildschirm) und Eingabegeräten (Maus) gewöhnungsbedürftig ist und man schnell die Orientierung verlieren kann, gibt es in RASSIN einen Button, der den Anwender zurück in die bekannte Position mit Norden oben und Westen links im Bild sowie mit der gesamten Szene im Sichtfeld bringt. Zusätzlich sind auf der rechten Seite des Bedienfensters Buttons angeordnet, welche eine exakte Nord-, Süd-, West-, und Ostansicht auf das Datenvolumen erzeugen.

Die perspektivische Projektion erleichtert das Begreifen der Tiefe der geometrischen Objekte im präsentierten zweidimensionalen Bild. Vor allem beim interaktiven Navigieren durch den Datenraum ist dies ein besonders wirksames Mittel (Bewegungsparallaxe). Allerdings sind bei dieser Projektion keine direkten Größenvergleiche zwischen verschiedenen Visualisierungsobjekten der Szene in unterschiedlichen Tiefen möglich. Auch kann es irritierend sein, wenn z. B. eine

Schnittfläche beim Verschieben in der Tiefe ihre Größe ändert. In diesen Fällen
bietet sich die Parallelprojektion an, bei welcher die Entfernung eines Objektes
vom Betrachter keinerlei Einfluß auf seine Größe im Bild hat. Damit in RASSIN
die Stärken beider Projektionsarten genutzt werden können, wird es dem Anwender über die Konfigurationsdatei und auch zur Laufzeit ermöglicht, zwischen den
Projektionen zu wechseln.

8.7.4   Wahl des Kontextes

In RASSIN ist es jederzeit möglich, interaktiv einen anderen geographischen oder
zeitlichen Kontext auszuwählen. Dazu können auf Knopfdruck im Bedienfenster
Listen der verfügbaren geographischen Kontexte (Referenzkoordinatensysteme)
oder Zeitschritte angezeigt werden, aus denen der Anwender dann jeweils einen
selektieren kann.

Wird ein anderer Zeitschritt ausgewählt, werden sofort die expliziten Gitterkoordinaten für diese Zeit berechnet und die zur Visualisierung bestimmten Techniken
auf die für diesen Zeitschritt verfügbaren Daten angewandt. Wie man daraus präzise Animationen generieren kann, wird im nächsten Abschnitt dieses Kapitels
beschrieben.

Bei der Auswahl eines anderen Referenzkoordinatensystems als geographischem
Kontext werden sofort sämtliche Datensätze, die gerade für den aktuellen Zeitschritt vorhanden, zur Visualisierung bestimmt und mit dem neuen geographischen
Kontext verträglich sind, in dieses neue Koordinatensystem umgerechnet. So läßt
es sich z. B. zwischen verschiedenen polarstereographischen Projektionen wählen
oder auf eine reguläre Lambda/Phi Darstellung umschalten, um ggf. bestimmte
Effekte besser zu untersuchen.

8.8   Werkzeug zur wissenschaftlich-technischen Animation

An dieser Stelle soll nun beschrieben werden, wie die in Kap. 6 vorgestellten Konzepte zur Kontrolle der Zeit in der Visualisierung wissenschaftlich-technischer
Daten bei der Entwicklung eines Animationsmoduls für RASSIN realisiert wurden.

Dabei soll zunächst auf die Organisation der Interaktion zwischen Anwender und
Animationsmodul eingegangen und anschließend die Anbindung an RASSIN
geschildert werden.

8.8.1   Benutzerschnittstelle

Um die Benutzer-Interaktionskonzepte für die wissenschaftlich Animation (siehe
Kap. 6.4.4) zu unterstützen, besteht die Bedienungsoberfläche des Animationsmoduls aus zwei Ebenen. Die obere Default-Ebene ist für den Standardanwender und
für viele Applikationen des fortgeschritteneren Anwenders entwickelt, wenn zeitabhängige Daten mit einem Werkzeug, welches wie ein Heim-Videorecorder funktioniert und eine variable Geschwindigkeit (Einzelbilder pro Sekunde) zuläßt,
einfach animiert werden sollen. Die nächste Ebene erlaubt dem fortgeschritteneren
Anwender bei der intensiven Erforschung von dynamischen Effekten, daß er sämtliche Parameter der Zeitsteuerung kontrollieren kann. Abb. 70 zeigt die Bedienfenster der beiden Ebenen (Default-Ebene ist links unten im Bild zu sehen).

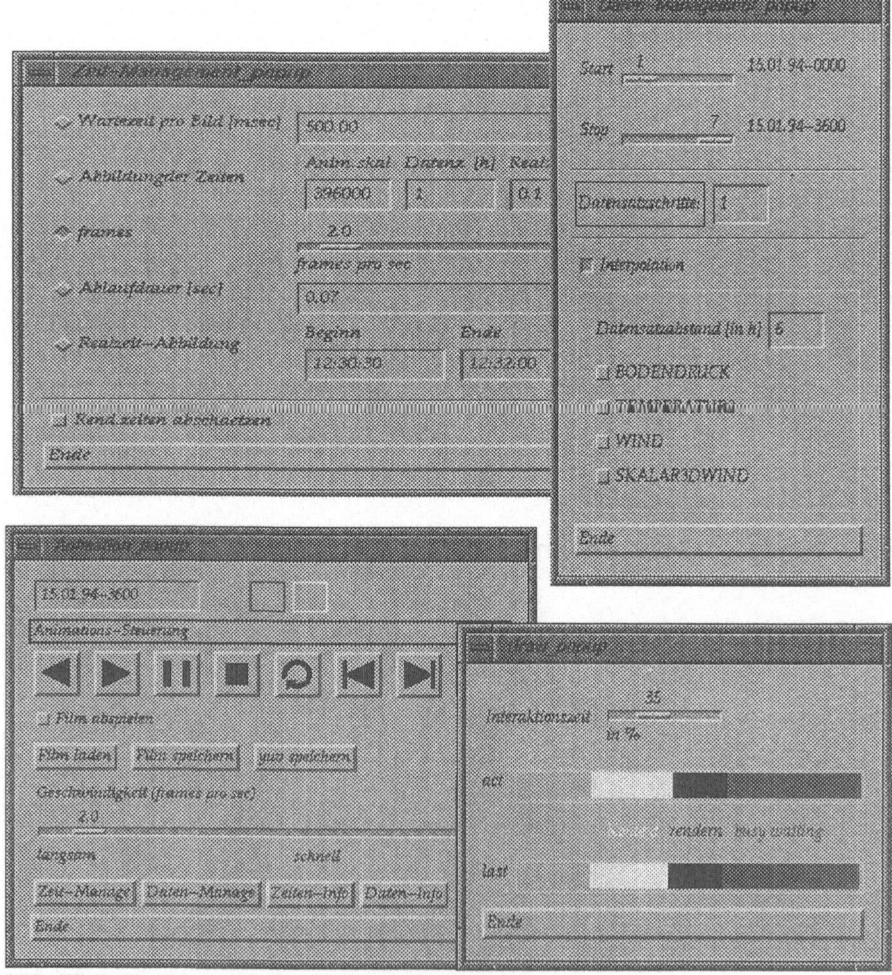

Abb. 70. Bedienfenster für Standard- und fortgeschrittene Anwender

Dabei ist die Zeitsteuerung wie folgt möglich: Der Benutzer kann zum einen die absolute Wartezeit zwischen jeweils zwei Einzelbildern angeben. Das Animationsmodul sucht sich dann aus der Zeitenliste den jeweils nächsten Zeitschritt heraus und läßt ihn vom Visualisierungssystem graphisch darstellen. Zum zweiten kann das Verhältnis zwischen Datenzeit und Darstellungszeit (echter Zeit) explizit (Quotient) oder implizit (Länge des Darstellungszeitintervalls, die Ablaufdauer) angegeben werden. Zum dritten kann die Ablaufgeschwindigkeit in Bildern pro Sekunde angegeben werden, was ein einfaches Verlangsamen bzw. Beschleunigen der Animation während dieser mittels einem Schieberegler erlaubt. Schließlich ist es möglich, exakte Start- und Endzeiten für das Darstellungszeitintervall zu definieren. Dies spiegelt die mathematische Handhabung der Zeit wieder, wie sie in Kap. 6.4.1 beschrieben wurde. Wenn die Bildgenerierungszeiten abgeschätzt werden sollen, kann der Anwender noch den Prozentanteil der zwischen zwei Einzelbildern verbleibenden Zeit bestimmen, die für Interaktionen reserviert bleiben soll.

Gleichzeitig kann die Datensteuerung über die folgenden Parameter geschehen: Explizite Angabe des gewünschten Datenzeitintervalls, Bestimmung eines Inkrements in der Datenzeitliste und Spezifizierung einer bestimmten Auflösung in der Datenzeit. Die Angabe des Datenzeitintervalls erlaubt ein Cropping (Ausschnittbildung) entlang der Datenzeitliste, indem absolute Start- und Endzeiten in der Datenzeit der Szenenwelt gewählt werden können. Mit der Angabe eines Dateninkrements können Zeitschritte unabhängig von ihren Zeitwerten in der Liste übersprungen werden. Eine Alternative dazu ist die Angabe einer gröberen Auflösung, als sie die Daten bereithalten. Dann werden gewisse Zeitspannen übersprungen und jeweils nach den nächsten verfügbaren Zeitmarken in der Liste gesucht. Ist die gewünschte Zeitauflösung höher als die original Auflösung, können optional dazwischenliegende Zeitschritte durch Interpolation (siehe Kap. 6.4.3) künstlich vom Animationsmodul generiert werden. Dies kann natürlich auch angewandt werden, wenn bei regulär vorliegenden Datensätzen bestimmte Informationen für einige Zeitschritte nicht vorhanden sind.

8.8.2   Benutzerinformationen

Auch die Benutzerinformation folgt dem Konzept, daß sowohl der Standardbenutzer als auch der fortgeschrittenere Anwender alle Informationen vom Animationsmodul erhalten, die sie für das Erforschen von dynamischen Effekten benötigen.

Der Standardbenutzer ist vor allem an zwei Informationen interessiert, die ihm beide direkt im ersten Kontrollpanel geboten werden (siehe Abb. 70 links): Die Zeitmarke des gerade sichtbaren Datensatzes (dies wird in der linken oberen Ecke angezeigt) und die Information, ob die gerade verwendete Hardware auch schnellere Animationen unterstützen könnte, oder ob sie bereits mit der gewünschten Geschwindigkeit überfordert ist. Hier zeigen drei farbig umrandete Felder das folgende an, wenn sie ausgefüllt sind: Grünes Feld ausgefüllt bedeutet, daß die Maschine noch mehr Einzelbilder pro Sekunde berechnen könnte. Rotes Feld ausgefüllt indiziert, daß die Maschine die geforderte Animationsgeschwindigkeit nicht einhalten kann. Und schließlich bedeutet das gelbe Feld, wenn es ausgefüllt und mit einer Zahl versehen ist, daß sich das Animationsmodul entschieden hat, die angezeigte Anzahl von Zeitschritten zu überspringen, um die geforderte Geschwindigkeit (als Abbildung von einem Datenzeit- auf ein Darstellungszeitintervall) einhalten zu können. Abb. 71 zeigt nun die Informationsfenster für den fortgeschrittenen Anwender:

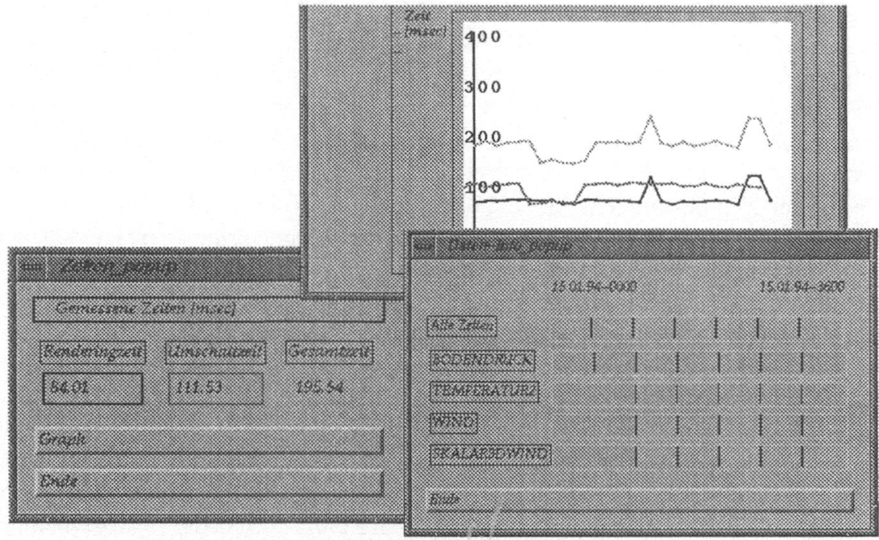

Abb. 71. Informationsfenster für den fortgeschrittenen Anwender

Der fortgeschrittene Anwender ist grundsätzlich an sämtlichen Informationen, welche die wissenschaftliche Animation und die Zeitkontrolle betreffen, interessiert. Daher geben die auf Knopfdruck sichtbaren Informationsfenster diesem Anwender die folgenden Angaben: a) Die Zeiten, die von dem Visualisierungssystem (in diesem Fall RASSIN) für die Vorbereitung des letzten Zeitschrittes und für das Rendering gemessen wurden. Diese Zeiten werden zusammen mit der daraus resultierenden Gesamtzeit sowohl numerisch als auch in einem eigenen Fenster graphisch dargestellt. Damit ist das Vergleichen von Bildkomplexitäten möglich. b) Ein Zeitbalken zeigt die gerade verstrichene Zeit innerhalb des Datenzeitintervalls und c) die innerhalb des gesamten Datenzeitraumes verfügbaren Daten werden mit ihren Zeitmarken in einer Element/Zeit-Matrix eingetragen. So sind fehlende Datensätze oder Unregelmäßigkeiten sofort zu ersehen. Schließlich ist es bei abgeschätzten Bildgenerierungszeiten möglich, in dem in Abb. 70 gezeigten gesonderten Bedienpanel die wirklich für Interaktion (grüner Balken), Vorbereitung (Gelb), Rendering (Blau) und Warten (Rot) verbrachte Zeit zwischen zwei Einzelbildern abzulesen. Wenn z. B. der grüne Bereich prozentual zu viel Zeit einnimmt und daher die Inhomogenitäten der Bildgenerierungszeiten des Visualisierungssystems häufig für Unpünktlichkeiten bei der Bilddarstellung führen, kann dies der Benutzer hier sofort erkennen und den Wert für die Interaktionszeit zurücknehmen.

8.8.3 Umfassende Zeitkontrolle bei der Visualisierung meteorologischer Daten

Die Meteorologie ist ein besonders gutes Beispiel für eine Wissenschaft, wo die Dynamik eine besonders große Rolle spielt. Die meisten Wettersituationen können nicht korrekt interpretiert werden, ohne daß die dynamischen Veränderungen, die sie bewirken und auch wieder verändern, voll in Betracht gezogen werden. So sind z. B. oftmals einzelne Temperaturangaben ohne besondere Bedeutung, die sie erst erhalten, wenn man sie als Ergebnis eines dramatischen Temperatursturzes (rapider Fall der Temperatur über kurze Zeit) begreift.

Daher wurde das in Kap. 6 beschriebene Animationsmodul entwickelt und an RASSIN angebunden. Hier ist es vor allem auch deshalb interessant, weil die sich ändernden meteorologischen Daten auch eine Veränderung der vertikalen Koordinaten des Datengitters bewirken, die bei der Animation natürlich mit berücksichtigt werden muß.

Mit dem in Kap. 6 und oben beschriebenen Animationsmodul ist es nun möglich, dynamische meteorologische Effekte ausgiebig zu studieren. Das numerische Wettervorhersagemodell kann so besser analysiert werden und es ist auch eine genauere Interpretation der damit berechneten Wettersituationen möglich.

In der Praxis werden die meteorologischen Daten meist in regulären Zeitabständen berechnet (siehe Kap. 2). Die Zeitsteuerung erlaubt es hier ganz einfach, verschieden schnelle Animationen zu erzeugen, während die Datensteuerung es ermöglicht, daß die Temperatur z. B. in 24-Stunden-Schritten visualisiert und animiert werden, so daß eine Darstellung ohne den mitunter störenden Tag/Nacht-Zyklus generiert werden kann.

Schließlich kann mit dem Austausch von einer Raum- und der Zeitachse eine statisch komparative Darstellung meteorologischer Daten erreicht werden. Es werden dynamische Effekte als Veränderungen von Geometrien und Texturen sichtbar, was es ermöglicht, sämtliche Werkzeuge der Erkundung von dreidimensionalen Körpern auch auf die zeitliche Dimension anzuwenden (siehe Kap. 6.4.5). Ein Beispiel ist in Abb. 72 zu sehen.

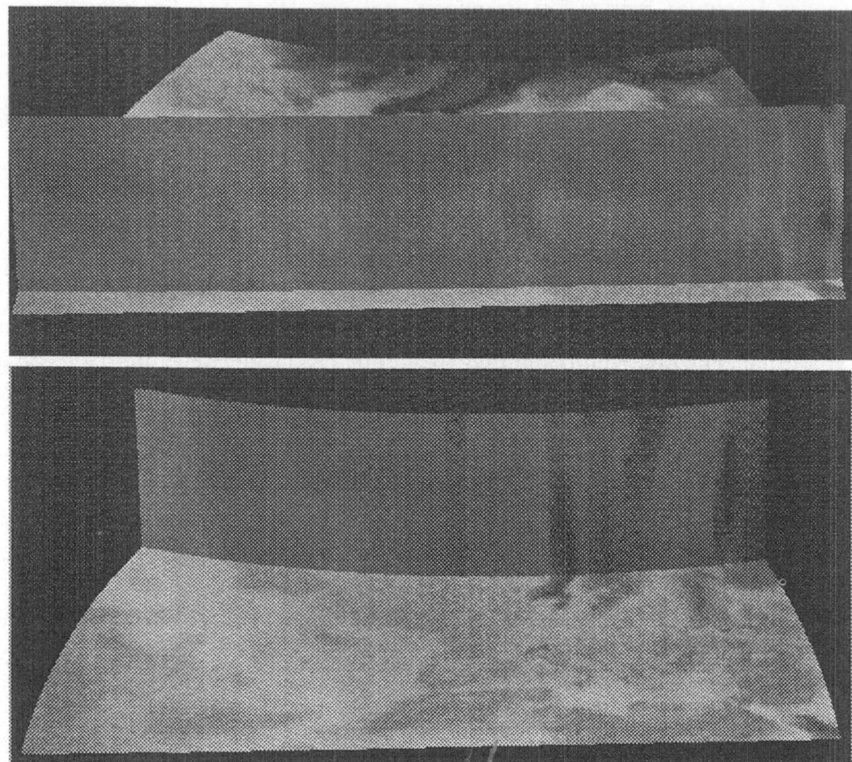

Abb. 72. Bilder nach dem Austausch der vertikalen Raum- und der Zeitachse

Die Bilder zeigen dabei, wie die vertikale Raum- und die Zeitachse bei der Visualisierung von Temperaturdaten im Volumen des Europamodells ausgetauscht werden können. Es wird eine bodennahe Schicht dargestellt und man kann periodische Veränderungen (zwei Nächte umschließen hier einen Tag) sowie übergreifende Tendenzen erkennen. Es sind dabei stets sämtliche horizontale Schichten der gleichen Höhe aller Zeitschritte übereinandergesetzt.

8.9 Zusammenfassung und Ergebnisse

Die Komponente RASSIN des offenen Rahmensystems zur Visualisierung meteorologischer Daten erfüllt in der momentanen Version zwei Ziele. Zum einen ist es beim Deutschen Wetterdienst als flexibles System für die hochinteraktive und präzise Visualisierung des Modelloutputs installiert und im Rahmen des VISUAL-Projektes im Einsatz. Im Sommer 1996 wird es in den Routinebetrieb eingeführt.

Zum zweiten dient es im Fraunhofer-Institut für Graphische Datenverarbeitung als Testbed für neue Datenverwaltungskonzepte, Animationswerkzeuge, Visualisierungsverfahren und zur Erkundung der Mensch/Maschine-Kommunikation in der Meteorologie. Die übersichtliche, offene und modulare Struktur des Systems erlaubt dabei ein einfaches Realisieren neuer Konzepte, die anschließend mit realen Modelldaten evaluiert werden können. So lassen sich wertvolle Rückschlüsse gewinnen, ehe solche Verfahren im Routinebetrieb eingesetzt werden.

Das System RASSIN erfüllt konzeptionell sämtliche in Kap. 2 bis Kap. 7 dieser Arbeit aufgestellten Anforderungen an die interaktive Visualisierung meteorologischer Daten für Experten. Die im Rahmen dieser Arbeit ebenfalls durchgeführten Implementierungen mit einer vollständigen Datenverwaltung und den wichtigsten Visualisierungstechniken konnten zeigen, daß diese Konzepte tragfähig und realisierbar sind. Mit RASSIN können im Unterschied zu den bereits vorhandenen Systemen die Modelldaten auf dem original hybriden irregulären dynamischen Modellgitter visualisiert und animiert werden, wobei sich das Gitter den Wetteränderungen anpaßt. Die dabei mögliche wissenschaftliche Animation ist ungewöhnlich präzise und erlaubt eine umfassende Kontrolle von Zeit. Schließlich ist es in RASSIN möglich, eine Raumachse der Daten gegen die Zeitachse bei dynamischen Datensätzen auszutauschen. So sind zeitliche Effekte als räumlich sichtbare Eigenschaften in Form oder Textur der Visualisierungsobjekte darstellbar. Herkömmliche Verfahren zur Analyse von Geometrien und Texturen lassen sich so direkt auf dynamische Effekte anwenden.

Zusammenfassend läßt sich sagen, daß RASSIN die effektive Visualisierung meteorologischer Daten für Experten ermöglicht, wie dies vorher kein System erlaubte. Besonders die volle Berücksichtigung des original Modellgitters und die umfassende Kontrolle der Zeit unterscheiden es von herkömmlichen Systemen. Zukünftige Arbeiten, die im Rahmen der Einführung von RASSIN im Routinebetrieb des Deutschen Wetterdienstes durchgeführt werden, konzentrieren sich vor allem auf weitere Visualisierungstechniken und eine noch nahtlosere Einbindung in den Routinebetrieb.

9 Das Visualisierungssystem TriVis

In diesem Kapitel wird die Komponente des offenen Rahmensystems zur Visualisierung meteorologischer Daten für Laien vorgestellt. Sie ergänzt die bereits existierenden meist kartographisch orientierten Visualisierungssysteme in der Meteorologie sowie die oben beschriebene Forschungskomponente.

Nach einer Einführung werden im folgenden zunächst die relevanten Datentypen vorgestellt sowie ein neues Verfahren zur effektiven Glättung der zu groben horizontalen Modellgitter erarbeitet. Anschließend werden die Besonderheiten der Visualisierung meteorologischer Daten für Laien diskutiert und es wird auf die zu berücksichtigenden wahrnehmungspsychologischen Aspekte kurz hingewiesen (siehe auch [Mar93]). Unterteilt nach zwei- und dreidimensionaler Visualisierung werden dann verschiedene Techniken für die einzelnen Datentypen entwickelt, wobei natürlich wirkenden Wolken besondere Aufmerksamkeit gewidmet wird. Ehe abschließend die Systemarchitektur und die Bedienungsoberfläche beschrieben werden, diskutiert ein gesonderter Abschnitt die speziellen Aspekte von 3D TV-Wetter Präsentationskonzepten.

9.1 Einführung

Nachdem die Meteorologen mit den speziell für sie und diese Aufgabe entwickelten Hilfsmitteln und Systemen die eigentliche Wettervorhersage aus dem numerischen Output der Simulationsmodelle gewonnen haben, muß diese Information nun auch dem interessierten Laienpublikum über die Massenmedien zugänglich gemacht werden.

Vom Standpunkt der Visualisierung wissenschaftlich-technischer Daten aus betrachtet, gilt es nun, dafür ganz eigene Techniken einzusetzen. In der Meteorologie wird dies an einem Beispiel besonders deutlich: Um eine Wetterlage in kartographischer Darstellung möglichst schnell erfassen und bewerten zu können, bevorzugt der Meteorologe Abbildungen von Fronten, Isobaren und Wettersymbolen, die teilweise seit etwa 100 Jahren in Gebrauch sind. Er ist geschult im Interpretieren dieser Symbole und kann mit ihrer Hilfe maximale Information über das Wetter aus einer Karte aufnehmen. Das Laienpublikum vor dem Fernsehschirm kann allerdings im allgemeinen auf keine meteorologische Ausbildung zurückgreifen und kann lediglich die alltäglichen Erfahrungen mit dem Wetter beim Interpretieren der ihm visuell präsentierten Darstellungen von prognostiziertem Wetter zugrundelegen. Die hier geeigneten Formen können von leicht verständlichen Symbolen, über Zahlen für Temperaturwerte bis hin zu dreidimensionalen realistischen Wolkenformationen reichen. Dafür sind sowohl spezielle Visualisierungstechniken wie auch eigene Präsentationskonzepte erforderlich.

Die Präsentation von Wettervorhersagen für Laien stellt auch an das Systemdesign ganz andere Anforderungen als das bei wissenschaftlichen Visualisierungssystemen für Meteorologen der Fall ist. Im Gegensatz zu den Systemen für Experten, die hochinteraktiv und sehr flexibel sein müssen, bedarf es bei der visuellen Umsetzung dieser Informationen für Laien verstärkter Automatisierung, um die verschiedensten Designformen der einzelnen Medienanbieter in kürzester Produktionszeit berücksichtigen zu können.

Da die Anforderungen an Systeme zur Visualisierung wetterbezogener Daten für Meteorologen und für Laien so grundverschieden sind, sie sich aber hervorragend ergänzen können, wurde für das in dieser Arbeit entwickelte offene Rahmensystem zur Visualisierung meteorologischer Daten eine eigene Komponente für die Versorgung des Laienpublikums über die TV-Medien geschaffen [Schr93b].

9.2 Simulationsmodelle und Datentypen

Die TV-Komponente des Rahmensystems mit Namen TriVis importiert vor allem meteorologische Daten und geographische Kontextinformationen, was in diesem Absatz beschrieben wird. Zusätzliche Informationen, die bei der Visualisierung berücksichtigt werden können, sind dann an der entsprechenden Stelle in diesem Kapitel aufgeführt.

9.2.1 Meteorologische Daten

Die beim Deutschen Wetterdienst zur Zeit verwendeten ineinander genesteten drei numerischen Simulationsmodelle (Globales Modell, Europamodell und Deutschlandmodell), die auf der Cray-YMP4 mit zwei CDC Front-End Computern laufen, wurden bereits in Kap. 2 vorgestellt. Aus ihnen werden momentan für stündliche Zeitabstände der Prognose Daten für TriVis nach einem Vorverarbeitungsschritt bereitgestellt. Um die von den Modellen für jeden Gitterpunkt auf jeder Schicht und für jeden Zeitschritt berechneten Informationen wie Feuchtigkeit, Temperatur, Druck, Windverhältnisse oder Flüssigwassergehalt in das TV-System zu übernehmen, ist es nötig, die rohen Modelldaten in für Fernseh-Wettervorhersagen bedeutsame Werte umzuwandeln.

Dafür müssen zum einen die skalaren Daten auf die für den Menschen unmittelbar interessanten Bereiche des Bodens oder der bodennahen Luftschichten gebracht werden. Zum anderen sind Wolkeninformationen aus dem Modelloutput zu gewinnen. Als wolkenspezifische Daten werden dazu momentan die folgenden Werte aus den Rohdaten extrahiert bzw. aus diesen abgeleitet: a) Bedeckungsgrad (wie stark ist der Himmel an der gegebenen Stelle mit Wolken bedeckt), b) vertikale Mächtigkeit (wie aktiv ist die Wolke, wie hoch die Wahrscheinlichkeit von Niederschlag und mit welcher Stärke wäre dieser zu erwarten), c) Gewitterinformation (wird Gewitter für diese Stelle erwartet), d) Kontrast (wie hoch ist der Kontrast innerhalb der Wolke) und schließlich e) Mittlere Dichte (wie dicht ist die Wolke an der gegebenen Stelle). Zur Berechnung von dreidimensionalen Wolken werden weitere Werte benötigt.

Die Konvertierungsmodelle im Pre-Processing [Kopp89, Kopp90] unterscheiden dabei zwischen stratiformen und cumuliformen Wolken, wobei die vertikale Datensäule der Modelldaten nach Gewitterwahrscheinlichkeiten geprüft wird, was mit einem mikrophysikalischen Wolkenmodell geschieht. Die vertikale Mächtigkeit wird durch Bestimmung der Wolkenober- und Untergrenze erreicht. Die zweidimensionalen Datenfelder werden schließlich durch vertikales Zusammenfassen der einzelnen Schichten berechnet und auf ein in polarstereographischer Projektion reguläres Gitter gebracht.

9.2.2   Geographische Kontextdaten

Geographische Kontextdaten sind unverzichtbar, um den kartographischen Bezug der Daten bei der Visualisierung derselben zu verdeutlichen. Sie dienen daher in dem TV-System dazu, die Karte zu generieren, bzw. das dreidimensionale Geländeobjekt zu erzeugen, über denen die meteorologischen Daten lagerichtig dargestellt werden. Vier Typen von geographischen Kontextdaten sind dabei möglich: a) Höhendaten auf einer polarstereographischen Projektion, die zusätzlich eine Information über die Land/Meer-Maske enthalten, b) Vektordaten, die Grenzen oder Flüsse beschreiben, c) Polygondaten, die Seen definieren und schließlich d) Punktangaben für Städtepositionen. Die Linien-, Polygon-, und Punktdaten sind dabei in Längen- und Breitengraden anzugeben.

Systemintern werden dann sämtliche Informationen (meteorologischer sowie geographischer Art) auf das Referenzkoordinatensystem, welches durch die polarstereographische Projektion des Höhendatensatzes definiert ist, abgebildet.

Es gibt verschiedene Methoden, aus den geographischen Kontextdaten ein Hintergrundbild für die zweidimensionale Präsentation zu generieren. Der erste Ansatz bestand darin, daß ein Bild zusammengesetzt aus Satellitenbildern ohne Wolken direkt als Textur auf den Höhendatensatz abgebildet werden sollte. Dies hätte zwar die natürlichste Darstellung bedeutet, da der Boden naturgetreu eingefärbt worden wäre, allerdings wurde dieser Ansatz verworfen, da bei Betrachtern deutliche Orientierungsschwierigkeiten zu erwarten sind, wenn dominante Landmarken wie Küsten oder große Gebirgsketten nicht im Bildausschnitt erkennbar sind. Alternativ läßt sich die Karte nach den Höhen der einzelnen Punkte etwa wie in Schulatlanten einfärben. Dies resultierte in der besten Orientierung der Betrachter, da die Farbmuster einzelner Regionen wiedererkannt werden können und sich die Orographie anhand der Farben erahnen läßt. Diese Einfärbung wurde daher stets bevorzugt eingesetzt.

Das TV-System erlaubt es aber auch, die Höhendaten beliebig einzufärben, einen Bluescreen-Hintergrund zu verwenden oder von der Sendeanstalt fertig gelieferte kartographische Bilder einzumischen.

9.3 Interpolation

Die in meteorologischen Vorhersagemodellen ursprünglicherweise verwendeten Gitterauflösungen sind bei weitem zu grob im Verhältnis zum Prognosegebiet, um sie bei der visuellen Umsetzung direkt zu verwenden. Abb. 73 zeigt solche Daten auf ihrem original Modellgitter über einem knapp 1000 km x 1000 km großen Vorhersagegebiet. Vor der weiteren Verarbeitung müssen diese Daten also wirksam geglättet werden, um alle sichtbaren Blockstrukturen zu eliminieren. Dabei darf aber die Genauigkeit und detaillierte Aussage der Modelle nur so wenig wie möglich verfälscht werden. Für das Glätten ist weder bilineares noch bikubisches Interpolieren ausreichend, da beide Verfahren entlang der Achsen des Koordinatensystems interpolieren und dadurch sichtbare Artefakte erzeugen (siehe Abb. 73). Das hier entwickelte Glättungsverfahren arbeitet auf der Basis von baryzentrischen Interpolationen, wo die neun Nachbarn eines Samplingpunktes ihren Wert mit ihrem euklidischen Abstand zu diesem Punkt gewichtet in die Berechnung einbringen, wenn ein Resampling auf ein feineres Gitter stattfindet (siehe (12)).

$$\text{coverage}(x, y) = \frac{\displaystyle\sum_{i=-1}^{1} \sum_{j=-1}^{1} \text{sample}(\chi + i, \Psi + j) \cdot w_{i,j}}{\displaystyle\sum_{i=-1}^{1} \sum_{j=-1}^{1} w_{i,j}}$$

Baryzentrische Interpolation (12)

In (12) stellen χ und Ψ die Koordinaten des Punktes im original Datengitter dar, der dem Samplingpunkt (x, y) am nächsten liegt. Der Wert von $w_{i,j}$ bestimmt dabei die Gewichtung.

Diese Methode stellt einen geeigneten Kompromiß zwischen der effektiven Glättung ohne sichtbare Artefakte durch Interpolation und dem Erhalt lokaler Details in den Daten dar.

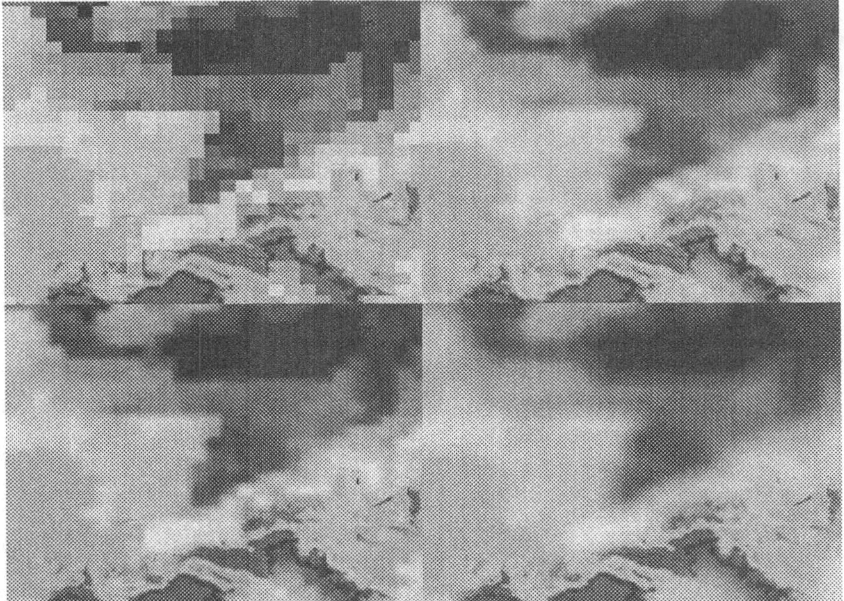

Abb. 73. Wolkenspezifische Daten über Zentraleuropa. Zu sehen sind die Daten ohne Interpolation (links oben) mit bilinearer (rechts oben), bikubischer (links unten) und baryzentrischer (rechts unten) Interpolation.

9.4 Visualisierung meteorologischer Daten für Laien

Wenn meteorologische Daten, die im allgemeinen sehr komplexe Informationen beinhalten, für Laien wie das Fernsehpublikum visualisiert werden sollen, müssen ganz besondere Visualisierungsmethoden eingesetzt werden [Schr93b].

9.4.1 Hintergrundkarte

Die Hintergrundkarte, über bzw. auf der die meteorologischen Daten visualisiert werden sollen, ist von ganz entscheidender Bedeutung. Sie stellt den geographischen Kontext dieser Daten dar und ermöglicht dem Betrachter erst die Orientierung, die Zuordnung bestimmter Effekte zu Orten im Vorhersagegebiet und schließlich das Abschätzen von Größen meteorologischer Phänomene.

Vor allem bei Fernsehpräsentationen von Wettervorhersagen muß die Hintergrundkarte eine schnelle und einfache Orientierung erlauben. Die eigentliche Information, die dem Betrachter dargestellt werden soll, ist die prognostizierte zukünftige Wetterentwicklung. Ehe der Betrachter aber seine Aufmerksamkeit auf ein bestimmtes Gebiet (z. B. Heimatstadt oder Ferienziel) richten kann, muß er dieses im Fernsehbild gefunden haben. Erst dann kann man sich auf die Wettergeschehnisse in dieser Region konzentrieren. Da aber Fernsehpräsentationen üblicherweise von recht kurzer Dauer sind, muß diese Orientierung rasch erfolgen können.

Die in TriVis möglichen und preferierten Möglichkeiten der Generierung einer solchen Hintergrundkarte wurden bereits oben erwähnt. Es bleibt aber noch zu betonen, daß man bei der Wahl der in der Hintergrundkarte verwendeten Farben berücksichtigt muß, keine zu intensiven oder dominanten Farbtöne zu verwenden, welche die Aufmerksamkeit des Betrachters zu stark von der eigentlichen relevanten meteorologischen Information im Bild ablenken.

9.4.2 Wolkenobjekte

Wenn wolkenspezifische Daten für Laienzuschauer visualisiert werden, müssen diese stets den realen Wolken möglichst ähnlich wirken, die der Laie aus dem täglichen Erleben des wirklichen Wetters kennt. Je natürlicher die verwendeten Wolkenobjekte erscheinen, desto eher werden sie vom Zuschauer als das erkannt, was sie darstellen sollen: prognostizierte Wolken.

Zudem sind Menschen gewohnt, Wolkengebilde zu interpretieren und ihnen komplexe Informationen zu entnehmen. Ein Blick zum Himmel genügt, und die meisten Menschen können anhand der Struktur, Form, Dichte und Farbe einer Wolke sehr gut abschätzen, was diese für ein Wetter bringen wird wenn sie näherkommt. Diese Erfahrung muß genutzt werden, wenn eine intuitiv verständliche Visualisierung wolkenspezifischer Daten für Laien angestrebt wird. Eine möglichst realistische Präsentation von vorhergesagten Wolken wird also stets wahrnehmungspsychologisch am effektivsten sein. Im folgenden wird darauf noch näher eingegangen.

9.4.3 Farbtabellen für skalare Daten

Die wichtige Thematik der Wahl von Farbtabellen für skalare Daten soll hier am Beispiel von Temperatur diskutiert werden, da sie außer Wolkenprognosen von besonderem Interesse für das Fernsehpublikum ist. Ähnliches gilt auch für beispielsweise UVB Strahlung, zu erwartende Niederschlagsmengen oder ähnlichem. Das Ziel war es auch hier, eine möglichst einfach zu interpretierende Art der Visualisierung zu finden.

Zunächst müssen auch die skalaren Daten aufwendig interpoliert werden, um sichtbare Artefakte zu eliminieren, die aus dem groben Simulationsgitter resultieren könnten. Anschließend müssen den einzelnen Temperaturwerten Farben zugeordnet werden, die der Zuschauer schließlich sehen und wieder mit Temperaturen verbinden kann. Die Farbübergänge können dabei fließend (der Zuschauer kennt Temperaturen nur als sich allmählich ändernden Zustand) oder hart (dies erlaubt eine leichter überschaubare Darstellung) sein.

Die hierbei verwendeten Farben sind von ganz entscheidender Bedeutung und es müssen verschiedene Aspekte berücksichtigt werden, um auch hier wahrnehmungspsychologisch effektiv zu sein. Daher sollte auch hier die alltägliche Erfahrung des Laien (in diesem Fall mit Temperatur) Grundlage der zu verwendenden Techniken sein. Temperaturen werden aber fast nie visuell wahrgenommen (Ausnahme etwa: rot glühendes Eisen) und der Betrachter kann also keine „realistische" Darstellung erwarten. Aber es gibt dennoch bestimmte Farben, die sich hier besonders eignen: Fast überall in unseren Kulturkreisen verbinden Menschen die Farbe Blau mit Kälte und Rot mit Hitze. Weiterhin ist Grün weitgehend als „O.K.-Farbe" akzeptiert und Weiß dient oft als neutrale Farbe ohne besonderen Effekt.

Für die Farbtabelle zu Temperaturwerten ist es daher ratsam, Farben von Blau (sehr kalt) über Grün oder Weiß (mittlere Temperaturen) und Gelb-Orange (relativ warm) bis Rot (sehr heiß) zu wählen. Farbtabellen mit Lila und Rot an den Enden für minimale und maximale Werte sind nicht empfehlenswert (obwohl sie häufig verwendet werden), da die Farben visuell sehr nahe beieinander liegen, jedoch die entgegengesetzten Wertebereiche der Daten repräsentieren. Weiß hat für den mittleren Temperaturbereich den Vorteil, daß es oft gar nicht selbst als Farbe angesehen wird und den Betrachter so nicht von den wichtigeren und interessanteren Werten mit deren Farbtönen ablenkt.

Wenn bodennahe Ozonkonzentrationen visualisiert werden soll, um ein weiteres Beispiel zu nennen, sollte Rot als Farbe für hohe Werte wegen der Assoziation mit einer Warnung und Grün für niedrige Werte wegen der Verbindung mit Wohlergehen und Leben verwendet werden.

Eine wichtige Frage, die sich bei der Abbildung von Temperaturwerten auf Farben stellt, ist die nach der Zulässigkeit von veränderbaren Wertebereichen, für welche die Farbtabellen Gültigkeit haben sollen. Kann bzw. muß man verschiedene Temperaturen den gleichen Farben in Abhängigkeit der Jahreszeiten zuordnen? Sollte also z. B. Blau im Winter für 20 Grad Celsius unter Null stehen, während es im Sommer für 5 Grad Celsius über Null verwendet wird, weil beide Werte für ihre Jahreszeit relativ kalt sind? Oder verwirrt dies den Betrachter und man sollte eine statische Farbtabelle einsetzen, in der Blau z. B. immer für -20 Grad steht? Erfahrungen und Versuche haben nun gezeigt, daß eine dynamische Anpassung der Farbtabelle an die veränderten Temperaturbedingungen der Saison geboten ist, aber nicht zu häufig erfolgen sollte. Im Bild eingeblendete Absolutwerte helfen bei der Interpretation der Farben.

Wird über die Wahl der Farben für die Farbtabelle eines wissenschaftlich-technischen Datensatzes diskutiert, so wird stets das Argument der unwillkürlichen Seg-

mentierung bei multi-spektralen Farbtabellen ins Feld geführt. Diese
Segmentierung tritt beim Betrachter auch bei völlig kontinuierlichen skalaren
Daten auf, wenn mehrere grundverschiedene Farben in der Farbtabelle zu finden
sind. So unerwünscht dieser Effekt allerdings bei Wissenschaftlern ist, die ihre
Daten mit Hilfe von Visualisierungstechniken analysieren, so nützlich kann er für
die Präsentation von Temperaturdaten für Laien sein. Der Betrachter kann verschiedene im Endeffekt diskrete Aussagen über die Temperatur mit den grundver-
schiedenen Farben verbinden. So sind Interpretationen wie „Ich lebe in der gelblich
eingefärbten Region, was bedeutet, daß ich morgen schwimmen gehen kann!"
möglich. Verschiedene Bedeutungen dieser Art können den Farbsegmenten der
Farbtabelle zugeordnet und vom Betrachter wieder zurückgewonnen werden etwa
als „zu kalt", „relativ mild", „angenehm warm" oder „zu heiß".

9.4.4   Dynamik

Wie bereits betont, ist einer der wichtigsten Aspekte des Wetters seine Dynamik.
Fernsehzuschauer sind üblicherweise sehr an Information darüber interessiert, wie
schnell sich z. B. eine Kaltfront über sie hinwegbewegt. Zeigt man also dem
Betrachter eine Animation von Wolken oder farbigen Temperaturflächen z. B. mit
einer eingeblendeten Uhr für die Zeit der Wetterprognose, so kann man einen guten
Eindruck der vorhergesagten Dynamik des simulierten Wetters vermitteln.

Obwohl die Fernsehzuschauer aus ihrem täglichen Erleben von Wetter her
gewohnt sind, daß Wolken sich weich und meistens langsam in Wirklichkeit bewegen, akzeptieren sie auch eine eher ruckartige Animation mit einem Datensatz jede
Stunde. Dies liegt vermutlich daran, daß sie bereits gelernt haben, Satellitenfilme
mit je zwei Bildern pro Stunde korrekt zu interpretieren.

9.4.5   Piktogramme

Sind in einem Bild bereits meteorologische Daten durch Farbflächen oder Wolkenobjekte visualisiert, so lassen sich zusätzliche Informationen mit Hilfe eingeblen-
deter Piktogramme, Zahlen, Texte, Isolinien oder Fronten ebenfalls vermitteln.

Besonders das Interpretieren von Piktogrammen ist im Alltag (z. B. Verkehrs-
schilder, Flughafenbeschilderung) und in der herkömmlichen Wettervorhersage
(z. B. Sonnen, Wolken, Schneeflocken) den Betrachtern antrainiert worden.

9.4.6   Vektorfelder

Winddaten stellen eine weitere besondere Herausforderung für die Visualisierungstechniken dar, wenn es um ein Laienpublikum geht. In zweidimensionalen Präsentationen wurden in dieser Arbeit bereits Windpfeile erprobt. Stromlinien oder

Partikel wie Laub oder Schneeflocken, die über das Vorhersagegebiet von den prognostizierten Winden geblasen werden, sind ebenso denkbar. Bei dreidimensionalen Darstellungen konnte der Windsack als Objekt, an dessen Verhalten man sowohl die Windrichtung als auch -stärke erkennt, erfolgreich eingesetzt werden (siehe unten).

9.4.7   Weiterhin erforderliche wahrnehmungspsychologische Arbeiten

Für den weiteren Routineeinsatz des im Rahmen dieser Arbeit entwickelten TV-Systems wären neue Ergebnisse aus wahrnehmungspsychologischen Untersuchungen [Mar93] hilfreich. Dies ist vor allem bei zwei Gebieten der Fall: Erstens, wo liegt der maximale Informationsgehalt eines Bildes und zweitens, inwieweit kann der Betrachter das korrekte Interpretieren von Bildern erlernen?

Wieviel Information kann man gemeinsam darstellen? Momentan wird die kartographische Information des Vorhersagegebiets als Farbe für das Hintergrundbild verwendet. Darüber liegen Wolken, deren Datenwerte als Transparenz, Farbe, Struktur und Form verschlüsselt sind. Dazu zeigen eingeblendete Niederschlagspiktogramme die Regionen mit Niederschlag und den dort erwarteten Niederschlagstyp. Eine Uhr zeigt die Tageszeit der gezeigten Daten und mit Isolinien ließe sich die Druckverteilung verdeutlichen. Fronten könnten in demselben Bild noch die Wetterlage und deren Einflüsse auf das lokale Geschehen mitteilen. Doch bis zu welchem Grad können in Abhängigkeit von der Präsentationsdauer verschiedene Informationen mit jeweils eigenen graphischen Objekten noch vom Laienbetrachter wahrnehmungspsychologisch effektiv aufgenommen werden? Ein Überfrachten der Bilder mit Informationen muß unbedingt verhindert werden.

Fähigkeit des Publikums zu lernen. Bei der Suche nach der optimalen Methode, meteorologische Daten für Laien geeignet zu visualisieren, darf man die Lernfähigkeit des Betrachterpublikums nicht außer acht lassen. Wie lernen die Fernsehzuschauer, Präsentationen korrekt zu interpretieren? Wie lernte man damals, Satellitenbilder als Information über das vergangene Wetter zu verstehen, als diese noch neu waren? Ist ein weiteres Lernen in dieser Richtung überhaupt möglich und wenn ja, wie schnell?

Wenn man das Betrachterpublikum schulen kann, graphische Präsentationen meteorologischer Informationen korrekt zu interpretieren, dann stellt sich die Frage, ob es nicht eine wahrnehmungspsychologisch optimale Art der Visualisierung gibt, zu deren Verstehen man die Betrachter aber erst schulen muß? Läßt sich die Art der Präsentation allmählich ändern, während die Fernsehzuschauer lernen, ihren Inhalt richtig zu erfassen?

9.5 Zweidimensionale Visualisierungsverfahren

Traditionell waren die meisten Anwendungen von Visualisierungen meteorologischer Daten für das Laienpublikum zweidimensional und lediglich eine Weiterentwicklung der Kreidezeichnungen auf Tafeln von den ersten Meteorologen im Fernsehstudio. Diese Techniken basieren darauf, daß dem Betrachter eine Karte des Vorhersagegebiets in geeigneter Form zusammen mit einer Darstellung wetterbezogener Graphiken darüber präsentiert wird.

Mehrere solcher Bilder aneinandergereiht können dann verschiedene meteorologische Elemente der Wettervorhersage über der gleichen Karte, verschiedene Karten oder verschiedene Zeitschritte von gleichen Daten und gleicher Karte zeigen. Üblicherweise setzt sich eine TV-Wettervorhersage-Präsentation aus einigen der oben erwähnten Elemente zusammen, um dem Betrachter einen Eindruck von globalem sowie regionalem Wettergeschehen und verschiedenen meteorologischen Variablen über die kommenden Tage zu vermitteln.

In diesem Kapitel werden nun die zweidimensionalen Visualisierungstechniken der TV-Komponente TriVis vorgestellt. Mit ihnen lassen sich Satellitendaten, beliebige skalare Daten und wolkenspezifische Daten in der im folgenden beschriebenen Weise visualisieren.

9.5.1 Satelliten- und Radardaten

Mit Satellitendaten bzw. -bildern lassen sich beobachtete Effekte aus der Vergangenheit hervorragend darstellen. Daher werden sie bei fast jeder TV Präsentation von Wettervorhersagen verwendet, um die Wetterlage der letzten Stunden oder des letzten Tages zu verdeutlichen.

Satellitendaten werden mit geostationären (z. B. Meteosat) oder erdumlaufenden Satelliten (z. B. NOAA Satellit) gewonnen. Diese Satelliten machen in regelmäßigen Zeitabständen multispektrale Aufnahmen von der Erde, die anschließend zur Analyse an Bodenstationen übermittelt werden. Zusätzlich zum sichtbaren Bild wird so z. B. auch stets ein Infrarotbild geliefert, welches Aussagen über die Temperaturverteilung aus der Sicht des Satelliten macht und vor allem dann hilfreich ist, wenn die gerade beobachtete Gegend von der Sonne nicht beleuchtet wird.

Mit Hilfe dieser Infrarotaufnahmen lassen sich dann auch die Wolkenformationen nachts rekonstruieren. Dazu nimmt man die Tatsache zu Hilfe, daß die Wolken stets deutlich kälter sind, als der darunterliegende Erdboden. Kennt man also die vom Satellit an einem Punkt gemessene Temperatur und die für diesen Punkt und zu dieser Zeit ermittelte Bodentemperatur, so kann man abschätzen, ob es sich um einen bewölkten Punkt handelt. Das Ermitteln der Bodentemperatur ist bei diesem Verfahren aber genau das Problem. Man kennt nicht für alle Punkte die Bodentemperaturen und bei Schätzungen kann es zu unrichtigerweise erkannten Wolken kommen, wenn z. B. die Luft über einem Gebirge plötzlich extrem stark abkühlt.

Mit dem Einsatz von Modelldaten und Landmasken mit den entsprechenden Filter-algorithmen wird versucht, dies zu verbessern.

Für die Fernsehzuschauer wird aber eine einheitliche und klare Visualisierung der Satellitendaten benötigt, deren richtige Interpretation die Zuschauer erlernen können. Das Verwenden des sichtbaren Kanals zu Zeiten mit Tageslicht macht hier also nur bedingt Sinn, da die damit verbundende sich verändernde Helligkeit und der Wechsel zu einem anderen Spektralkanal für Nachtaufnahmen kaum zumutbar sind. An den Wolkenbewegungen der Vergangenheit kann der Laie Schlechtwetter-gebiete erkennen und Windgeschwindigkeiten abschätzen. Es ist sogar eine gedankliche Extrapolation der gesehenen Wolkenbewegungen in die unmittelbare Zukunft möglich.

Mit einer stetig wachsenden Zahl von Wetterradarstationen lassen sich Wolken und Niederschlagsgebiete immer besser erfassen. Solche Radarstationen sind über das zu erfassende Gebiet am Boden verteilt und schicken Radarimpulse ähnlich denen der Flugüberwachung aus. Anhand des gemessenen Echos lassen sich Gebilde mit dichten Wolken oder mit Niederschlägen lokalisieren und bewerten. Moderne Dopplerradargeräte erlauben es sogar die Geschwindigkeit dieser Gebilde entlang des Meßradius einer Station zu ermitteln. Ein Netz solcher Stationen (z. B. NORDRAD für die skandinavischen Länder) ermöglicht also eine umfassende Bestimmung von Wolken- und Niederschlagsgebieten. Diese Radardaten stellen eine geeignete Ergänzung zu den Satellitendaten dar. Sie decken zwar keine derart großen Flächen so homogen ab, wie das mit Satelliten möglich ist, können aber Niederschläge und deren Intensitäten messen - etwas, zu dem Satelliten wiederum nicht geeignet sind.

In TriVis werden daher nur vorverarbeitete Datensätze visualisiert, die Satelliten-daten, Radardaten oder beide Typen kombiniert enthalten können und von bereits vorhandenen Algorithmen aus der Meteorologie aufbereitet wurden. Diese Daten-sätze werden über definierten Hintergrundkarten mit einer frei wählbaren Farbta-belle visualisiert.

Indem den Datensätzen, die meist auch noch Werte ihres Spektralkanals in wol-kenlosen Gebieten aufweisen, ihr „Hintergrundbild" entzogen und durch eine von TriVis erzeugte Karte ersetzt wird, erscheint die Präsentation von Vergangenheit (gemessene Satelliten- und Radardaten) und der Zukunft (prognostizierte wolken-spezifische oder skalare Daten) einheitlich und integriert.

Die frei wählbare Farbtabelle ermöglicht es, verschiedene Wolkenhöhen oder Niederschlagsintensitäten verschieden einzufärben. Bei Kombinationen von Satel-liten- und Radardaten ist so das Unterscheiden von Wolken ohne Niederschlag (z. B. verschiedene Grautöne) und Niederschlagsgebieten (z. B. verschiedene gelbe und orange Farbtöne) für den Betrachter möglich.

In TriVis werden dazu die vorbereiteten Datensätze als hochaufgelöstes binäres Datenfeld eingelesen. Die von den Vorverarbeitungsalgorithmen als „ungültig" bestimmten Werte, werden durch einen frei definierbaren Schwellwert erkannt und völlig transparent dargestellt. Die übrigen Werte werden bilinear interpoliert, was bei der hier verfügbaren hohen Auflösung ausreichend ist, und entsprechend der Farbtabelle und einer definierbaren Transparenz über die Hintergrundkarte gelegt.

Auf diese Weise kann dem Fernsehzuschauer das Wettergeschehen der letzten Stunden geeignet dargestellt werden. Dies wiederum erleichtert ihm das Verständnis der nun folgenden Präsentation der simulierten Prognosedaten.

9.5.2 Skalare Daten

TriVis kann beliebige skalare Daten, die als Modelloutput auf regulären Gittern einer polarstereographischen Projektion vorliegen, visualisieren. Dabei werden die Daten zunächst lagerichtig auf die Vorhersagekarte gebracht, welche durch die geographischen Kontextdaten definiert ist. Anschließend wird für jedes einzelne Pixel der dort gültige skalare Wert mittels nächster-Nachbar-Methode oder bilinearer, bikubischer bzw. baryzentrischer Interpolation (siehe (12)) ermittelt. Anhand einer vom Anwender definierten Farbtabelle wird dann zu diesem skalaren Wert dem Pixel eine Farbe zugeteilt. Als skalare Daten kommen hier z. B. Temperaturen, Niederschlagsmengen, Schneehöhen, UVB-Strahlungsdosen, Windgeschwindigkeiten etc. in Frage.

In einer Vorverarbeitungsstufe wurde zu Beginn für jedes Pixel außerdem ermittelt, ob es sich über Land oder Meer befindet. Für jeden Zeitschritt wird weiterhin geprüft, ob sich der betreffende skalare Wert für ein jedes Pixel innerhalb oder außerhalb eines vom Anwender festgelegten Intervalls befindet und ob es deshalb ignoriert oder berücksichtigt werden soll, was ebenfalls festgelegt werden kann. Schließlich wird auch jedes Pixel daraufhin untersucht, ob es sich innerhalb eines vom Anwender optional definierten Polygons befindet. In Abhängigkeit der auf diese Weise ermittelten Lage des Pixels wird diesem eine Transparenz, welche konfigurierbar ist, zugeteilt. Mit dieser Transparenz wird dann die jeweilige Farbe für den skalaren Wert auf die Karte gemischt. So können z. B. alle Temperaturwerte über Meeresgebieten ausgeblendet, über Deutschland ganz intensiv und über den übrigen Landgebieten schwach eingeblendet werden.

Um die Visualisierung des Modelloutputs zu ergänzen bzw. zu korrigieren, hat der Anwender mit dem TriVis System die Möglichkeit, beliebige polygonale Gebiete über dem Vorhersagegebiet interaktiv zu definieren und dort frei skalare Werte oder direkte Farben zu bestimmen. Diese Gebiete werden anschließend mit Splines geglättet und über die skalare Visualisierung gelegt.

Eine solche Visualisierung skalarer Daten, die für regelmäßige Zeitschritte der Modelldaten stattfindet und in Einzelbildern für eine Animation resultiert, kann sehr anschaulich Veränderungen in den skalaren Datenfeldern vermitteln.

9.5.3 Wolkendaten

Die wolkenspezifischen Daten stellen besonders hohe Anforderungen an die Visualisierungstechniken, um sie für Laien verständlich darzustellen. Hier handelt es sich um komplexe meteorologische Informationen, die außerdem für die Betrachter von besonders hohem Interesse sind. Wolken sagen sehr viel über das zu erwartende Wetter aus und Laien können Wolkenformationen diesbezüglich gut interpretieren. Um eine effektive Visualisierung für Laien zu erreichen wurden im Rahmen dieser Arbeit erstmals Techniken mit fraktalen Wolken aus der klassischen Computergraphik eingesetzt und den besonderen Erfordernissen angepaßt.

Künstliche zweidimensionale fraktale Wolken. Fraktale Funktionen werden weit verbreitet eingesetzt, um natürliche Phänomene und Elemente wie Pflanzen, Gelände, wellige Wasseroberflächen, Flammen, turbulente Gase oder auch Wolken realistisch nachzubilden [Mand83]. Vor allem im Bereich der Computer-Animation werden künstliche zweidimensionale [Voss85] [LoMa85] oder dreidimensionale [Saka93] fraktale Wolken eingesetzt.

Nach der Glättung der simulierten wolkenspezifischen Daten durch Interpolation müssen daraus nun realistisch wirkende Wolken erzeugt werden. Forschungen, die im Rahmen dieser Arbeit zu der Entwicklung der TV Komponente des Rahmensystems durchgeführt wurden [SaSchrK93], zeigten die Eignung von Fraktalen bei der Visualisierung von Wolkendaten für ein Laienpublikum. Daher werden hier Fraktale als grundlegende Technik zur künstlichen Wolkensynthese eingesetzt, um ein natürliches Erscheinungsbild der Wolken zu erzielen, welches dem Fernsehpublikum vertraut ist und daher die Visualisierung bezüglich eines schnellen Verstehens effektiver macht [Schr93b].

Die hierzu geeignetste fraktale Methode ist die „Rescale-And-Add"-Technik (RAA), die in [Perl85] sowie [Saup88] vorgestellt und in [SaWe92] erweitert wurde. Die wesentlichen Vorteile dieser Methode sind die folgenden:

- lokal unabhängige Berechnung: Das Fraktal kann an jedem Punkt unabhängig von der übrigen Struktur berechnet werden. Dies erlaubt eine durchgehende Parallelisierung mit hohem Wirkungsgrad bei der Implementierung.
- lokal unabhängige Strukturen: Die Parameter des Fraktals können sich an verschiedenen Punkten beliebig unterscheiden. Dadurch sind in dieser Anwendung lokale Wolkenparameter (z. B. typische Erscheinungsbilder von Cirren oder Cumuli) in ein und derselben fraktalen Struktur möglich.
- kein sichtbares Aliasing: Dies erfüllt eine der wesentlichen Anforderungen an mit der Computergraphik erzeugte Bilder.
- minimaler Hauptspeicherbedarf: Da das aufwendige Speichern von umfangreichen Zwischenergebnissen iterativer Berechnungsschritte entfällt, kann der Hauptspeicherbedarf minimal gehalten werden.
- automatische Anpassung an die geforderte Detailstufe: Das Fraktal paßt sein Aussehen an die von der Applikation geforderte Detailstufe an.

Die RAA Technik beginnt mit einem extrem fein aufgelösten Feld von Zufallszahlen (integer lattice [Perl85]), die ein Rauschen um den Mittelwert 0 darstellen, und welches über das gesamte Vorhersagegebiet gelegt wird. Diese diskreten Gitterpunkte werden dann mit Interpolationen linearer, kubischer oder höherer Ordnung zu einer kontinuierlichen stochastischen Funktion verbunden, die *noise* oder besser *Hilfsfunktion* genannt wird.

$$V_H(x,y) = S \times \sum_{k=k_0}^{k_1} \frac{1}{r^{kH}} Aux(r^{k\mu_x}x, r^{k\mu_y}y)$$

Die Hilfsfunktion   (13)

Bei der in (13) dargestellten Hilfsfunktion haben Aux und V_H einen Mittelwert von 0. S ist der Skalierungsfaktor für den Variierungsbereich von V_H. H stellt den Hurst Exponenten und r den Lakunaritätsfaktor dar. k_0 und k_1 definieren die Größe der größten und kleinsten Strukturen. μ_x und μ_y werden verwendet, um die fraktale Dimension in Richtung der X bzw. der Y Achse zu variieren.

Eine fraktale Menge (V_H) ist also definiert als die Überlappung von mehreren geeignet herunterskalierten Kopien der Hilfsfunktion (siehe (13)). Drei der extrahierten Vorhersageparameter der meteorologischen Simulation, nämlich die Wolkendichte, der Kontrast und der Bedeckungsgrad, können auf die entsprechenden Parameter der Fraktals abgebildet werden, um eine den prognostizierten Werten möglichst nahekommende Darstellung zu erreichen. Die lokal unabhängige Struktur der RAA Technik erlaubt dabei die regionale Definition aller benötigten Parameter.

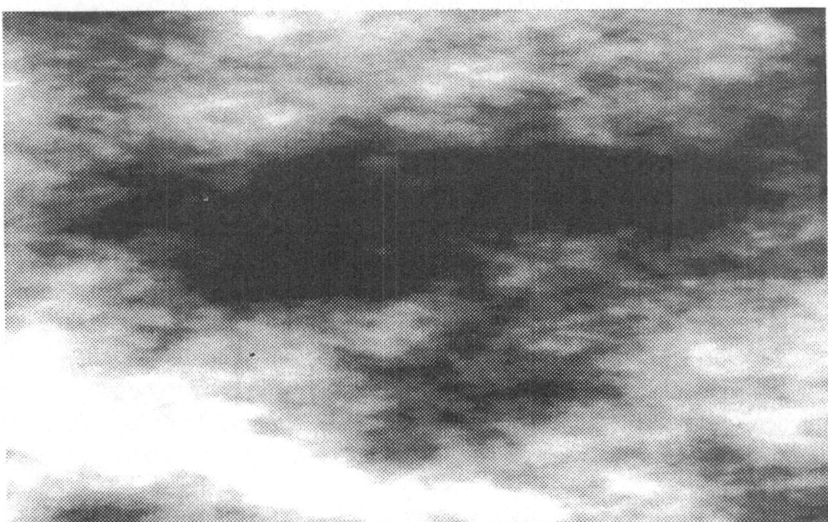

Abb. 74. Eine künstliche zweidimensionale fraktale Wolke

Fraktale Aufbereitung der Wolken. Um also nun eine für Laien möglichst leicht verständliche Art der Visualisierung von wolkenspezifischen Daten zu erreichen, ist es von besonderer Wichtigkeit, daß die als Wolken graphisch präsentierten Objekte den Wolken ähnlich sehen, die der Laie tagtäglich erlebt. Daher werden mit den oben beschriebenen Fraktalen künstlich erzeugte Wolken eingesetzt mit denen sich ein besonders hoher Grad an Realismus erreichen läßt. Auf diesen basieren dann die für TriVis speziell entwickelten Visualisierungsverfahren, bei denen prinzipiell wie folgt vorgegangen wird:

Nach der bereits beschriebenen Interpolation der wolkenspezifischen Rohdaten, werden diese zur Modellierung von fraktalen Wolken eingesetzt. Dieser Prozeß kann auch umgekehrt als fraktale Variation der Rohdaten angesehen werden. Dabei beschreibt das Fraktal eine stochastische Schwingung um die vom Modell prognostizierten Werte. Um die Genauigkeit der Modelldaten beizubehalten, hat die fraktale Schwingung selbst dabei einen Mittelwert von 0. Zur Zeit werden die fraktalen Parameter (in (13)) der Rauhigkeit H, der Granularität k_0, der Lakunarität r, der Anisotrophie μ_x sowie μ_y und des Skalierungsfaktors S beim Start von TriVis über Konfigurationsdateien auf sinnvolle Defaultwerte gesetzt und sie sind während der Laufzeit über Motif-Slider interaktiv veränderbar. In Zukunft ließen sich allerdings auch diese Parameter aus dem numerischen Wettervorhersagemodell extrahieren.

Natürlich sind die fraktalen Wolken nur dort sichtbar, wo der prognostizierte Bedeckungsgrad größer als 0 ist. Dort wird dann die Transparenz der Wolke fraktal variiert. Wie dies geschieht, zeigt (14).

$$\text{transparenz}(x, y) = \text{bedeckungsgrad}(x, y * (D(x, y) + C(x, y) * V_H(x, y))$$

Berechnung der Wolkentransparenz   (14)

In (14) bestimmt C den Kontrast innerhalb der Wolke (normalerweise 1.0) und mit D kann die simulierte Dichte (Default: 0.5) verändert werden. Diese Datenfelder können entweder aus dem Modelloutput stammen (siehe oben) oder auf globale Parameterwerte gesetzt werden. Der Meteorologe kann dann durch interaktive Wahl dieser Werte zur Laufzeit des Systems das Wolkenbild verändern. Die zweidimensionalen Felder werden vorher durch aufwendige Interpolation (siehe (12)) aus den Eingangsdaten bedeckungsgrad(χ, Ψ), D(χ, Ψ) und C(χ, Ψ) gewonnen und liegen dann als bedeckungsgrad(x, y), D(x, y) bzw. C(x, y) vor.

Um der Tatsache Rechnung zu tragen, daß Situationen vorkommen, wo die wesentlichen Wolkenfelder kaum zu erkennen sind, weil dazwischen viele kleinere Wölkchen mit niedrigem Bedeckungsgrad vorhanden sind, kann der Meteorologe interaktiv einen Schwellwert für die Bedeckung definieren, unter dem Wolkenwerte zu ignorieren sind.

Mit dem Einsatz von Fraktalen ist es somit erstmals gelungen, in TV Präsentationen von Wettervorhersagen realistische Wolken darzustellen, die automatisch direkt aus dem Modelloutput im Routinebetrieb erzeugt werden.

Einfärbung der Wolken. Nachdem die künstlichen Wolkenstrukturen für das Vorhersagegebiet erzeugt wurden, müssen sie noch entsprechend der Prognose eingefärbt werden. Der Betrachter kann bereits viele Informationen aus den Formen und dem Erscheinungsbild der Wolken gewinnen. Mit Farbe (hier bieten sich lediglich Grauwerte an) kann aber auch eine Aussage über die vertikale Mächtigkeit - und damit auch etwas über die zu erwartende Aktivität der Wolke - gemacht werden.

In TriVis erhalten daher Wolken mit einer starken vertikalen Ausdehnung dunkelgraue Farbwerte, während flache Wölkchen weiß eingefärbt werden. Diese Einfärbung erscheint bei erstem Nachdenken paradox, da doch die Wolken in einer Ansicht von oben gezeigt werden und die Einfärbung aber von der Lichtmenge bestimmt wird, die vertikal durch die Wolke passieren könnte, also einer Sicht von unten entspräche. Eine realistische Einfärbung der Wolken, wie sie von oben zu sehen wären (abhängig von Wolkenhöhe, Sonnenstand, Staubgehalt, etc.) wäre jedoch bedeutungslos für den Fernsehzuschauer. Die hier gewählte Farbgebung entspricht den tagtäglichen Erfahrungen des Betrachters mit Wolken, wo nämlich aktive Wolken als dunkle „gefährliche" Wolken erscheinen und „freundliche" Wölkchen weiß zu sehen sind.

Gewitter. Auch die Gewitterinformation wird in TriVis leicht verständlich für Laien dargestellt. Da diese Daten nur als binäre Werte von entweder 0 oder 1 auf dem Datenfeld vorliegen, werden sie ebenfalls mit den bereits beschriebenen Verfahren interpoliert, um weiche Ränder der Gewittergebiete zu erhalten.

Die Gewitter werden durch das Generieren und kurze Einblenden eines zweiten Bildes zu jedem Zeitschritt veranschaulicht. Dazu werden im zweiten Bild die Wolken an den Stellen mit prognostiziertem Gewitter in ihrer Bedeckung verstärkt und völlig weiß eingefärbt. Beim kurzen Einblenden entsteht dann beim Betrachter der Effekt aufblitzender Wolkengebiete. Abb. 75 zeigt jeweils ein Bild mit und eines ohne eingeblendete Gewitter.

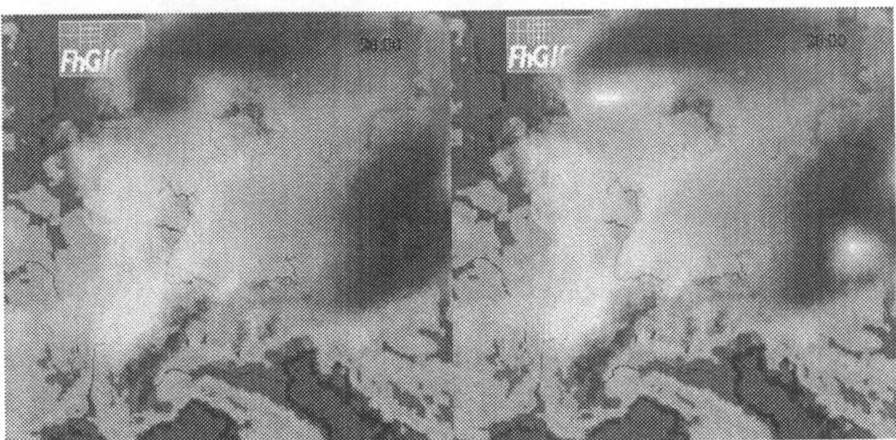

Abb. 75. Der Effekt von Gewittern

Verifikation der Ergebnisse. Um die Ergebnisse, welche mit den oben beschriebenen Verfahren zur Erzeugung von natürlichen Wolken auf der Basis von Modelloutput erzeugt wurden, zu verifizieren, wurden sie mit wirklichen Satellitenbildern verglichen.

Dazu wurde zunächst eine Prognoserechnung abgewartet, welche zum einen in einem hohen Grade richtig war und zum anderen relativ deutliche Strukturen in den Wolken aufwies. Daraufhin wurde der Modelloutput vom Vortag mit den Satellitenbildern zur selben Uhrzeit verglichen. Bilder dieses Vergleichs sind in Abb. 76 zu sehen. Die deutliche Ähnlichkeit zeigt, daß die im Rahmen dieser Arbeit entwickelten Visualisierungsverfahren ideal für die Präsentation prognostizierter Wolken für Laien geeignet sind.

Einige dennoch erkennbare Unterschiede in den Bildern sind dabei in der Behandlung von unterschiedlich hohen Wolken zu erklären. Im oberen Satellitenbild sind sie in verschiedenen Farben dargestellt. In den computergenerierten Bildern wird auf den Modelloutput ohne Höhenangabe zurückgegriffen. Auch sind diese Bilder mit dem Europamodell und seiner groben horizontalen Auflösung von 50 km erstellt worden.

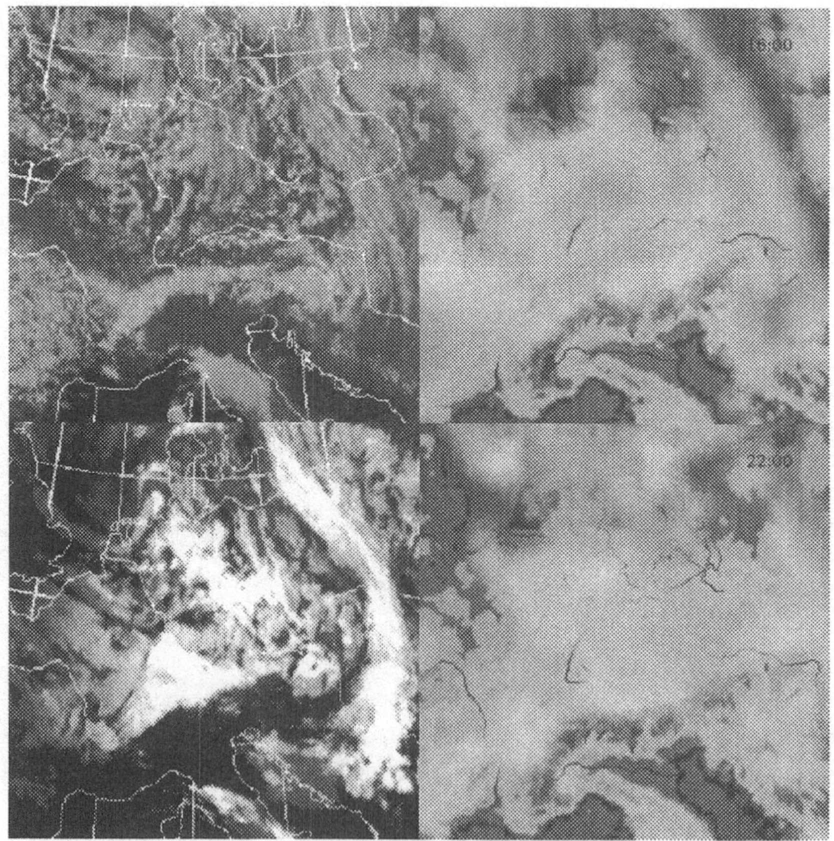

Abb. 76. Vergleich von visualisierten Wolkendaten und echten Satellitenbildern

Manuelles Hinzufügen von Wolken. Die meisten numerischen Wettervorhersage-modelle haben Probleme mit der Prognose von sehr niedrigen Wolkenschichten oder Nebel. Solche Wetterlagen können aber durchaus aus Erfahrungen gewonnen werden und müssen Bestandteil der TV-Wettervorhersage sein. Daher ist es wichtig, dem Meteorologen im Routinebetrieb das manuelle interaktive Hinzufügen von solchen Wolken zu ermöglichen.

In TriVis wurde dafür das ManTool entwickelt, mit welchem polygonale Gebiete ausgewählt werden können. Für diese Gebiete ist es dann möglich, beliebige wolkenspezifische Werte und fraktale Parameter anzugeben, die dann ganz lokale Wolken definieren. So lassen sich Nebelbänke durch horizontal gestreckte Fraktale mit geringer Granularität erzeugen. Das Datengitter dieser manuell eingeführten Wolken orientiert sich am Bildraum und beträgt einen Gitterpunkt pro Pixel.

Momentan können manuell eingegebene Wolkengebiete lediglich in Intervalle von Zeitschritten kopiert werden. Ein „Morphing" mit automatischer Veränderung der Positionen und Parameter ist jedoch möglich und vorgesehen.

9.5.4   Niederschläge

Im Zusammenhang mit der Darstellung von prognostizierten Wolken ist die Visualisierung von vorhergesagten Niederschlägen von großer Bedeutung. Aus den Modelldaten lassen sich für jeden Gitterpunkt der zu erwartende Niederschlagstyp und die entsprechende Menge extrahieren. Nun gilt es, sie zusammen mit den Wolken geeignet in einer Animationssequenz darzustellen.

In TriVis geschieht dies durch die automatische Auswahl und Animation von Niederschlagspixmaps. Dabei können die einzelnen Fernsehstationen ihre Pixmaps für Regen, Schneeregen und Schnee und für verschiedene Stärken generieren und TriVis zur Verfügung stellen. Das System erhält dann den Modelloutput und greift auf die entsprechende Pixmap zurück, die schließlich dort ins Bild eingeblendet wird, wo Niederschlag prognostiziert wurde.

Zu jeder Niederschlagspixmap kann zusätzlich ein Animationsvektor definiert werden. Er bestimmt, wie stark die entsprechende Pixmap zwischen zwei Einzelbildern verschoben wird. So kann starker Regen schnell nach „unten" fallen, während Schneeflocken eher langsam diagonal über das Bild gleiten. Da die Daten meist höchstens stündlich vorliegen, wäre eine solche Animation zu grob. Es können daher pro Datenzeitschritt mehrere Einzelbilder mit verschobenen Pixmaps generiert werden. Dadurch entsteht der Eindruck, daß der Niederschlag weich und kontinuierlich fällt, während sich die zugrundeliegenden Daten nur ruckweise verändern. Abb. 77 zeigt eine Situation mit Niederschlag über den Wolken.

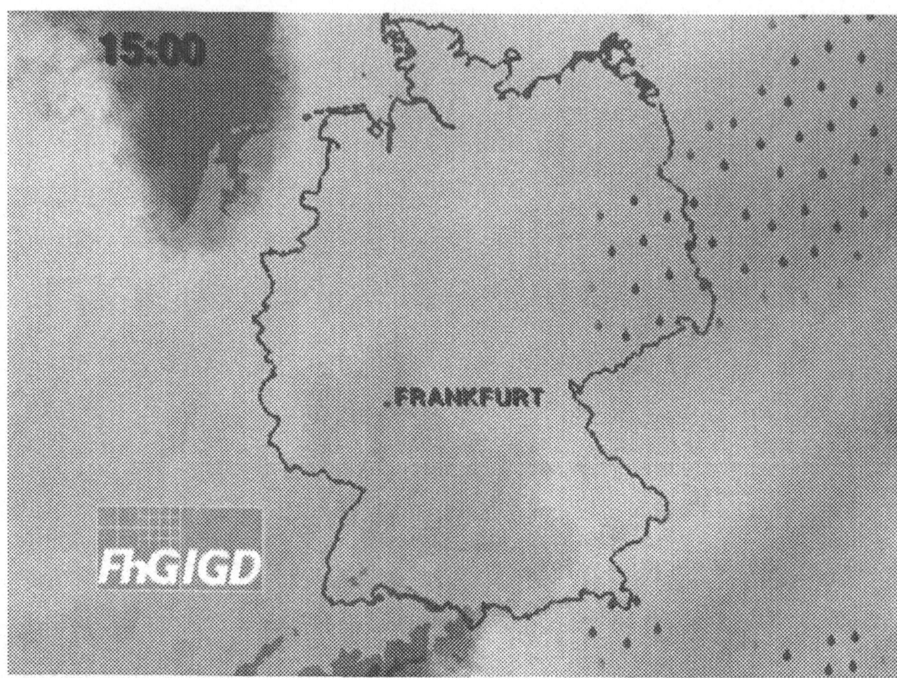

Abb. 77. Niederschlag über den Wolken visualisiert.

Die animierten Niederschlagspixmaps können wahlweise über oder unter den Wolken visualisiert werden. Über den Wolken haben sie zwar wieder eine unrealistische Position, sind aber leichter erkennbar.

9.5.5   Zusätzliche Informationen

Die Entscheidung, wieviele meteorologische Elemente in ein und derselben Sequenz bzw. in einem einzelnen Bild gleichzeitig dargestellt werden sollen und können, ist im Einzelfall zu treffen. Allerdings lassen sich generelle Regeln aufstellen, die besagen, daß a) nicht zu viele Elemente gleichzeitig gezeigt werden sollten (maximal 3 oder 4), b) alle gleichzeitig gezeigten Elemente inhaltlich miteinander verbunden sein sollten (z. B. Regen über den Wolken) und c) verschiedene Darstellungstechniken für verschiedene Elemente verwendet werden müssen.

Letzterem wird in TriVis dadurch Rechnung getragen, daß über farbkodierte Satellitendaten, Radardaten, skalare Daten oder Wolkendaten zusätzliche Informationen in Form von Linien (Fronten und Isolinien), Texten und Symbolen dargestellt werden können. Der Betrachter kann dann sehr wohl z. B. zwischen den Informationen der visualisierten Wolken und denen der darübergelegten Isobarenlinien unterscheiden.

Isolinien und Fronten. TriVis kann beliebige skalare Datensätze in Form von Isolinien über die Darstellung beliebiger anderer Daten legen. Mit Isobaren können so die Druckfelder verdeutlicht werden, welche die Wolken bewegen, die unter diesen Linien sichtbar gemacht werden. Durch die Wahl von Linien als graphische Elemente lassen sich diese Informationen von denen der eingefärbten Flächen gut unterscheiden.

Fronten lassen sich zur Zeit noch nicht vollautomatisch aus Modelloutput errechnen. Deswegen wird dies beim Deutschen Wetterdienst tagtäglich von der TKB-Schicht (Thematische Karte Boden) im Routinebetrieb manuell durchgeführt. Die Ergebnisse dieser Arbeiten lassen sich anschließend in TriVis verwenden. Hier werden sie als Warm- oder Kaltfronten bzw. Okklusionen mit verschiedenen Farben und den entsprechenden Symbolen dargestellt. So läßt sich z. B. eine Großwetterlage besser verdeutlichen. Allerdings liegen die Fronten nicht für jeden Modellzeitschritt sondern meistens lediglich in sechs-stündigen Abständen vor und sind daher besser für Standbilder als für Animationen geeignet.

Texte und Symbole. Aus dem Modelloutput, der ja als flächendeckendes Feld von einzelnen Werten vorliegt werden aber auch statistisch korrigierte (Kalmann- oder MOSS-Filter) Prognosen für einzelne Stationen erzeugt. Liegt also z. B. eine Stadt in einem Tal inmitten einer sonst eher hochgelegenen Gebirgsregion, so wird das numerische Wettervorhersagemodell dort eine recht große mittlere Orographiehöhe für die entsprechenden Gitterquadrate (50 km x 50 km beim Europamodell des DWD) annehmen. Die dann für dieses Gebiet berechnete Temperatur in Bodennähe ist ohne Bedeutung für die in der Stadt lebenden Menschen. Eine statistische Korrektur kann aus dem Modellwert auf den wahrscheinlichsten Wert für die Stadt schließen. Diese Stationswerte liegen als Menge einzelner Prognosepunkte vor, deren Werte von hohem Interesse für das Zuschauerpublikum sind.

In TriVis können diese Stationswerte als zusätzliche Information über flächenmäßig visualisierte Datenfelder gelegt werden. Dabei können Zahlenwerte, beliebige Texte oder Symbole verwendet werden. Die numerische Prognose bestimmt also für eine gegebene Liste von Stationen die statistisch korrigierten Werte, die dann als Zahlenwerte (z. B. Temperatur), als Text (z. B. „Bodenfrost") oder als Symbol (z. B. Straßenschild „Schleudergefahr") angezeigt werden können. Eine Beispielanwendung ist das Darstellen der Temperaturen über dem Vorhersagegebiet mittels eingefärbter Flächen, die einen Eindruck der Verteilung vermitteln können, und einzelner Stationswerte für die größten Städte, die mit Absolutwerten eine quantifizierbare Aussage vermitteln.

9.6 Dreidimensionale Visualisierungsverfahren

Auch für TV-Präsentationen von Wettervorhersagen ist es sinnvoll, dreidimensionale Darstellungsformen einzusetzen. Zum einen lassen sich so regionale Effekte (z. B. Fönsituation an den deutschen Alpen) wesentlich besser verdeutlichen und zum anderen bieten solche perspektivischen Projektionen dreidimensionaler Wetterlagen besonders attraktive und spektakuläre Graphikeffekte, die positiven Einfluß auf Einschaltquoten haben.

Das System TriVis wurde daher um spezielle Module erweitert, die alle in Frage kommenden Datentypen (siehe oben) dreidimensional visualisieren können.

9.6.1   Satellitendaten

Korrekte Volumeninformationen für Satellitendaten zu erhalten, ist nur selten möglich und dann auch nie in ausreichender Qualität für eine dreidimensionale Visualisierung für Fernsehzuschauer. In TriVis werden daher bei gewünschter räumlicher Präsentation von Satellitendaten diese zunächst in wolkenspezifische Daten umgewandelt, um anschließend wie solche dargestellt zu werden (siehe unten).

Bei dieser Konvertierung wird wie folgt vorgegangen: Man betrachtet die Satellitendaten (z. B. den Infrarotkanal) nach dem bereits beschriebenen Postprocessing als hoch-aufgelöstes zweidimensionales skalares Feld, welches die Informationen über Existenz von Wolken und dann deren Temperaturen beinhaltet. Für ein gröberes Gitter des zu errechnenden wolkenspezifischen Datensatzes mittelt man die Werte der in jeweils ein grobes Feldviereck fallenden feineren ursprünglichen Vierecke.

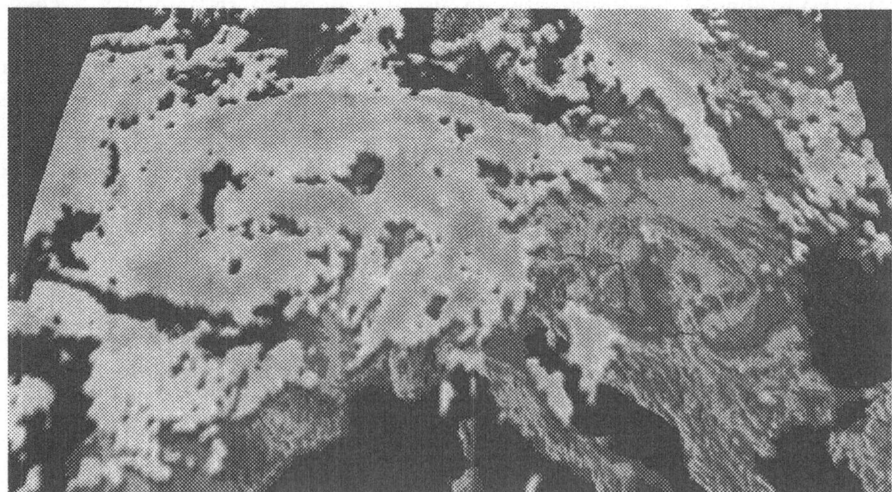

Abb. 78. Satellitendaten (Meteosat, Infrarotkanal) über Europa in dreidimensionaler Präsentation

Beispielsweise läßt sich so über die mittlere Temperatur die mittlere Wolken-
obergrenze abschätzen. Die Temperaturschwankungen innerhalb des groben Vier-
ecks sagen etwas über den Kontrast innerhalb der Wolke aus. Der Bedeckungsgrad
kann über die Relation von feinen Wolkenvierecken zu Vierecken ohne Wolke
innerhalb des groben Datenfeldes ermittelt werden. Abb. 78 zeigt Satellitendaten
(Meteosat, Infrarotkanal) über Europa in dreidimensionaler Präsentation.

9.6.2   Skalare Daten

Im Gegensatz zu Wolken, bei denen auch Laien Informationen aus dem Erscheinungsbild gewinnen können, gibt es für skalare meteorologische Daten wie Temperatur keine visuellen Formen im täglichen Erleben von Wetter. Allerdings sind
Fernsehzuschauer in geringem Maß bereits mit dem Interpretieren farblich kodier-
ter skalarer Daten auf Karten vertraut (z. B. Temperatur, Ozonloch, Winter-Smog,
Wahlergebnisse, Pollenverteilung).

In einer dreidimensionalen Szene können skalare Daten als Volumendaten aufge-
faßt und mit den entsprechenden Techniken (siehe Kap. 3) visualisiert werden. Die
damit erzeugten Bilder sind aber üblicherweise selbst für Fachleute schwer zu
interpretieren und darüberhinaus sind die meisten skalaren Daten, die nicht für
bodennahe Schichten vom Modell berechnet wurden, für die Fernsehzuschauer von
geringerem Interesse.

Aufgrund dieser Tatsachen werden in TriVis skalare Daten nur direkt auf das
Geländemodell abgebildet. Damit wird eine Konzentration auf das wesentlichste
(z. B. Boden- oder 2-Meter-Temperatur) und eine erleichterte Zuordnung der skalaren Werte zu Regionen der Karte erreicht. Abb. 79 zeigt Bodentemperaturen in
dreidimensionaler Präsentation.

Abb. 79. Bodentemperaturen in dreidimensionaler Präsentation

Als sehr geeignet erwies sich die gleichzeitige Darstellung von skalaren Daten auf dem Boden mit realistischen dreidimensionalen Wolken und Niederschlag. So kann man aus dichten Wolken Regen fallen lassen, während eine dunkelblaue Farbe auf dem Boden Frost darstellt - für jeden ist die zu erwartende überfrierende Nässe einleuchtend. Solch komplexe Darstellungen müßten natürlich mit ausreichend Zeit präsentiert und erläutert werden.

9.6.3   Realistische dreidimensionale Wolken

Auch bei der dreidimensionalen Darstellung war es natürlich das Ziel, realistische Wolken automatisch basierend auf Modelloutput zu generieren. Der Lösungsansatz war nun, die bewährten schnellen zweidimensionalen Fraktale einzusetzen, um in diesem Fall dreidimensionale Wolken zu generieren, die sich mit Standard-Graphikhardware ohne großen Zeitaufwand darstellen lassen.

Einsatz von 2D Fraktalen zur schnellen Generierung von realistischen 3D Wolken. Einige kommerzielle Produkte verwenden lediglich einfache triangulierte Isoflächen, die mit gängigen Verfahren wie dem „Marching Cubes" Algorithmus aus meteorologischen Volumendaten gewonnen wurden, zur Darstellung von dreidimensionalen Wolken in TV-Anwendungen. Dies hat natürlich die bekannten Einschränkungen, die hauptsächlich in den normalerweise sehr grob aufgelösten meteorologischen Datensätzen begründet sind, und führt so zu deutlich sichtbaren Artefakten. Darüberhinaus wurden auch bereits dreidimensionale fraktale Funktionen experimentell zur Erzeugung von wirklich voxelbasierten künstlichen Wolken eingesetzt [Cian93, Saka93]. Allerdings ist der Zeitbedarf zur Berechnung von dreidimensionalen Fraktalen verhältnismäßig hoch und der Aufwand für das Rendering dieser Wolken mit Raycastern oder Raytracern und das Einmischen von polygonalen Kontextgeometrien für Routineapplikationen nicht praktikabel.

In dem hier neu entwickelten Ansatz wird daher der numerische Output der meteorologischen Simulationsmodelle verwendet, um mit schnellen zweidimensionalen Fraktalen berechnete künstliche Wolken zu parametrisieren, zu formen und zu überblenden. Die Ergebnisse dieser Berechnung werden zur Konstruktion von dreidimensionalen Geometrien aus hochaufgelösten Dreiecksnetzen verwendet, die sich schnell von Graphikhardware verarbeiten lassen und einen sehr realistischen Eindruck erwecken.

Eingangsdaten. Die entwickelten Verfahren zur Erzeugung von Wolken können direkt auf die von den Simulationsmodellen beim Deutschen Wetterdienst erzeugten Daten aufsetzen (siehe oben).

Aus diesen Modellen werden sieben wolkenspezifische Parameter für jeden Gitterpunkt in der Horizontalen extrahiert: Bedeckungsgrad, vertikale Mächtigkeit der Wolke, Basishöhe (speziell für 3D Wolken), Kontrast, mittlere Dichte, Niederschlagstyp und -stärke und schließlich Gewitterwahrscheinlichkeit.

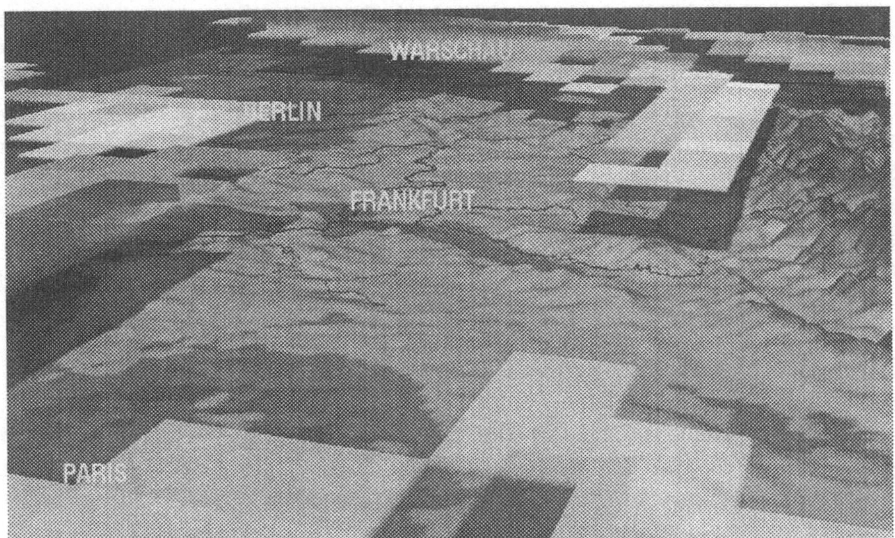

Abb. 80. Wolkenspezifische Daten über Zentraleuropa in der ursprünglichen Form

Interpolation und Glättung. Abb. 80 zeigt solche Daten auf ihrem original Modellgitter über einem knapp 1000 x 1000 km großen Vorhersagegebiet. Vor der weiteren Verarbeitung müssen diese Daten also wirksam mit den bereits beschriebenen Interpolationsmethoden (z. B. baryzentrische Interpolation aus (12)) geglättet werden, um alle sichtbaren Blockstrukturen zu eliminieren.

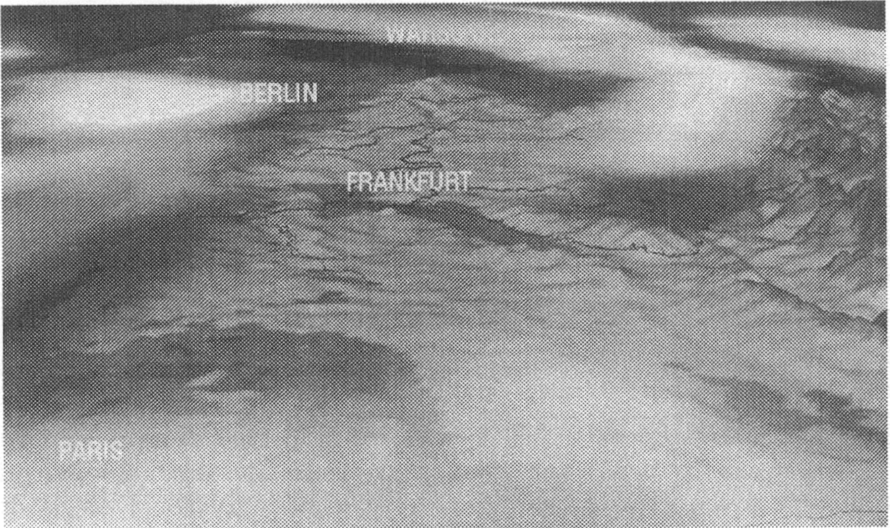

Abb. 81. Originaldaten nach der aufwendigen Glättungsprozedur

Berechnung des zweidimensionalen Fraktals. Nach der Glättung der simulierten Daten (Abb. 81 zeigt die wolkenspezifischen Daten nach baryzentrischer Interpolation) müssen daraus nun realistisch wirkende Wolken erzeugt werden. Hier werden dafür Fraktale als grundlegende Technik zur künstlichen Wolkensynthese eingesetzt, um ein natürliches Erscheinungsbild der Wolken zu erzielen, welches dem Fernsehpublikum vertraut ist und daher die Visualisierung verständnismäßig effektiver macht [Schr93b]. Aus Geschwindigkeitsgründen werden die gleichen Funktionen verwendet (RAA-Technik), die bereits im Fall zweidimensionaler Wolken zum Einsatz kamen (siehe Kap. 9.5.3).

Modellierung der dreidimensionalen Wolken. Nachdem die wolkenspezifischen Daten aus den Ergebnissen der Simulationsmodelle extrahiert wurden und auf feineren Gittern wirksam geglättet werden konnten, müssen sie nun mit dem ebenfalls generierten zweidimensionalen Fraktal verbunden werden. In diesem Prozeß wird das RAA-Fraktal von den meteorologischen Daten eingeblendet und geformt [ASaSc95]. Das Resultat, das auch als fraktal gestörte Originaldaten betrachtet werden kann, wird nun in Geometrien für die obere und untere Schale des Wolkengebildes umgewandelt. Beide Schalen werden abschließend entsprechend der vertikalen Mächtigkeit auseinandergezogen und der ebenfalls prognostizierten Basishöhe entsprechend in der Vertikalen verschoben. Schließlich werden beide Schalen miteinander zu einer dreidimensionalen Wolke verbunden. Zum schnellen Rendering auf Standard-Graphikhardware bestehen die resultierenden Geometrien aus beliebig feinen Dreiecksnetzen, deren einzelne Dreiecke entsprechend verschieden transparent und eingefärbt sind.

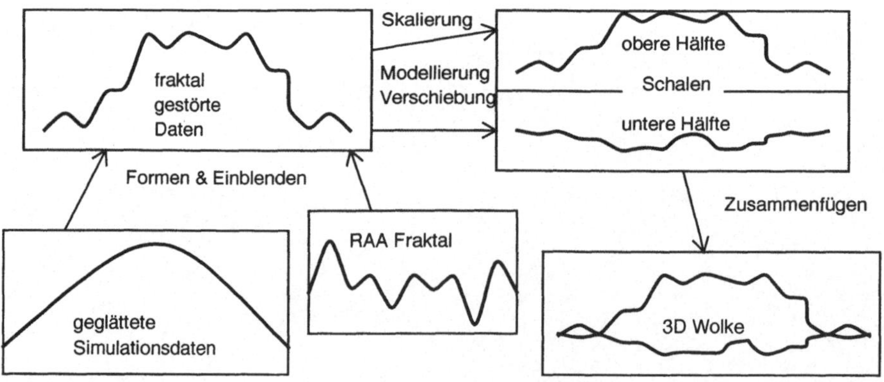

Abb. 82. Prozeß des Konvertierens von Fraktalen zu Wolken

Der Abstand zwischen der oberen und unteren Schalenhälfte ist dabei durch die vertikale Mächtigkeit definiert und die Höhe der Wolke über dem Meeresspiegel wird durch die Basishöhe bestimmt. Der Wolkenkontrast reguliert die Amplitude der fraktalen Störung. Grauwert und Intensität des Wolkenschattens auf dem Boden werden anhand der spezifischen Dichte in Verbindung mit der vertikalen Mächtigkeit bestimmt. Hier wird prinzipiell berechnet, wieviel Licht die Wolke in

der Senkrechten von oben nach unten durchdringen könnte. Der Bedeckungsgrad
beeinflußt schließlich die Granularität und die Transparenz der Wolke, vor allem in
den Randregionen.

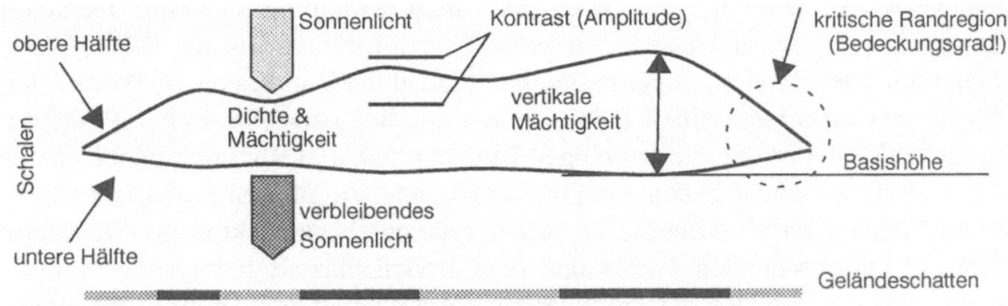

Abb. 83. Simulierte Daten werden auf Wolkeneigenschaften abgebildet

Besondere Aufmerksamkeit muß den Rändern der Wolken geschenkt werden,
wo die obere und untere Schalenhälfte genau aneinanderliegen müssen, ohne Spal-
ten, Durchdringungen oder Überlappungen. Dies kann aber dadurch garantiert werden, daß dem Bedeckungsgrad höchste Priorität in diesen kritischen Regionen der
Wolkenobjekte eingeräumt wird.

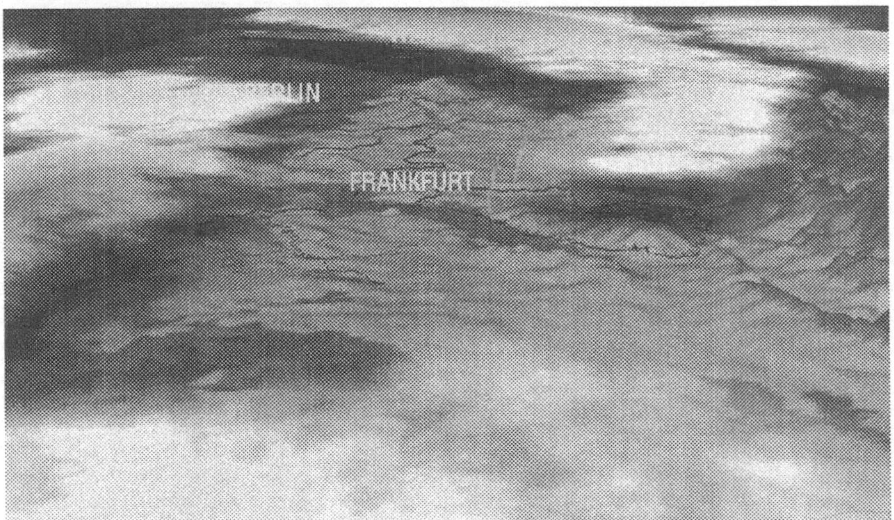

Abb. 84. Dreidimensionale Wolken nach Glättung und fraktaler visueller Verbesserung

9.6.4   Niederschläge und Gewitter

Natürlich ist die Darstellung von Niederschlägen und Gewittern in dreidimensionalen TV-Präsentationen von Wettervorhersagen immens wichtig. Hier liegt schließlich auch eine der Stärken der räumlichen Visualisierung, denn sie erleichtert das
Hervorheben lokaler meteorologischer Effekte für das Laienpublikum.

Nun wird bei einer sehr realistisch wirkenden Präsentation von Bewölkungen über dem Gelände des Vorhersagegebiets vom Betrachter auch eine besonders realistische Darstellung von Niederschlägen und Gewittern erwartet. Bei einer Orthogonalprojektion, wie sie in TriVis bei allen zweidimensionalen Techniken verwendet wird, ist das Darstellen von Zusatzinformationen für z. B. Niederschläge über den Wolken zulässig, da eine eindeutige Zuordnung zu Wolken und Gelände aus einem einzelnen Bild möglich ist. Bei perspektivischer Projektion räumlicher Wetterszenen mit beliebigen Blickpunkten und Blickrichtungen ist dies allerdings nicht mehr gegeben. Graphische Objekte, die für den Betrachter Gewitter und Niederschläge verdeutlichen sollen, müssen also korrekt in der Szene zwischen der entsprechenden Wolke und dem Boden plaziert werden. Sie müssen darüberhinaus völlig der perspektivischen Projektion (Größe nimmt mit zunehmender Entfernung vom Betrachter ab) und der Verdeckungsberechnungen (Hidden Surface) unterworfen werden, um die räumliche Zuordnung überhaupt zu ermöglichen. Abb. 85 zeigt die dreidimensionale Präsentation von Niederschlägen mit Gewittern. Im Hintergrund sind links die Alpen zu sehen und rechts liegt Frankreich.

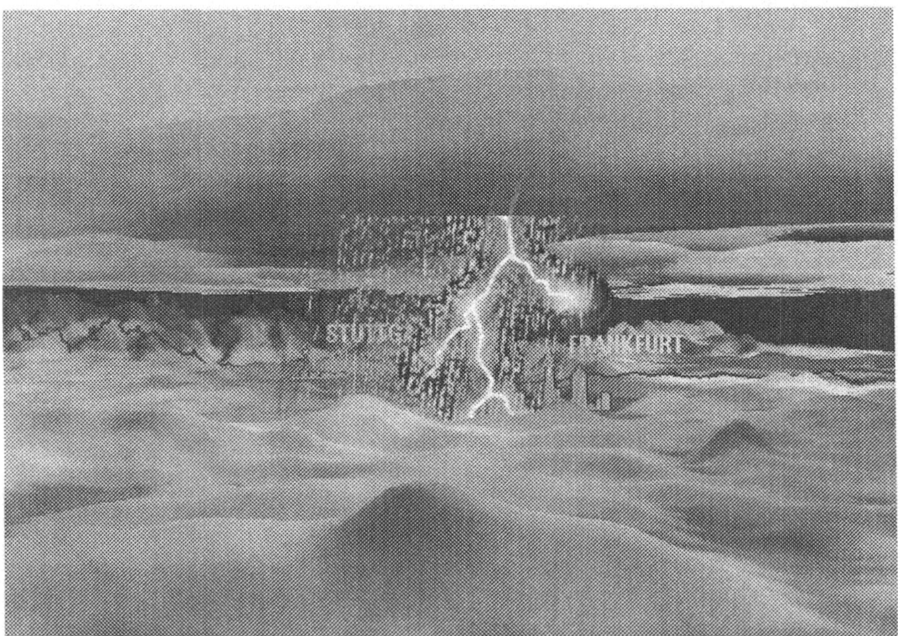

Abb. 85. Dreidimensionale Präsentation von Niederschlägen mit Gewittern

Niederschläge werden mit Hilfe derselben Datensätze des numerischen Wettervorhersagemodells visualisiert, wie dies im bereits oben beschriebenen zweidimensionalen Fall geschehen ist. Der Datensatz enthält Informationen auf einem zweidimensionalen Gitter über Typ und Stärke des zu erwartenden Niederschlags pro Gitterpunkt. Der Fernsehsender kann dann seine eigenen Pixmaps oder Niederschlagsobjekte mit Animationsvektoren bereitstellen. TriVis plaziert und animiert dann entweder die verschieden transparenten Niederschlagspixmaps als Texturen an den entsprechenden Stellen auf dem Gelände (siehe Abb. 85) oder es läßt die bereitgestellten Niederschlagsobjekte (z. B. Wassertropfen oder Schneeflocken) aus den Wolken auf den Boden fallen (siehe Abb. 86).

Abb. 86. 3D Präsentation von Schnee und Regen des Hessischen Rundfunks

Bei Gewittern wird mit einer frei definierbaren Häufigkeit in der Szene ein ebenfalls entweder als Textur oder Objekt bereitgestellter Blitz an den entsprechenden Stellen plaziert. Er ist allerdings dort nur für ein Einzelbild der Animation sichtbar, um über das kurze Aufflackern den Gewittercharakter zu verstärken. Gleichzeitig wird in der Szene für dieses einzelne Bild mit Blitz an den Stellen mit Gewitter eine lokale helle Lichtquelle plaziert, welche die Szene von dort aus illuminiert. Hier wird wieder auf die alltäglichen Erfahrungen der Fernsehzuschauer zurückgegriffen, um eine schnell und intuitiv verständliche Art der Visualisierung komplexer meteorologischer Informationen zu erreichen.

9.6.5   Winddaten

Wind spielt ebenfalls eine wichtige Rolle im Alltag der Fernsehzuschauer und sollte daher Bestandteil der Wettervorhersage sein. Im Zweidimensionalen kann man Wind mit Pfeilsymbolen für die Richtung und zusätzlichen Zahlen für die Stärke darstellen. Im Dreidimensionalen wird aber ein verstärkter Realismus von den Betrachtern gefordert. Hier gilt es also, eine Form der Präsentation zu finden, die sowohl realistisch als auch rasch zu begreifen ist, da sie auf Bekanntes beim Zuschauer zurückgreifen kann.

In TriVis wird daher zur dreidimensionalen Visualisierung von Winddaten der Windsack als vollautomatisch animiertes Symbol eingesetzt. Er eignet sich besonders für diese Aufgabe, da er mit seinem Verhalten sowohl Windrichtung als auch Windstärke veranschaulichen kann und weil die meisten Menschen gewohnt sind, diese Informationen einem wirklichen Windsack in kürzester Zeit zu entnehmen. Abb. 87 zeigt einen Windsack in der Mitte Deutschlands. Es können prinzipiell beliebig viele Windsäcke im Vorhersagegebiet plaziert werden. Das Verhalten der einzelnen Windsäcke bestimmen die statistisch korrigierten Prognosedaten des numerischen Wettervorhersagemodells für die jeweilige Station.

Abb. 87. Visualisierung von Winddaten

9.6.6   Zusätzliche Informationen

Auch in dieser Art der Präsentation von Wetter ist natürlich das Einblenden zusätzlicher Informationen nötig. Aus den bereits oben aufgeführten Gründen erfordert die perspektivische Projektion auch hier die korrekte Plazierung der graphischen Objekte, die für die Verdeutlichung zusätzlicher Informationen in Frage kommen, in der räumlichen Szene und es ist ein einfaches mischtechnisches Einblenden auf Bildebene nicht mehr möglich. Darüberhinaus sollen natürlich die neuen Möglichkeiten einer dreidimensionalen Präsentation auch für Objekte, die zusätzliche Informationen vermitteln, unterstützt werden.

In TriVis ist es daher möglich, Texturen mit beliebigen Pixmaps und verschiedenen Transparenzen (z. B. Straßenschild „Schleudergefahr") oder Objekte mit dreidimensionalen frei eingefärbten Geometrien (z. B. überdimensionaler Sonnenschirm) zusätzlich in der Szene zu plazieren.

Da Texturen keine räumliche Ausdehnung haben, werden sie stets orthogonal zur horizontalen Position des Betrachters ausgerichtet und stehen senkrecht auf dem Gelände. Die Objekte mit dreidimensionalen Geometrien werden in ihrer Ausrichtung nicht verändert. Bei ihnen ist eine Animation der Position und der Gestalt über Bewegungspfade und Listen von Geometrien möglich. So kann man im Herbst einen nach Süden ziehenden und mit den Schwingen schlagenden Kranich in der Szene präsentieren.

Analog zu der Darstellung zusätzlicher Informationen in den zweidimensionalen Modulen von TriVis, können hier auch sämtliche Symbole sowie Text mit dreidimensionalen Buchstaben sowohl automatisch über statistisch korrigierte Modelldaten sowie auch völlig manuell plaziert werden.

Als Besonderheit wurde die Möglichkeit der Plazierung und Animation von Lichtquellen ermöglicht. Normalerweise wird die gesamte Szene von einer Lichtquelle beleuchtet, die statisch bleibt, um den Betrachter nicht zu verwirren. Für besondere Effekte kann allerdings beliebigen dreidimensionalen Symbolen (z. B. in Form einer Sonne) eine Lichtquelle zugeordnet werden, die sich dann ebenfalls dem Animationspfad dieses Objektes folgend bewegt. So kann eine künstliche Sonne über den Horizont wandern und die Szene erst von Osten und schließlich von Westen her beleuchten.

9.6.7   Renderingtechniken

Wie bereits erwähnt werden in den 3D Modulen von TriVis sämtliche meteorologischen Daten und ihre Kontextobjekte in polygonale Geometrien überführt, die anschließend mit dem Vis-a-Vis Renderingsystem in Bilder umgesetzt werden [FrHaSchr92] [Früh93]. Hier soll kurz skizziert werden, wo beim eigentlichen Rendern solcher dreidimensionaler Wetterszenen die Besonderheiten liegen.

Das Gelände stellt besonders hohe Anforderungen an die graphische Darstellung [Kan89]. Zum einen muß es eine hohe Auflösung haben, um auch noch kleine Orographiedetails zu zeigen und zum anderen ist es mit einem hochauflösenden Bild wie etwa einem Satellitenbild zu texturieren. Wenn man zudem noch dicht über dem Boden eine Kamerafahrt über weite Entfernungen berechnet, muß diese hohe Auflösung in Geometrie und Textur über mitunter sehr große Flächen verfügbar sein. Damit das Rendering dennoch in vertretbarer Zeit zu bewältigen ist, sind die Techniken des Cone-of-Vision und der Level-of-Detail [Hodg96], welche üblicherweise in der Virtuellen Realität eingesetzt werden, angepaßt und in TriVis integriert worden. Somit werden nur überhaupt sichtbare Objekte an die

Graphikhardware weitergegeben und der jeweils notwendige Detailgrad hängt direkt mit der Entfernung der einzelnen Objekte zum Betrachter ab. Beim Gelände muß dieses dafür zunächst gekachelt werden und jede einzelne Kachel in verschiedenen Detailgraden vorgehalten werden. Besonders kritisch sind die Übergänge zwischen einzelnen Kacheln verschiedener Detailgrade.

Die Wolken werden ebenfalls als verschieden transparente Dreiecksnetze an die Graphikhardware weitergereicht. Da diese aber transparente Objekte stets in der Richtung zum Betrachter hin übergeben bekommen muß, ist das Dreiecksnetz der Wolken stets umzusortieren, wenn sich Augpunkt oder Blickrichtung des Betrachters ändern. Das muß dabei innerhalb beider Wolkenschalen geschehen und anschließend ist unter den Schalen selbst zu sortieren. Zusätzlich sind auch die Wolkenschalen in Kacheln verschiedenen Detailgrades zu halten und mit den oben genannten Techniken für die Hardware vorzubereiten.

Werden Niederschläge als animierte semitransparente Texturen dargestellt, so sind diese ebenfalls für die Hardware in eine Renderingreihenfolge, welche vom Bildhintergrund zum Vordergrund gerichtet ist, zu bringen. Kommen aber modellierte Objekte wie Regentropfen oder Schneeflocken für die Visualisierung von Niederschlägen zum Einsatz, müssen auch diese mit verschiedenen Level-of-Detail berechnet werden. So kann Regen am Horizont höchstens als Punktewolke dargestellt oder gänzlich weggelassen werden, während sehr naher Niederschlag fein erkennbare Formen benötigt, die detailgetreu wiedergegeben werden müssen. Ab einer bestimmten Nähe sollten solche Objekte übrigens ebenfalls ausgeblendet werden, da sie ansonsten eine zu unrealistisch große Ausdehnung bekommen.

9.7 Präsentationskonzepte für 3D TV-Wetter

Die Präsentation von dreidimensionalen Wettervorhersagen im Fernsehen verlangt völlig neue redaktionelle Konzepte. Im Rahmen dieser Arbeit wurden bei der Entwicklung der TV-Komponente TriVis solche Konzepte zusammen mit den einzelnen Fernsehanstalten erarbeitet. Dreidimensionale Daten, die perspektivisch korrekt visualisiert werden, werfen zusammen mit einer räumlich frei wählbaren Positionen des Betrachters eine Vielzahl neuer Fragen auf und bieten völlig neue Möglichkeiten, so daß fast keine Regeln für herkömmliche zweidimensionale Wettervorhersagen mehr greifen.

Daher wurden in dieser Arbeit zunächst die Ziele einer solchen Prognosepräsentation spezifiziert und anschließend die Anwendungen der neuen Technik herausgearbeitet.

9.7.1 Ziele einer 3D TV-Wetterpräsentation

Die Ziele einer dreidimensionalen Wetterpräsentation im Fernsehen hängen natürlich sehr stark von dem jeweiligen Sender und seines Charakters sowie vom entsprechenden Zielpublikum ab. Sogar innerhalb eines Senders können verschiedene Nachrichtensendungen unterschiedliche Ansätze verfolgen. Eine renommierte Abendnachrichtensendung muß z. B. wegen ihres sachlichen und nüchternen Charakters eine dementsprechende Präsentation der Wettervorhersage bieten. Beim selben Sender kann das Spätabendprogramm eine lockere und eher unterhaltsame Präsentation sowohl in Wort wie in Bild anvisieren. Verschiedene Zielsetzungen fordern auch verschiedene Konzepte zur Realisierung. Jedoch haben alle Kanäle eine gemeinsame klare Priorität: Die Wettervorhersage muß ansprechende und attraktive Computergraphik bieten, um entweder die Einschaltquoten zu erhöhen oder vom Abfallen nach dem Nachrichtenblock zu hindern, wenn Werbung zwischen diesem Block und der Wettervorhersage gezeigt wird. Zusätzlich soll dem Sender auch mit der verwendeten Wettergraphik zu seinem angestrebten Image (z. B. konservativ und nüchtern oder modern und technikorientiert) verholfen werden.

Ebenfalls unabhängig vom Fernsehsender haben dreidimensionale Wettervorhersagen die Aufgabe, sehr komplexe Informationen mit ihrer Dynamik und evtl. örtlich starken Variationen über der Vorhersageregion zusammen in kurzer Zeit (meistens zwischen 30 und 90 Sekunden) dem Betrachter zu vermitteln. Inhalte der Vorhersagen können Temperatur, Feuchtigkeit, Windgeschwindigkeiten mit -richtungen, Wolkensituationen, Niederschläge mit Art und Stärke oder die Intensitäten ultravioletter Sonnenstrahlen der nächsten Stunden oder Tage sein. Die dritte Dimension bei der Präsentation bietet nun die Möglichkeit, ja sogar die Pflicht, jeweils zusätzliche Informationen im Vergleich mit der zweidimensionalen Darstellung zu vermitteln, wie z. B. die Wolkentypen oder die Höhe der Wolken über dem Boden. Der Betrachter wird nun plötzlich mit der Verarbeitung dieser zusätzlichen Informationen und dem Begreifen der Bildtiefe, nämlich der dritten Dimension, aus Kamerafahrten und perspektivischen Projektionen konfrontiert. Dies resultiert dann in einem weiteren gemeinsamen Ziel: Der Betrachter darf durch die animierten Bildsequenzen nicht verwirrt werden.

Jeder Sender stellt auch ähnliche Anforderungen an die Software zur Erstellung solcher Bilder und Bildsequenzen. Die meist recht kurze Zeit zwischen Erhalt der Daten aus der Simulation oder den Satellitenbildern und dem angesetzten Sendetermin muß ausreichen, um die benötigten etlichen hundert Einzelbilder der Videosequenzen zu erzeugen. Dabei ist zu berücksichtigen, daß manuelle Eingriffe in die Abläufe sowie ein evtl. nötiges erneutes Berechnen der Filme mit anderen Parametern zeitlich machbar sein müssen. Das gesamte Wetterprogramm mit meistens vielen verschiedenen Teilsequenzen muß ein einheitliches, uniformes und tadelloses Erscheinungsbild haben, das mit der Corporate Identity des Senders übereinstimmt. Kein Sender läßt es zu, daß seine Wetterpräsentation auch nur im entferntesten der eines anderen Senders ähnelt. Individualität der Gestaltung und des Designs hat hier allerhöchste Bedeutung.

Schließlich ist es das Ziel aller Bemühungen, daß jeder Betrachter nach der dreidimensionalen Wettervorhersage über die Wetterprognose informiert ist, von der Graphik der integriert wirkenden Präsentation angenehm angetan ist und anschließend vorhat, diesen Sender eingeschaltet zu lassen bzw. wieder einzuschalten!

9.7.2   Redaktionelle Konzepte

Durch die bereits erwähnte Individualität variieren natürlich die redaktionellen Konzepte zur dreidimensionalen Präsentation von Wettervorhersagen im Fernsehen sehr stark. Im folgenden sollen aber die gemeinsamen Regeln und Erfahrungen diskutiert werden.

Von ganz entscheidender Bedeutung ist es, den Betrachter nicht zu verwirren, sondern ihm stets gute Orientierungshilfen zur korrekten Interpretation der dreidimensionalen Szene zu geben. Dies kann zum einen dadurch erreicht werden, daß der Geländeboden ähnlich wie auf Landkarten oder in Atlanten eingefärbt wird. Der Betrachter findet so bekannte Farbmuster wieder, die z. B. bestimmte Gebirge oder Flußtäler charakterisieren und kann sich im Bild orientieren. Allerdings muß diese Einfärbung auch so einfach wie möglich gehalten werden, damit das Gelände nicht von den meteorologischen Hauptinformationen ablenkt. Weiter gilt es, so oft wie möglich bekannte Ansichten auf das Vorhersagegebiet zu präsentieren, so daß der Betrachter die sichtbaren Wetterphänomene sofort den richtigen Orten auf der Karte zuordnen kann. Durchgeführte Versuche mit den Alpen und etlichen Küstenlinien als Landmarken sichtbar zeigten, daß auch Betrachter mit guter Kenntnis der Europäischen Geographie Orientierungsschwierigkeiten hatten, wenn Ansichten von Positionen im Norden mit Blick nach Süden präsentiert wurden, da bei sämtlichen erhältlichen Karten Norden üblicherweise oben zu sehen ist. Besondere Vorsicht ist geboten, wenn Kamerafahrten über dem Vorhersagegebiet eingesetzt werden, um verschiedene Perspektiven zu zeigen, lokale Phänomene darzustellen oder den räumlichen Eindruck zu verbessern. Hier sollte auch stets von einem bekannten Betrachterstandpunkt gestartet und möglichst dort auch die Kamerafahrt beendet werden. Es kann zum verbesserten Verständnis beitragen, wenn diese Positionen über längere Sendezeiträume beibehalten werden, da so ein Gewöhnungseffekt bezüglich der Orientierung eintritt, der eine verstärkte Aufmerksamkeit für das präsentierte Wetter erlaubt. Da sich die virtuellen Kamerafahrten über dem Vorhersagegebiet natürlich täglich mit dem aktuellen Wetter ändern, muß auch während des Fluges für eine gute Orientierung gesorgt werden. Hier ist es hilfreich, wenn die wichtigsten bekannten Städte auf dem Gelände erkennbar sind. Sie können durch ihre Skylinesillhouette als Texturbillboard oder durch ein symbolisches 3D-Objekt, welches die Stadtumrisse und mindestens ein markantes Gebäude zeigen, repräsentiert werden. Darüberhinaus sollte stets ein vernünftiger Mindestabstand zum Boden eingehalten und ein relativ großer Blickwinkel gewahrt bleiben, so daß ständig eine gute Übersicht mit vielen sichtbaren Landmarken gewährleistet ist. Schließlich sollte das Gelände auch vertikal skaliert werden, damit größere Hügel und Gebirge überhaupt als geometrische Erhebungen aus dem Gelände erkennbar sind. Bei korrekter Berücksichtigung der Höhe stehen nämlich die Höhenschwankungen auf dem Erdboden im Verhältnis von maximal (Mount Everest) $1{,}3 *10^{-3}$ zum Erdradius oder $2{,}0 *10^{-4}$ zum Erdumfang und sind damit praktisch unsichtbar.

Ein weiteres Problem, was sich für das redaktionelle Konzept jedes Senders stellt, ist die Tatsache, daß ein tiefer Betrachterpunkt nahe am Boden zwar den besten dreidimensionalen Eindruck vermitteln kann (Fluchtlinien, Abstand zwischen Wolken und Boden, Schatten, etc. sind hier deutlicher zu sehen) aber natürlich auch die stärksten Verzerrungen in den kontinentalen Proportionen hervorruft. Ein hoher Betrachterpunkt gibt eine verzerrungsfreie Abbildung (optimal ist die absolut orthogonale Draufsicht), kann aber keinen räumlichen Eindruck vermitteln. Ein Kompromiß, der beide Vorteile miteinander verbindet und im Rahmen dieser Arbeit erfolgreich zum Einsatz kam, war die Vorgehensweise, erst dem Betrachter mit einer Kamerafahrt von einem Punkt nahe des Bodens bis relativ hoch über dem Gelände bei statischer Wetterlage den Tiefeneindruck zu vermitteln. Anschließend kann man aus dieser mit wenig Verzerrungen behafteten Position die meteorologischen Daten animieren und das Wettergeschehen verdeutlichen.

Das in dieser Arbeit entwickelte TV-System TriVis (als Fernsehkomponente des Rahmensystems) erlaubt es, den Betrachterpunkt, den Center-of-Interest und die meteorologischen Daten selbst zu animieren. Allerdings sollten diese Möglichkeiten sparsam und mit Bedacht eingesetzt werden, um den Betrachter nicht zu verwirren. Die besten Ergebnisse konnten mit den folgenden drei Szenarien erzielt werden: a) der Kamera- oder Betrachterpunkt bleibt statisch und die meteorologischen Daten werden animiert, um die Wetterlage mit ihrer Dynamik zu zeigen. Dies kann durch eine leichte Bewegung der Kamera verbessert werden, da mehrere kaum verschiedene Ansichten einer dreidimensionalen Szene einen verbesserten räumlichen Eindruck ergeben (Bewegungsparallaxe). b) Für einen interessanten Zeitschritt, der z. B. besondere meteorologische Effekte beschreibt, werden Daten und Center of Interest (z. B. mitten in einem interessanten Gebiet) statisch gehalten, während die Kamera weich entlang einer Splinekurve animiert wird. So kann man von einem wohlbekannten Betrachterpunkt losfliegen und sich etwa um ein Gebiet heftiger Niederschläge herum bewegen. c) Der Betrachterpunkt kann an einen signifikanten Ort versetzt werden (z. B. auf einen bekannten Berg) und dort fixiert bleiben, während die Blickrichtung schweifend geändert wird oder die meteorologischen Daten animiert werden. Diese Art der Präsentation erlaubt dann folgende Thematik: „Wie würde man morgen die Wolken sehen, wenn man auf dem Feldberg zum Zeitpunkt 12:00 Uhr den Blick von Südwest nach Südost schweifen ließe?".

Depth Cueing, also das Vermitteln eines Tiefeneindrucks, ist ein bekanntes Problem, das immer auftritt, wenn dreidimensionale Szenen in ein zweidimensionales Bild gerendert werden. In dem in dieser Arbeit entwickelten TV System kommen einige Lösungen zum Einsatz. Zum einen müssen sämtliche Objekte, die sich über dem Gelände befinden, einen Schatten auf dieses werfen. Dabei ist dieser Schatten nicht entsprechend dem aktuellen Sonnenstand zu berechnen, was technisch keinerlei Probleme bereiten würde, sondern stets vertikal nach unten zu projizieren. Erst dieser vertikale Schattenwurf erlaubt eine Zuordnung der dreidimensionalen Wolken oder anderen Objekte zu Orten auf der Karte. Eine korrekte Berücksichtigung der Sonnenposition würde keinerlei verwertbare zusätzliche Information bieten, sondern lediglich das Depth Cueing erschweren. Eine weitere Hilfe für den Tiefeneindruck bietet die perspektivische Projektion der Szene. Die Betrachter kennen in etwa die Proportionen der Kontinente oder Gebirge und können so durch deren Größen relativ zueinander im Bild eine Vorstellung von der Tiefe bekommen. Wie bereits erwähnt, ist die Bewegung der Kamera ebenfalls eine wirksame Methode für das Depth Cueing (siehe auch Angaben zur Bewegungsparallaxe in Kap. 5.1).

9.8   Systemarchitektur

Hier soll nun eine Übersicht über die Systemarchitektur von TriVis gegeben werden, die eine Erledigung der oben beschriebenen Aufgaben erlaubt. Im System wird zwischen Tools und Modulen unterschieden. Ein Tool ist dabei für jeweils eine bestimmte Aufgabe (z. B. Visualisierung von skalaren Daten) entwickelt worden und steht dem System zur Verfügung. Ein Modul beschreibt zur Laufzeit ein Tool zusammen mit seinen notwendigen Daten und dem dazugehörigen Film. Es gibt also im System jedes Tool nur einmal, zur Laufzeit kann es dann aber mehrere Module von einem Tooltyp mit verschiedenen Datensätzen geben. Wie diese Tools miteinander verbunden sind, zeigt Abb. 88.

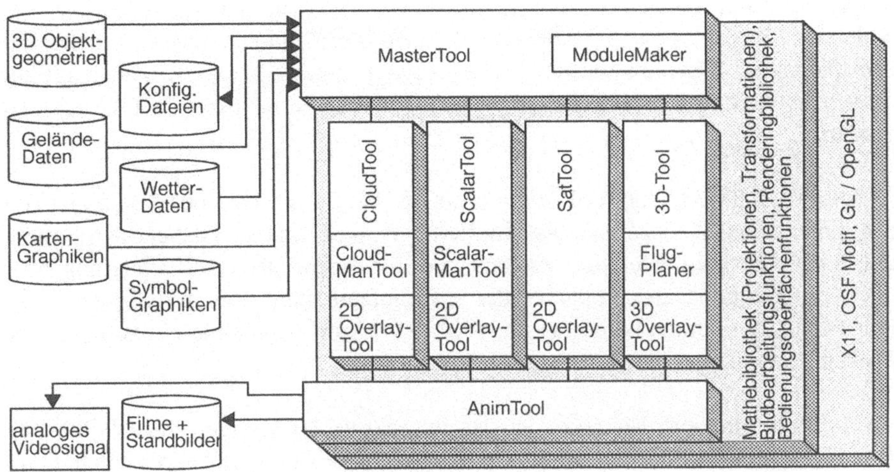

Abb. 88. Die Systemarchitektur von TriVis

Im folgenden werden die einzelnen Tools des System beschrieben (siehe auch
[TRI95]):

MasterTool. Das MasterTool übernimmt die Verwaltung aller Module und deren
Daten. Hier kann der Anwender einzelne Module zur interaktiven Bearbeitung ver-
anlassen, ihre eigenen Popup Bedienerschnittstellen zu starten. Mit dem Master-
Tool kann auch die gesamte Filmsequenz umgestellt werden und es ist möglich den
ModuleMaker aufzurufen, um neue Module interaktiv zu definieren. Das Master-
Tool ist nach dem Start des Systems für den Anwender das einzig sichtbare Pro-
grammelement.

AnimTool. Das AnimTool verwaltet die einzelnen Teilfilme und die gesamte
Filmsequenz. Es fordert die einzelnen Visualisierungstools auf, ihre Teilfilme zu
generieren und orientiert sich dabei in der Reihenfolge, aus der sich der gesamte
Film ergibt, an der Modulliste im MasterTool. Von hier aus können die Filme auch
auf dem Bildschirm abgespielt, auf der Festplatte gespeichert, als Serie von Einzelbildern auf einem digitalen Festplattenrekorder abgelegt, über die Genlock Technik
analog aufgezeichnet oder als einzelne Bilder zu Dokumentationszwecken abgelegt werden. Aus den einzelnen Tools heraus kann das AnimTool aufgefordert werden, einzelne vom Anwender korrigierte Bilder in die Sequenz zu übernehmen.

SatTool. Mit dem SatTool werden Satelliten- und Radardaten zweidimensional
wie oben beschrieben visualisiert. Die dabei zu verwendenden Schwellwerte, Farbtabellen, Transparenzen oder Bildfilter lassen sich über die Konfigurationsdatei
laden und später interaktiv verändern.

ScalarTool. Hier werden beliebige skalare Daten wie oben beschrieben zweidimensional visualisiert. Es ist dabei möglich, die Werte über Land oder Wasser auszublenden und Isolinien zusätzlich zu zeichnen. Diese und weitere Parameter wie Transparenzen, Schwellwerte der Farbübergänge, Interpolationsart oder Bildfilter können beim Starten des Systems geladen und später interaktiv neu festgesetzt werden.

CloudTool. Das CloudTool übernimmt die bereits beschriebene Aufgabe des zweidimensionalen Visualisierens simulierter Wolken. Es bietet dabei die Möglichkeit, sämtliche Parameter des Fraktals und der eigentlichen Visualisierung über eine Konfigurationsdatei zu laden oder zur Laufzeit später frei zu definieren. Aus dem CloudTool heraus kann auch das ManTool zum manuellen Hinzufügen von Wolken gestartet werden.

ManTool. Mit dem ManTool ist das interaktive Hinzufügen von Wolken im CloudTool oder Farbflächen im ScalarTool wie bereits beschrieben möglich. Dazu offeriert das ManTool ein eigenes Menü im Fenster des CloudTools bzw. ScalarTools und der Anwender kann dort auch beliebige Gebiete mit Hilfe der Maus auf der Karte polygonal eingrenzen, die dann mit einem Spline geglättet und mit der frei definierten Wolke bzw. Farbfläche gefüllt werden. Solche Elemente lassen sich schließlich auch in Zeitintervalle hinein kopieren.

OverlayTool. Das OverlayTool hat keine eigene Benutzerschnittstelle. Es kann von allen zweidimensionalen Tools aufgerufen werden, um zusätzliche Informationen in das Bild zu mischen. Dies geschieht entweder automatisch über eigene Konfigurationsdateien und sich täglich ändernde Stationslisten mit statistisch korrigierten Vorhersagewerten oder manuell über eigene Menüs des OverlayTools in den Bedienerschnittstellen der aufrufenden Tools. Das OverlayTool erlaubt es dem Anwender auch, automatisch plazierte Overlayelemente zu löschen, zu bewegen, zu verändern oder zu animieren. Wie die zusätzlichen Informationen wie Isolinien, Fronten, Text, Symbole oder auch Niederschläge dargestellt werden, wurde bereits oben beschrieben.

3D-Tool. Das 3D-Tool setzt sich aus dem 3D-ScalarTool und dem 3D-CloudTool zusammen. Mit diesen Komponenten lassen sich wie bereits beschrieben skalare oder wolkenspezifische Daten dreidimensional visualisieren. Analog zu den zweidimensionalen Tools lassen sich hier sämtliche Parameter, die um die für das dreidimensionale Rendering erweiterten Werte ergänzt werden (Blickwinkel, Sonnenposition, etc.), sowohl beim Starten laden als auch frei definieren.

3D-OverlayTool. Das 3D OverlayTool wird von dem 3D Modul angesprochen und zum Einbringen seiner Objekte zur zusätzlichen Information in die gemeinsame Szene aufgefordert. So können auch hier Stationsvorhersagen automatisch eingebracht und neue Objekte manuell eingefügt werden. Dies können Texturen, dreidimensionale Schriften oder animierte Objekte mit dreidimensionaler Geometrie sein. Deren Visualisierung wurde bereits oben erwähnt. Das OverlayTool besitzt auch ein eigenes Menü- und Popup-Fenster, welche über die Bedienerschnittstelle des 3D-Tools zugänglich sind.

3D-Flugplaner. Mit dem 3D Flugplaner können interaktiv Kameraflüge über und durch die dreidimensionale Szene des Vorhersagegebiets geplant werden. Dazu läßt sich der Flugplaner aus dem Bedienfenster des 3D Moduls heraus starten. Dann werden in einem eigenen Popup Fenster auf einer Karte und anhand graphisch dargestellter Vertikalschnitte durch die Szene Stützstellen für den dreidimensionalen Spline des Fluges von Augpunkt oder Center of Interest vom Anwender definiert. Vier verschiedene Flugmodi sind dann möglich:

- Nur der Augpunkt bewegt sich, während der Center of Interest statisch an einer frei definierten Stelle fixiert bleibt. Damit lassen sich zum Beispiel Gebiete mit heftigen Niederschlägen im Blickpunkt halten, während der Betrachter um sie herum fliegt.
- Nur der Center of Interest bewegt sich, während der Augpunkt an einer frei definierten Stelle fixiert bleibt. So kann sich der Betrachter z. B. virtuell auf einen Berg stellen und sich umschauen.
- Sowohl Augpunkt, als auch Center of Interest bewegen sich. Dann kann man den Blick schweifen lassen, während man durch die Szene fliegt.
- Augpunkt und Center of Interest folgen der gleichen Flugbahn. Dies gleicht am ehesten einem realen Flug, bei dem der Blick des Piloten auf seiner Flugbahn immer geradeaus gerichtet ist.

Die mit dem Flugplaner definierten Flüge können dann im 3D Modul abgeflogen und anschließend beliebig oft im Flugplaner verbessert werden. Schließlich ist auch das Speichern von Flügen möglich, mit denen sich so später automatisch Flugsequenzen generieren lassen.

Niederschlagseditor. Niederschläge sind vermutlich das kritischste prognostizierte Element der Meteorologie, welches für Laien präsentiert wird. Es hat mit den stärksten Einfluß auf das Leben der Fernsehzuschauer und seine Vorhersage läßt sich von diesen auch am leichtesten überprüfen. Ob es an einem geographischen Punkt regnet, schneit oder trocken bleibt, ist für die dort lebenden Menschen sehr wichtig und eine falsche Vorhersage fällt in dieser Hinsicht sehr rasch auf. Da das Modell allerdings manchmal Fehlberechnungen in der Prognose aufweist, welche Meteorologen zu einem späteren Zeitpunkt erkannt haben und eine Korrektur vorschlagen können, ist es nötig, innerhalb TriVis diesen Modelloutput manuell verändern zu können.

Dafür wurde der Niederschlagseditor implementiert, welcher direkten Zugriff auf die Datengitter und deren Inhalt erlaubt. Somit ist es möglich, Niederschlagstypen oder -stärken noch kurz vor der Sendung einer Vorhersage zu korrigieren.

ModuleMaker. Der ModuleMaker erlaubt dem Anwender aus dem MasterTool heraus neue Module völlig frei zu definieren. Sämtliche Informationen über zu verwendende Datensätze und bei der Visualisierung zu berücksichtigende Parameter können entweder von bereits existierenden Modulen kopiert und dann modifiziert oder gänzlich frei definiert werden. Um das Vorhersagegebiet von der gewählten Karte zu bestimmen, ist ein interaktives Zoomen möglich. Die so erzeugten Konfigurationsdateien können gespeichert werden. Das neu erzeugte Modul kann sofort eingesetzt werden.

9.9 Bedienungsoberfläche

In diesem Abschnitt soll nur kurz auf die Konzepte der Bedienungsoberfläche von TriVis eingegangen werden.

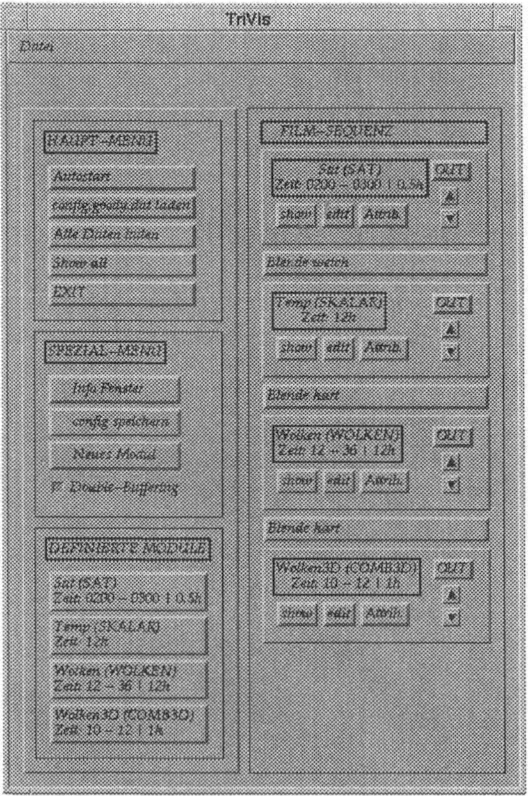

Abb. 89. Bedienfenster des MasterTools

Diese Konzepte orientieren sich stets an dem Aufgaben- und Einsatzgebiet von Tri-Vis, nämlich der möglichst automatischen Produktion von Wettervorhersagevideos aus dem numerischen Modelloutput der Simulationen. Gleichzeitig wird dem Meteorologen im Routinebetrieb aber auch das interaktive manuelle Eingreifen gestattet, um die Vorhersagen oder deren Visualisierungen zu verändern. In Kap. 10 dieser Arbeit wird ausführlich auf die Anforderungen an Visualisierungssysteme in meteorologischen Applikationen eingegangen.

Nachdem das System für einen bestimmten Sender mit dessen eigener Konfiguration gestartet wurde, präsentiert sich das Bedienfenster des MasterTools wie in Abb. 89 dargestellt.

Die rechts sichtbare Modulliste gibt die Reihenfolge der Teilfilme im gesamten Film wieder. Der Anwender kann nun nach Belieben Module aus der Liste entfernen (z. B. weil die dort visualisierten Daten für den aktuellen Tag uninteressant sind), die Reihenfolge ändern oder neue Module definieren (z. B. weil unvorhergesehenerweise neue interessante Wetterphänomene vorliegen). Auch ist es ihm möglich, Attribute einzelner Module zu verändern, das AnimTool jeweils nur für ein Modul zu starten oder in den Editmodus eines Moduls zu gehen, wo dann dessen Popup Fenster sichtbar wird. Abb. 90 zeigt ein solches Editfenster.

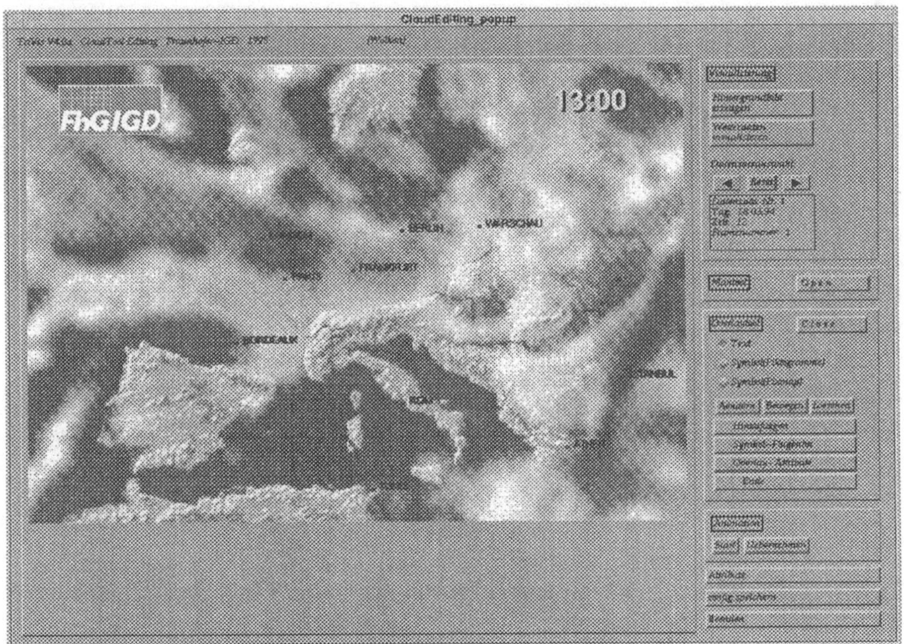

Abb. 90. Editfenster des CloudTools

Das AnimTool erlaubt dann mit einer eigenen Bedienerschnittstelle den Zugriff auf seine Funktionen. Die unten dargestellte Abbildung zeigt das Bedienfenster des AnimTools.

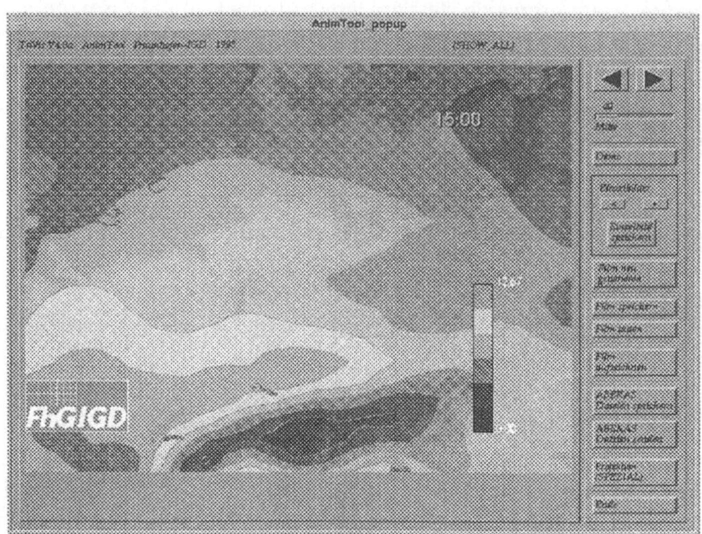

Abb. 91. Bedienfenster des AnimTools

Das Konzept der Bedienerführung spiegelt den Einsatz des Systems im Routine-betrieb wieder. TriVis wird dort aus einem Rahmenprogramm des jeweiligen Betreibers bereits mit der entsprechenden Konfiguration für den jeweiligen Fernsehsender aufgerufen. Automatisch kann dann der Defaultfilm aller Module mit den aktuellen Daten und den konfigurierten Parametern generiert und abgespielt werden. Nun entscheidet der Meteorologe zunächst, welche Elemente (durch Module vertreten) im endgültigen Film enthalten sein sollen und entfernt die übrigen. Sind neue Module für diesen Tag erforderlich, so werden sie in Absprache mit dem Fernsehsender definiert. Anschließend werden sämtliche Module auf ihre Parametereinstellungen hin überprüft und ggf. Korrekturen angebracht. Schließlich werden Teilfilme neu generiert, wo dies nötig geworden war und der gesamte Film analog zum Sender oder digital auf den Festplattenrekorder überspielt.

9.10 Anwendungen von TriVis

TriVis wurde seit April 1992 in enger Zusammenarbeit mit dem Deutschen Wetterdienst zunächst als Prototyp zur Visualisierung wolkenspezifischer Daten entwickelt. Im Januar 1993 begannen die ARD und der SDR mit den Ausstrahlungen von TriVis Filmen im täglichen Programm. Seitdem wurden TriVis Wettervorhersagefilme jeden Tag ohne Unterbrechung über das Fernsehen ausgestrahlt.

9.10.1 Einsatz im TV-Bereich

In den Jahren 1993, 1994 und 1995 konnte TriVis auf die oben beschriebene Funktionalität erweitert werden, so daß heute auch die Fernsehsender Arte, SAT1, WDR, Deutsche Welle und MDR allabendlich ausschließlich von TriVis erzeugte Wettervorhersagen senden. Arte verwendet nur zweidimensionale Visualisierungen und SAT1 greift bei Temperaturen und Wolken auf Filme des 3D Moduls zurück. 1995 sendeten auch PRO7 und zwei finnische Fernsehanstalten mit TriVis erzeugte Vorhersagen allabendlich.

Seit Januar 1995 wird im Deutschen Wetterdienst eine Medienabteilung im TV-Bereich fast ausschließlich auf TriVis aufgebaut, was bei der Versorgung der Fernsehsender die zentrale Rolle spielt. Ebenfalls im Januar 1995 wurde das System beim finnischen Wetterdienst und beim Hessischen Rundfunk für die ARD installiert. Der Hessische Rundfunk baute eine eigene Abteilung auf dem System auf und begann im Oktober 1995 mit der täglichen Sendung völlig dreidimensionaler Wettervorhersagen von TriVis [Opitz96]. Seit Dezember 1994 gibt es einen Kooperationsvertrag zwischen deutschem und schwedischem Wetterdienst, der zum Ziel hat, mit TriVis auch weitere ausländische Fernsehsender mit Bildsequenzen zu versorgen. Das System konnte in Schweden im März 1995 erfolgreich installiert und an die Datenversorgung des schwedischen Wetterdienstes angeschlossen werden. Dort wurde anschließend die nötige Hardware beschafft und sämtliche Vorbereitungen für die Versorgung eigener Kunden mit TriVis Produkten getroffen.

Das System ist also zur Zeit bei drei Wetterdiensten und einer Fernsehanstalt installiert und die damit erzeugten Wettervorhersagefilme werden von bis zu sechs Fernsehanstalten im allabendlichen Programm mindestens einmal gezeigt. Nach einer überaus erfolgreichen Präsentation des Systems auf dem 6. internationalen Festival de Meteo in Paris kamen bereits konkrete Anfragen des niederländischen Wetterdienstes, einer spanischen Fernsehanstalt sowie einer griechischen TV-Firma.

9.10.2 Einsatz bei Weather-on-Demand

Im Januar 1996 wurde TriVis zum ersten Mal für einen Einsatz im Online-Bereich konfiguriert. Für den Anbieter America Online (AOL) werden so TriVis Standbilder und Animationssequenzen als Europa-Wettervorhersage täglich aktuell beim DWD bereitgestellt und automatisch in AOL-Seiten integriert. Um aber in Richtung Information-on-Demand noch weiter zu gehen, veranstaltete das Fraunhofer-IGD zusammen mit dem deutschen und dem schwedischen Wetterdienst (SMHI) einen Kick-Off Workshop im Februar 1996 für ein gemeinsames Weather-On-Demand-Projekt (WxoD).

Durch eine verstärkte Verbreitung multimediafähiger Personal Computer in den Privathaushalten und einer damit einhergehenden Vergrößerung der Zahl von Online-Informationsanbietern ist zu erwarten, daß sich in naher Zukunft viele

Menschen nützliche oder wertvolle Informationen gegen geringe Gebühr von solchen Anbietern über verbesserte Netze besorgen werden. Damit wird es möglich, daß sich Individuen vermutlich zusätzlich zu den aufbereiteten und zusammengestellten Informationen in herkömmlichen Medien gezielt gewünschte Informationen zu selbst gewählten Zeitpunkten online verschaffen.

Im Bereich der Wettervorhersage trifft dies im besonderen zu. Menschen benötigen Wettervorhersagen zu verschiedenen Zeiten, in unterschiedlichem Umfang, in stark variierenden Präsentationsformen und mit verschieden ausgewähltem Inhalt. Ziel des Weather-on-Demand Projekts ist es daher, mit dem TriVis-System und einer umfassenden stets aktuellen Datenbasis einen Server aufzubauen, von dem die unterschiedlichsten Interessengruppen (vom Geschäftsmann bis zum Hobbymeteorologen) mit verschiedener Hardware (z. B. Multimedia PC oder Graphikworkstation) über mehr oder weniger stark belastete Netze und bereitstehende Kommunikationsmittel (von analogem Modem über ISDN bis hin zu ATM) die gewünschten Wettervorhersagen (knappe Texte, Meteorologenkarten oder 3D Wolkenflüge) zu beliebigen Zeitpunkten aktuell anfordern können.

Marktanalysen in Europa ergaben, daß die Summe der Menschen als Empfänger von Wettervorhersagen bereit wäre, mehr für diese Dienstleistung auszugeben, als dies zur Zeit von den übermittelnden Medien getan wird. Die Produktpalette von WxoD soll dabei von knappen Prognosetexten über 2D Standbilder oder Animationen und 3D Wetterflügen über dem Vorhersagegebiet bis hin zu dreidimensionalen Wetterszenarien, welche sich der Kunde im VRML-Standard auf sein Heimgerät laden und dort offline räumlich betrachten kann, reichen.

Weitere Informationen zum Thema Weather-on-Demand finden sich in [Bdw96b], [Ramos96], [White96] und [Noack96].

9.11 Zusammenfassung und Ausblick

Zusammenfassend kann gesagt werden, daß das System TriVis, welches im Rahmen dieser Arbeit als TV-Komponente des offenen Rahmensystems entwickelt wurde, ein komplettes integriertes Produkt mit teilweise völlig neuen Lösungen für die fernsehgerechte Visualisierung meteorologischer Daten darstellt. Dabei ist es von den Visualisierungstechniken her für das Laienpublikum vor den Fernsehschirmen optimiert und von der Architektur und Bedienerführung für den täglichen Routinebetrieb maßgeschneidert worden.

Mit TriVis können Satellitendaten, Radardaten, beliebige skalare Daten, wolkenspezifische Daten, Niederschlagsdaten, Winddaten, Fronten, Isolinien und zusätzliche Informationen aus statistisch korrigierten Stationslisten sowohl zwei- wie auch dreidimensional visualisiert werden. Dabei wird bei der Visualisierung stets auf die Erfahrungen des Fernsehzuschauers mit dem Wetter zurückgegriffen und eine intuitiv verständliche Art der Darstellung gewählt.

Unter anderem konnten in dieser Arbeit neue Lösungen für die Visualisierung wolkenspezifischer Daten für Laien entwickelt werden, indem künstliche fraktale Wolken für die zwei- und dreidimensionale Darstellung verwendet wurden. Auch auf dem Gebiet der dreidimensionalen Visualisierung meteorologischer Daten für Laien konnten neue Ergebnisse erarbeitet und Richtungen für zukünftige Entwicklungen gezeigt werden. Dafür wurden sowohl neue Präsentationskonzepte gemeinsam mit den Fernsehanstalten sowie neuartige graphische Verfahren für die automatische Auswertung von Modelloutput entwickelt. TriVis ist damit zur Zeit das einzige System, in dem in einer dreidimensionalen Animation Schnee aus ziehenden Wolken fallen und langsam auf dem Boden liegenbleiben sowie auch später wieder wegtauen kann.

Zukünftige Arbeiten werden sich schwerpunktmäßig mit einer realistischeren Darstellung von „Stimmungen" beschäftigen. Grundlage dafür ist die Tatsache, daß ein Mensch, welcher sich in einem voll klimatisierten Hochhausraum befindet, das draußen herrschende Wetter sehr gut allein durch den Blick aus dem Fenster beurteilen kann. Dabei spielen einerseits direkt wahrnehmbare Phänomene wie Wolken oder Regen und indirekt Wahrnehmbares wie Wind durch Bewegungen von Bäumen und Laub sowie andererseits auch durch Licht und Farbtöne erzeugte Stimmungen eine entscheidende Rolle. Diese in graphischer Form aus Daten des Outputs numerischer Wettervorhersagemodelle zu simulieren ist ein Ziel der weiteren Forschungsarbeiten an TriVis.

Somit stellt sich TriVis als System dar, mit dem seit Januar 1993 im Routinebetrieb tagtäglich Wettervorhersagefilme für das Fernsehen produziert werden, welches heute bei drei Wetterdiensten und einer Fernsehanstalt selbst installiert ist und dessen Filme von bis zu sechs Sendern allabendlich ausgestrahlt werden. Darüberhinaus bietet es eine geeignete Basis für weitere Forschungsarbeiten auf diesem Gebiet, die in enger Kooperation mit Wetterdiensten und Fernsehsendern durchgeführt werden.

Teil V
Integration, Bedienung

10 Bedienungsoberflächen für meteorologische Visualisierungssysteme

Bei der Entwicklung interaktiver Systeme ist die Gestaltung der Bedienungsoberfläche von ganz entscheidender Bedeutung. Ziel sollte es dabei stets sein, den Anwender durch die einzelnen Interaktionsvorgänge bei seiner Arbeit möglichst wenig von seiner eigentlichen Aufgabe abzulenken. Die Bedienungsoberfläche des Systems sollte daher nur ein Minimum seiner Aufmerksamkeit beanspruchen und ihn nicht in seinen Gedankengängen unterbrechen [Kais95].

Gilt dieses Ziel für alle interaktiven Anwendungen, so hat es doch bei hochinteraktiven Visualisierungssystemen ganz besonderes Gewicht. Dies liegt darin begründet, daß hier meist keine festen Arbeitsabläufe befolgt werden, sondern der Anwender vielmehr versucht, die in den Daten verborgenen Informationen, Korrelationen und Bedeutungen zu erfassen sowie unbekannte oder unerwartete Tatsachen bzw. Effekte darin zu „entdecken". Dies alles erfordert ein Visualisierungssystem, welches den Anwender beim interaktiven „Erforschen" der Daten unterstützt, ohne seine Aufmerksamkeit störend auf die eigentliche Bedienung zu lenken.

Die Literatur bietet eine Fülle von Publikationen zum Thema der Gestaltung ergonomischer Bedienungsoberflächen. Obwohl man in [Fol91] das Zitat „user-interface design is still at least partly an art, not a science" findet, trifft man dort auch auf die gleichen wesentlichen Kriterien für die Ergonomie wie in Normungswerken oder Fachzeitschriften, nämlich: consistency, feedback, minimization of error possibilities, provided error recovery, multiple skill levels und minimization of memorization (siehe auch [FoWa74, GaSh84, Hans71, Mayh90, RuHe84, Shne92]). Die ISO-Norm 9241 Teil 10 über „Dialogue Principles" zählt Angemessenheit der Aufgaben, Selbsterklärungsfähigkeit der Darstellungen, Ablaufkontrolle durch den Benutzer, Erfüllung der Benutzererwartungen, Fehlerrobustheit des Systems, Systemanpaßbarkeit an den Benutzer und schließlich Systemanpaßbarkeit zum Lernen auf [ISO9241]. Die DIN 66234/8 über „Bildschirmarbeitsplätze: Grundsätze ergonomischer Dialoggestaltung" beschränkt sich auf die fünf Punkte von Aufgabenangemessenheit, Selbstbeschreibungsfähigkeit, Steuerbarkeit, Erwartungskonformität und Fehlerrobustheit [DIN88].

In [Hüsh93] werden Shneidermans „acht goldene Regeln" zusammengefaßt:
1. Konsistenz durch Style-Guidelines und weitere schriftlich fixierte Konventionen; 2. Abkürzungen für erfahrene Benutzer mit Hilfe von z. B. Shortcuts, Kontextmenüs oder Makros; 3. Visuelle und/oder akustische Rückmeldungen zu den Aktionen des Benutzers; 4. Abgeschlossene Operationen z. B. mit Dialogfenstern für zusammengehörige Abfragen; 5. Einfache Fehlerbehandlung; 6. Einfache Rücksetzungsmöglichkeiten z. B. mit undo, reload oder Abbruchmöglichkeiten; 7. Möglichst benutzergeführte Eingaben durch Vermeidung modaler Fenster und langer Abfragesequenzen; 8. Einfacher Bildaufbau und übersichtliche Menüs für geringe Belastung des Kurzzeitgedächtnisses beim Benutzer.

Diese Arbeit konzentrierte sich bei der Entwicklung von ergonomischen Bedienungsoberflächen für interaktive Visualisierungssysteme in der Meteorologie hauptsächlich auf die oben bereits aufgeführten fünf Punkte der DIN Norm 66234/ 8 [DIN88], da die Anforderungen aus den übrigen Quellen hier enthalten und somit ebenfalls berücksichtigt sind.

10.1 Ergonomische graphische Bedienungsoberflächen

Um die Mensch-Maschine-Kommunikation durch möglichst ergonomische Bedienungsoberflächen im Bereich der Anwendung von Visualisierungssystemen in der Meteorologie zu optimieren, müssen zunächst die Grundzüge ergonomischer Dialoggestaltung auf diesen Bereich angewandt werden. Im folgenden werden auch die Definitionen der DIN 66234/8 zitiert, da nach [Haa87] die Begriffe wie Benutzerfreundlichkeit, Systemkonsistenz etc. zwar den meisten Systementwicklern bekannt sind, aber die Meinungen über deren genaue Bedeutung auseinandergehen.

10.1.1 Aufgabenangemessenheit

„Ein Dialog ist aufgabenangemessen, wenn er die Erledigung der Arbeitsaufgabe des Benutzers unterstützt, ohne ihn durch Eigenschaften des Dialogsystems unnötig zu belasten." (Definition nach [DIN88])

Wichtig für die Aufgabenangemessenheit ist es, daß sich das System den Fähigkeiten und der üblichen Arbeitsweise des Benutzers anpaßt und bei der Sprache der Bedienungsoberfläche seine Begriffswelt mit reservierten Wörtern und festgelegten Bezeichnungen berücksichtigt. Die normalen kommunikativen und verbalen Fähigkeiten eines Benutzers sollten ausreichen bzw. bei Bedarf sollte zusätzliches Wissen im späteren Dialog vermittelt werden. Weiterhin muß das System für die bestimmte Aufgabe konzipiert und für ihre Erledigung geeignet sein.

In dem Fall von hochinteraktiven Visualisierungssystemen in der Meteorologie muß also ein Meteorologe z. B. aus dem operationellen Vorhersagebetrieb mit seinem Fachwissen und seiner EDV-Ausbildung in der Lage sein, mit diesem System in kürzester Zeit große Datenvolumina aus den numerischen Wettervorhersagemodellen auszuwerten. Dafür muß die Dialoggestaltung seiner Denk- und Arbeitsweise angepaßt und idealerweise das System speziell für diese bestimmte Aufgabe entwickelt worden sein.

10.1.2   Selbstbeschreibungsfähigkeit

„Ein Dialogsystem ist selbstbeschreibungsfähig, wenn dem Benutzer auf Verlangen Einsatzzweck sowie Leistungsumfang des Dialogsystems erläutert werden können und wenn jeder einzelne Dialogschritt unmittelbar verständlich ist oder der Benutzer auf Verlangen beim jeweiligen Dialogschritt entsprechende Erläuterungen erhalten kann." (Definition nach [DIN88])

Bei interaktiven Systemen ist meist ein notwendiges Lernen auf der Seite des Benutzers unumgänglich. Jedoch sollte das Lernen durch Anknüpfen an bereits Bekanntes erleichtert werden, was schließlich beim Anwender das Vertrauen und seine Sicherheit dem System gegenüber stärkt und somit die Benutzerakzeptant erleichtert. Ein selbstbeschreibungsfähiges System muß durch Verdeutlichung interner Abläufe mit dem Benutzer bekannten Objekten und Funktionen eine hohe Systemtransparenz aufweisen. Auch sind dafür ein überschaubarer Kommando- und Funktionsvorrat sowie unmißverständlich und eindeutig formulierte Angaben an den Benutzer unverzichtbar.

Im hier behandelten Fall sollte also das System auf dem Wissen des Meteorologen aufsetzen, welches er sich im Umgang mit Wetterkarten und im Bedienen von kartographisch orientierten 2D Visualisierungssystemen angeeignet hat. Ein vernünftiges Arbeiten und die Erledigung der geforderten Aufgaben muß mit diesem Wissen möglich sein. Zusätzliche Funktionalitäten, die ein hochinteraktives 3D Visualisierungssystem bieten kann, müssen dem Anwender leicht verständlich und selbsterklärend nähergebracht werden. Zusätzlich muß es möglich sein, die neuen Techniken spielerisch mit der Option der Rückgängigmachung auszuprobieren.

10.1.3   Steuerbarkeit

„Ein Dialog ist steuerbar, wenn der Benutzer die Geschwindigkeit des Ablaufs, sowie die Auswahl und Reihenfolge von Arbeitsmitteln oder Art und Umfang von Ein- und Ausgaben beeinflussen kann. Der Benutzer soll die Geschwindigkeit des Dialogs an seine individuelle Arbeitsgeschwindigkeit anpassen können." (Definition nach [DIN88])

Damit zum einen die Benutzerakzeptant erhöht wird und darüberhinaus auch natürliche Denkweisen unterstützt sowie die kreative Energie des Anwenders maximal genutzt werden können, muß der Benutzer in der Lage sein, den Dialog mit dem System selbst so weit wie möglich zu steuern. Um Arbeitsvorgänge sichtbar zu machen, sollte möglichst auf abstrakte und formale Konstruktionen im Dialog verzichtet werden. Zusätzlich muß dem Benutzer stets die Möglichkeit gegeben werden, Prozesse abzubrechen und neue zu beginnen. Ebenfalls ist es wichtig, daß sich mit dem System auch Arbeiten durchführen lassen, zu denen sich der Anwender erst während der Bedienung des Systems entscheidet und an die er zum Zeitpunkt des Systemstarts noch nicht gedacht hatte.

Der letzte Punkt ist im hier behandelten Fall besonders wichtig. Bei der interaktiven Analyse von wissenschaftlich-technischen Daten muß es jederzeit möglich sein, neue Daten hinzuzuladen, besondere Farbtabellen nachträglich einzulesen oder direkt Animationen zu erzeugen, die ursprünglich nicht geplant waren. Dies resultiert darin, daß zum Verständnis beobachteter Phänomene oftmals zusätzliche Informationen oder weitere Visualisierungstechniken während der Datenanalyse nötig werden. Dies gilt auch und besonders gerade für die Meteorologie. Ein vom System bestimmter oder dominierter Arbeitsablauf ist unbedingt zu vermeiden.

10.1.4 Erwartungskonformität (Konsistenz)

„Ein Dialog ist erwartungskonform, wenn er den Erwartungen der Benutzer entspricht, die sie aus Erfahrungen mit bisherigen Arbeitsabläufen oder aus der Benutzerschulung mitbringen sowie den Erfahrungen, die sie sich während der Benutzung des Dialogsystems und im Umgang mit dem Benutzerhandbuch bilden. Das Dialogverhalten innerhalb eines Dialogsystems soll einheitlich sein. Uneinheitliches Dialogverhalten würde den Benutzer zu starker Anpassung an wechselnde Durchführungsbedingungen seiner Arbeit zwingen, das Lernen erschweren und unnötige Belastung mit sich bringen." (Definition nach [DIN88])

Aus dem Umgang mit anderen Systemen sowie aus seinem allgemeinen oder sogar Fachwissen heraus hat der Benutzer eine Erwartung, wie sich das System zu verhalten hat. Entspricht die Arbeitsweise diesen Erwartungen, so erhöht dies die Sicherheit und das Vertrauen des Benutzers. Eine solche Konsistenz mit den Erwartungen kann man in eine innere und eine äußere Konsistenz unterteilen. Die äußere Konsistenz verlangt das Übereinstimmen des Dialogdesigns mit übergreifenden Konventionen, so daß sich das System möglichst ähnlich zu denen bedienen läßt, mit denen der Benutzer auch sonst arbeitet. Die innere Konsistenz wird dann erreicht, wenn die Bedienung des Systems in sich stimmig ist, d. h., daß es sich in vergleichbaren Situationen ähnlich verhält, und ist auf jeden Fall erforderlich.

Die Meteorologen müssen also eine Bedienung vorfinden, die der von ihren übrigen interaktiven Systemen in den Dialogkonzepten möglichst ähnelt. Bei neuartigen Funktionen sind dabei analoge Bedienformen zu wählen. Außerdem ist eine einheitliche und für den Benutzer deutlich zu erkennende Dialogweise zu realisieren.

10.1.5 Fehlerrobustheit

„Ein Dialog ist fehlerrobust, wenn trotz erkennbar fehlerhafter Eingaben das beabsichtigte Arbeitsergebnis mit minimalem oder ohne Korrekturaufwand erreicht wird. Dazu müssen dem Benutzer die Fehler zum Zwecke der Behebung verständlich gemacht werden." (Definition nach [DIN88])

Schließlich ist es von großer Bedeutung, daß das interaktive System dem Anwender Fehler verzeiht, indem es sie zuerst erkennt und ihm dann Lösungsvorschläge unterbreitet oder indem es Korrekturmöglichkeiten bereitstellt, wenn der Benutzer selbst eigene Fehler feststellt. Fehlermeldungen müssen verständlich, einheitlich und konstruktiv formuliert sein und dem Benutzer möglichst alle Korrekturalternativen aufzeigen. Sind automatische Korrekturverfahren im System realisiert, so sollten diese abschaltbar sein. Natürlich dürfen auch fehlerhafte Eingaben des Benutzers nicht zu undefinierten Systemzuständen oder gar zu Systemzusammenbrüchen führen.

Bei hochinteraktiven 3D Visualisierungssystemen besteht häufig eher die Gefahr, daß der Anwender in einen ihm nicht mehr verständlichen Zustand gerät, anstatt daß er wirkliche Fehleingaben vornimmt. So ist die Unterstützung bei der Navigation in einem 3D Raum mittels 2D Ein- und Ausgabegeräten wichtig [Felg95] und die abstrakte Abbildung von wissenschaftlich-technischen Datenwerten auf Farbinformationen des Bildschirms bedarf kontinuierlicher, gründlicher Informationen.

10.2 Modelle für Anwenderprofile und Systemanalysen

Zum Entwurf einer ergonomischen Bedienungsschnittstelle muß zuerst ein klares Bild des zukünftigen Benutzers, seiner Handlungen und seiner Sicht auf das geplante System geschaffen werden. In der VDI-Richtlinie 5005 für Software-Ergonomie in der Bürokommunikation [VDI90] wird ein Modellrahmen mit einem Handlungsmodell für die Handlungen des Benutzers und ein Anwendungsmodell für das zu entwickelnde System vorgestellt.

10.2.1 Der VDI-Modellrahmen und seine Abstraktionsebenen

Im Modellrahmen der VDI-Richtlinie 5005 werden auf verschiedenen Abstraktionsebenen Handlungsmodell und Anwendungsmodell einander gegenübergestellt. Dabei werden die gleichen Ebenen auf beide Modelle angewandt. Diese Ebenen beginnen mit der abstraktesten „Meta"-Ebene, welche die Aufgabe im allgemeinen beschreibt. Tiefere Ebenen konkretisieren die Schritte zur Bewältigung dieser Aufgabe. Eine im Sinne der Ergonomie optimale Bedienungsoberfläche ist dann erreicht, wenn sich Handlungsmodell (wie gedenkt der Benutzer seine Aufgaben zu erledigen und wie ist er es gewohnt dies zu tun) und Anwendungsmodell (wie werden mit dem System Aufgaben erledigt) einander auf allen Abstraktionsebenen gleichen. Dann ist auch die bestmögliche Erwartungskonformität gegeben. Im folgenden werden die einzelnen Ebenen beschrieben:

Die Aufgabenebene. In dieser Abstraktionsebene werden die Arbeitsaufgaben beschrieben, die mit dem System durchzuführen sind. Darüberhinaus werden hier die Struktur und der Inhalt sowie die Verteilung der Aufgaben zwischen System und Benutzer definiert.

Da eine Aufgabe des Meteorologen im Umgang mit einem interaktiven Visualisierungssystem und seinen Modelldaten sein kann, Temperaturen mit Hilfe von eingefärbten Schnittflächen durch das Datenvolumen zu analysieren, würde sich eine solche Aufgabe auf dieser Ebene wiederfinden.

Die funktionale Ebene. In der funktionalen Ebene werden die Arbeitsobjekte und Funktionen beschrieben, mit deren Hilfe die in der Aufgabenebene beschriebenen Aufgaben erledigt werden. Hier wird jedoch weiterhin relativ abstrakt gedacht und Objekte wie z. B. Datensätze mit Funktionen wie z. B. Kopieren bearbeitet.

Ein Objekt in dem oben genannten Beispiel könnte hier das Temperaturvolumen sein, wobei mit Hilfe der Funktion „eingefärbte Schnittfläche" die skalaren Daten in Farbinformationen umgewandelt werden sollen.

Die operative Ebene. Hier werden die Operationen beschrieben, die der Benutzer ausführen muß, um die gewünschte Funktion auf die ausgewählten Objekte anzuwenden. Sie legt die Benutzeroperationen in ihrem syntaktischen Aufbau und ihrem Ablauf fest.

Um die Temperaturwerte den Farben zuzuordnen, wären z. B. die Operationen „Auswahl der betreffenden Schnittfläche" und danach „Auswahl einer Farbtabelle" festgelegt.

Die Ein-/Ausgabe-Ebene. Auf dieser untersten Abstraktionsebene schließlich finden sich die konkreten Eingaben des Benutzers für die gewünschten Operationen sowie die für ihn wahrnehmbare Darstellung der Informationsausgabe.

Hier werden nun präzise Beschreibungen aufgestellt, wo genau der Benutzer erst die Schnittfläche und anschließend die Farbtabelle auswählen soll, wie dies zu geschehen hat und welchen akustischen und evtl. textuellen Feedback er dabei wann erhält.

10.2.2 Das Handlungsmodell

Ein vollständiges Handlungsmodell ist grundsätzliche Voraussetzung für die Entwicklung einer ergonomischen Benutzungsoberfläche. Hier wird die gewohnte, erlernte und vor allem erwartete Handlungsweise des Benutzers festgehalten. Die einzelnen Abstraktionsebenen, welche bereits beschrieben wurden, sind daher hier wie folgt zu betrachten:

In der *Aufgabenebene* wird die Aufgabenstellung beschrieben. Der Benutzer setzt sich hier ein konkretes Ziel und erwartet dafür bestimmte Ausführungsbedingungen.

In der *funktionalen Ebene* werden anschließend vom Benutzer Teilziele gebildet, um die gewünschten Ergebnisse mit den vorhandenen Objekten und Funktionen zu erreichen.

In der *operativen Ebene* denkt der Benutzer bereits in einer Operationsplanung, die aus gedanklich festgelegten Handlungsschritten besteht, die er mit den Systembenutzungsoperationen durchzuführen beabsichtigt.

Schließlich werden in der *Ein-Ausgabe-Ebene* diese Systembenutzungsoperationen durch die eigentlichen Eingabeaktionen realisiert. Hier findet dann auch die Systemausgabe als Rückkopplung zu den Eingabeaktionen statt.

Die vom Anwender akustisch oder visuell auf der untersten Abstraktionsebene wahrgenommene Rückkopplung durchläuft in umgekehrter Reihenfolge ebenfalls sämtliche Ebenen. Dadurch entsteht ein Handlungskreislauf (siehe auch Abb. 92), in dem die einzelnen Ebenen mehrmals durchlaufen werden. Die physikalisch in der Ein-/Ausgabe-Ebene wahrgenommene Rückkopplung wird vom Benutzer in der operativen Ebene entschlüsselt, in der funktionalen Ebene interpretiert und schließlich in der Aufgabenebene in Bezug zum angestrebten Aufgabenziel gedeutet. Hier kann es dann zu einer Redefinition des Aufgabenziels kommen, worauf der Zyklus der Handlungssteuerung die Ebenen wieder nach unten durchläuft bis der Benutzer erneut eine physikalische Eingabe am System vornimmt.

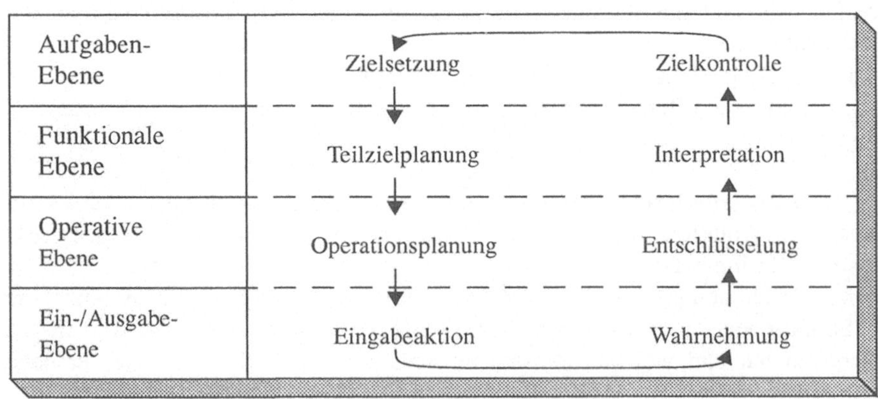

Abb. 92. Zyklus der Handlungssteuerung (Quelle: [VDI90])

10.2.3 Das Anwendungsmodell

Das Anwendungsmodell ist analog zum Handlungsmodell aufgebaut. Es weist auf den vier Abstraktionsebenen die entsprechenden Komponenten im Systemdesign auf und muß dem Handlungsmodell angeglichen werden.

In der *Aufgaben-Ebene* werden die Basisanwendungen oder Grundfunktionen, für die das System entwickelt wird, definiert.

In der *funktionalen Ebene* sind die Objekte und Funktionen des Dialogs aus Sicht des Systems beschrieben, die dem Anwender zur Erledigung seiner Aufgaben später bereitstehen.

In der *operativen Ebene* werden die konkreten Benutzeroperationen dargestellt, die für den Anwender durchführbar sein werden. Hier wird festgelegt, wie der Benutzer Zugang zu den Objekten, ihren Eigenschaften und den darauf operierenden Funktionen erhält.

Schließlich wird in der *Ein-/Ausgabe-Ebene* der gesamte Informationsaustausch zwischen Benutzer und System definiert. Hier ist es wichtig, daß dafür Sorge getragen wird, daß der Anwender stets über den aktuellen Systemzustand informiert ist und so seine Eingaben in den jeweiligen Kontext setzen kann.

Das System reagiert also auf Eingaben des Anwenders, die in der Ein-/Ausgabe-Ebene spezifiziert sind, mit ebenso festgelegten Ausgaben (Rückkopplung für den Benutzer) und mit einer Verhaltensweise, die in den höheren Abstraktionsebenen des Anwendungsmodells bestimmt wurden.

10.3 Anwendung der Modelle bei meteorologischen Applikationen

Da das System TriVis zur laiengerechten Visualisierung meteorologischer Daten eher für eine vollautomatische Produktion von Wettervorhersagevideos entwickelt wurde, bei der möglichst wenig interaktive Eingaben notwendig sein sollen, konzentriert sich diese Arbeit im folgenden auf den Benutzer-System-Dialog beim hochinteraktiven System RASSIN.

Um für RASSIN eine optimal ergonomische Bedienungsoberfläche zu entwikkeln, wurden zunächst die zukünftigen Anwender beim Deutschen Wetterdienst beobachtet und befragt, um ein Benutzermodell zu erhalten. Aus diesen Informationen und der Aufgabenbeschreibung für diesen Dienst konnte dann das Handlungsmodell erstellt werden. In dieser Arbeit sollen nun lediglich kurz die Ergebnisse zusammengefaßt werden. Die ausführliche Beschreibung der Untersuchungen ist in [Kais95] zu finden.

10.3.1 Visualisierungsaufgaben im operationellen Betrieb des DWD

Visualisierungstechniken und -systeme kommen an vielen Stellen beim Deutschen Wetterdienst zum Einsatz. Die Arbeit behandelt hier aber auf den operationellen Betrieb, wo hauptsächlich in Routinearbeit aus den Ergebnissen der numerischen Simulationsmodelle Wettervorhersagen für einzelne Kunden oder Kundengruppen angefertigt werden. In einem Schichtdienst arbeiten hier ca. 30 Mitarbeiter und Mitarbeiterinnen. Die einzelnen Aufgabenbereiche unterteilen das Kundenspektrum z. B. in Medien-, Reise-, Straßen-, Flug- oder Schiffahrtswettervorhersagen. Auch individuelle Empfänger solcher Vorhersagen, wie Gasversorgungsunternehmen zum Abschätzen des Energiebedarfs oder größere Bauunternehmen zur Planung der Arbeiten, werden bedient. Die Arbeit ist dabei dergestalt organisiert, daß jeder Mitarbeiter nacheinander sämtliche Aufgabenbereiche durchläuft.

Da die Vorgehensweise bei der Visualisierung jedoch größtenteils von der spezifischen Aufgabe unabhängig ist, kann *eine* optimierte Bedienungsschnittstelle für den gesamten operationellen Betrieb entwickelt werden.

Die hier anzutreffenden Visualisierungssysteme stellen jedoch nur eine Komponentengruppe von Analysewerkzeugen dar. Nachdem die Modelldaten nämlich die Simulation verlassen, durchlaufen sie zunächst einen Filter, der das Datenvolumen in Abhängigkeit von spezifischer Aufgabe und Wetterlage reduziert und auch abgeleitete Werte erzeugt. Anschließend passieren die Daten ein automatisches Analyse- und Warnsystem, welches die Daten auf vielfältige Besonderheiten untersucht und Meldungen ausgibt, auf welche Gebiete oder meteorologische Variablen besonders zu achten sei. Schließlich wendet der Meteorologe im operationellen Betrieb mehrere Visualisierungstechniken auf diese z. T. reduzierten und abgeleiteten Daten an und beachtet dabei die erwähnten Warnhinweise.

Die Arbeit der Meteorologen, die in einem zeitlich sehr eng gesteckten Rahmen zu erledigen ist, beginnt nun hier mit einem Plausibilitätstest. Dabei werden die verfügbaren Beobachtungswerte mit den bereits für diesen Zeitpunkt vom Modell prognostizierten Daten verglichen, wonach eine Aussage bezüglich der Glaubwürdigkeit der Vorhersage gemacht werden kann. Anschließend erfolgt die Visualisierung aufgaben- und ortsabhängig. Dabei wird meistens von kartographischen Darstellungen großer Gebiete mit den wesentlichen, wetterbestimmenden Variablen (z. B. Druck) begonnen und daraufhin sowohl in Gebietshinsicht wie auch in den Daten selbst detaillierter untersucht. Hier kommt dann auch das System RASSIN zur hochinteraktiven 3D Visualisierung zum Einsatz.

Außer der Benutzergruppe des operationellen Schichtbetriebs gibt es allerdings noch eine weitere Gruppe von Anwendern der Visualisierungssysteme. Sie sind als „Experten" zu bezeichnen. Sie zeichnen sich sowohl durch fundiertere Kenntnisse im Bereich der Simulationen und Visualisierungsalgorithmen als auch durch eine weniger fest in den Schichtbetrieb eingebundene Tätigkeit aus. Sie müssen nämlich zusätzlich noch die Visualisierungssysteme für neue Aufgaben konfigurieren (z. B. Gebietsausschnitte festlegen, Farbtabellen definieren, Darstellungstechniken auswählen) sowie bei besonders schwer interpretierbaren Simulationsergebnissen weitere Analysewerkzeuge einsetzen oder die Simulation selbst überprüfen.

10.3.2 Das Benutzermodell im operationellen Betrieb des DWD

Das Benutzermodell setzt sich aus den Fähigkeiten des Benutzers (Vorwissen, Erfahrung, etc.) seiner Arbeitsweise sowie seinen Vorstellungen vom System, die im Systemmodell untergebracht sind, zusammen.

Fähigkeiten und Intentionen des Benutzers. Die seit über dreißig Jahren traditionelle Arbeitsweise der Meteorologen mit graphischen Hilfsmitteln besteht im Erzeugen und Interpretieren von zweidimensionalen Wetterkarten. Ende der 80er Jahre wurde durch den wachsenden Einsatz von Workstations beim DWD ein immer interaktiver werdendes Arbeiten möglich. Die Veränderungen, die der vermehrte Einsatz von Computern auf den Automatisierungsgrad und die Vielfalt an Darstellungsarten mit sich brachte, hat die Meteorologen im operationellen Betrieb in verschiedene Gruppen unterteilt. Diese Gruppen entstanden durch verschiedene Altersstufen und damit verbunden verschiedene Erfahrungen mit Computern aus dem Studium oder durch verschieden starke Neugier im Umgang mit den neuen Systemen. Der Zeitdruck bei der Erstellung von Wettervorhersagen läßt allerdings auch wenig Zeit, neue Arbeitsweisen auszuprobieren.

Einflußfaktoren für die Arbeitsweise. Die Arbeitsweise der Meteorologen im Schichtbetrieb ist durch sowohl sachlich als auch zeitlich klar definierte Aufgaben bestimmt. Nach einem festgelegten Ablaufplan müssen von jedem Mitarbeiter in gewisser Zeit genau spezifizierte Ergebnisse produziert werden, die entweder von den übrigen Mitarbeitern benötigt (z. B. einzuzeichnende Fronten) oder von individuellen Kunden erwartet (z. B. Windprognose für einen Wanderzirkus) werden.

Sicht des Benutzers auf das Visualisierungssystem (Systemmodell). Der Meteorologe im operationellen Betrieb erwartet eine bestmögliche Unterstützung durch das Visualisierungssystem bei der schnellen Lösung der ihm gestellten Aufgabe. Es muß ihm helfen, rasch und zuverlässig an die dafür benötigten Informationen zu gelangen, sowie flexibel, übersichtlich und genau genug sein, um klare und präzise Erkenntnisse zu erlangen.

Dafür verlangt der Benutzer Voreinstellungen des Systems, die auf die spezifische Aufgabe zugeschnitten sind und eine Default-Auswahl von darzustellenden Variablen, zu verwendenden Visualisierungstechniken und -parametern sowie zu betrachtenden Regionen darstellen, die in den meisten Fällen schnell zum gewünschten Ergebnis führen. Natürlich muß das System flexibel genug sein, so daß er in den übrigen Fällen weitere Daten betrachten oder andere Visualisierungstechniken einsetzen kann (siehe auch Kap. 10.1.3).

Da der Anwender im operationellen Betrieb mit mehreren interaktiven Systemen arbeitet, verlangt er außer der selbstverständlichen inneren auch eine äußere Konsistenz (siehe auch Kap. 10.1.4). Bei den neuen dreidimensionalen Visualisierungstechniken erwartet er eine analoge Bedienungsweise. Außerdem muß ein langsames Gewöhnen an die neuen Techniken möglich sein.

Man kann die Forderungen der Meteorologen an die Bedienungsoberfläche des Systems RASSIN wie folgt zusammenfassen: einfache Handhabung, konsistente Bedienung, optimale Default-Einstellungen, kein eigenes zeitraubendes Konfigurieren nötig, bei Bedarf schnelles Ändern von Parametern etc., rasches Erlangen der gewünschten Informationen und Erkenntnisse sowie freies Navigieren im System.

Erweitertes Benutzermodell für „Experten" und fortgeschrittene Anwender. Das Benutzermodell für „Experten" und fortgeschrittene Anwender kann als Erweiterung des bereits skizzierten Benutzermodells des operationellen Betriebs aufgestellt werden. Zum einen müssen diese Anwender häufig die gleichen Aufgaben wie der Schichtdienst erledigen und zum anderen stammen nicht wenige von ihnen ursprünglich aus der Gruppe der operationellen Benutzer. Sie haben aber im Gegensatz sowohl die nötige Zeit freigestellt bekommen als auch das Interesse mitgebracht, fachlich tiefer in die Simulation und Datenanalyse einzusteigen.

Sie erwarten daher zusätzlich eine maximale Flexibilität des Systems sowie das Bereitstellen der unterschiedlichsten Visualisierungstechniken, da oft erst eine Kombination verschiedener Betrachtungsweisen eine korrekte Analyse erlaubt. Darüberhinaus benötigen sie Verfahren, um die eigentlichen Simulationsmodelle beobachten und ggf. verbessern zu können. Schließlich ist es aber auch ihre Aufgabe, die Standardsysteme für den operationellen Betrieb zu konfigurieren, wenn neue Aufgaben eingeführt werden.

10.3.3   Das Handlungsmodell im operationellen Betrieb des DWD

Die bereits in Kap. 10.2.2 vorgestellte Vorgehensweise zur Erstellung eines Handlungsmodells wird an dieser Stelle nun für den speziellen Bereich der Meteorologen bei ihrer Arbeit mit Visualisierungssystemen im operationellen Betrieb vorgenommen.

Die Aufgaben-Ebene im Handlungsmodell. Unabhängig davon, für welchen Kunden ein Meteorologe im operationellen Betrieb eine Wettervorhersage aus den Modelldaten erarbeitet, ist die generelle Aufgabenstellung gleich. Zuerst muß der bereits erwähnte Plausibilitätstest durchgeführt werden, indem mit dem Visualisierungssystem sowohl die mit dem Modell berechneten Werte als auch die Beobachtungsdaten, die zum gleichen Termin verfügbar sind, visualisiert und miteinander verglichen werden. Anschließend wird die Großwetterlage kartographisch für mehrere Zeitschritte in die Zukunft visualisiert, so daß man einen Überblick bekommt und auch anhand der Warnmeldungen aus der Vorverarbeitung weiß, welchen Parametern und Regionen besondere Aufmerksamkeit geschenkt werden muß. Schließlich sind die aufgabenspezifischen meteorologischen Variablen zu visualisieren, um die für den Kunden relevanten Informationen besonders gründlich zu erfassen.

Die funktionale Ebene im Handlungsmodell. Um diese Aufgaben erledigen zu können, agiert der Meteorologe mit Objekten und Funktionen. Als Objekte sind die einzelnen meteorologischen Variablen wie Temperatur, Windgeschwindigkeit, etc. zu sehen. Die Funktionen, mit denen er diese Objekte bearbeiten kann, sind im Falle des Visualisierungssystems die einzelnen Visualisierungsfunktionen. So lassen sich die jeweiligen Objekte beispielsweise in Isoliniendarstellung oder mit einer anderen Funktion als eingefärbte Flächen darstellen. Die Objekte haben Objekteigenschaften, die z. B. ihre örtliche und zeitliche Einordnung beschreiben. Mit separaten Anwendungsfunktionen kann schließlich die kombinierte Anwendung verschiedener Visualisierungsfunktionen gesteuert werden.

Die operative Ebene im Handlungsmodell. Nachdem der Anwender entschieden hat, mit welcher meteorologischen Variable er welche Darstellungsform erreichen möchte, plant er nun seine Schritte, dies dem System mitzuteilen. Zunächst wird das Objekt selektiert (Objekt-Funktion Denkweise), indem er es aus einer Liste der verfügbaren Objekte auswählt. Nun erwartet er, daß ihm das System eine Auswahl an für dieses Objekt gültigen Funktionen übersichtlich anbietet. Aus diesen Funktionen wählt er dann die ihm am geeignetsten erscheinende aus. Nachdem er das erste Visualisierungsergebnis wahrgenommen hat, wird er die Parameter der Visualisierungsfunktion (z. B. Farbtabelle) ändern oder die Eigenschaften des Objekts (z. B. aktueller Zeitpunkt). Dazu müssen die Objekteigenschaften und Visualisierungsparameter in der Bedienungsoberfläche leicht erreichbar sein.

Die Ein-/Ausgabe-Ebene im Handlungsmodell. Nun muß die in der operativen Ebene festgelegte Systemnavigation in konkrete Interaktionsschritte umgewandelt werden. Dabei sind die im folgenden genannten Punkte von größter Wichtigkeit für das Design des Bedienungsoberflächen-Konzepts:

Zum einen muß hier berücksichtigt werden, daß es außer den Schichtdienst-Anwendern auch „Experten" und fortgeschrittene Anwender gibt. So muß es zum einen stets möglich sein, als Benutzer jederzeit die jeweils sinnvollen Schritte zu erkennen und durch eine klare Strukturierung der Bedienungsoberfläche einfach der Objekt-Funktion Denkweise folgen zu können. Andererseits muß es den Experten erlaubt sein, mittels sogenannter Shortcuts oder Mnemonics schneller zum Ziel zu kommen, wenn man die nötigen Kürzel kennt und genau weiß, was zu tun ist.

Außerdem spielt die externe Konsistenz hier eine große Rolle. Gewisse Interaktionshandlungen des Benutzers, die in den übrigen Systemen des DWD eine festgelegte Bedeutung haben, sollten hier ebenfalls gleich behandelt werden, um nicht gegen die Erwartungskonformität des Benutzers zu verstoßen. So gibt es z. B. typische Mausknopfbelegungen wie diese, daß ein doppeltes Niederdrücken der linken

Maustaste die Defaulteinstellungen übernimmt, oder daß ein einfaches Niederdrük-
ken der rechten Maustaste eine Eingabe abschließt. Auf solche Festlegungen innerhalb des DWD wird in [Kais95] näher eingegangen.

Wie die Rückkopplung nach Darstellung der Visualisierungsergebnisse interpretiert wird, ist oben bereits angedeutet worden. Der Zyklus der Handlungssteuerung
ist in Abb. 92 verdeutlicht.

10.4 Konzept einer optimalen Bedienungsoberfläche

Nachdem zu Beginn dieses Kapitels die allgemeinen Anforderungen an ergonomische Bedienungsoberflächen aufgeführt sowie anschließend Benutzer- und Handlungsmodell für den operationellen Dienst des DWD entworfen wurden, werden
nun die speziellen Anforderungen erarbeitet und das darauf aufbauende Konzept
vorgestellt

10.4.1 Spezielle Anforderungen

Level. Die Gestaltung der zu entwickelnden ergonomischen Bedienungsoberfläche
muß den verschiedenen Wissensstufen vom normalen Schichtdienstmitarbeiter
über den neugierigeren und fortgeschritteneren Schichtdienstmitarbeiter bis hin
zum bereits erwähnten „Experten" Rechnung tragen. Das erweiterte Benutzermodell (siehe S. 202) muß also in einem erweiterten Bedienkonzept realisiert werden.

Dies verlangt mindestens zwei „Level" in der Bedienungsoberfläche, wobei der
erste Level nur die für die Aufgabenstellung unbedingt erforderlichen Objekte und
Funktionen für den Anwender besonders einfach und übersichtlich verfügbar
macht und erst der zweite Level die gesamte Funktionalität des Systems mit allen
Objekten und Funktionen bereitstellt. Es muß weiterhin für neugierige oder fortgeschrittenere Schichtdienstmitarbeiter möglich sein, vom ersten in den zweiten
Level und auch wieder zurück zu wechseln, ohne Gefahr zu laufen, die Steuerung
des Systems zu verlieren. Mehr als zwei Level für eine feinere Abstufung sind
anzustreben.

Freie Konfigurierbarkeit. Da die speziellen Aufgaben des operationellen Betriebs
vielfältig sind und häufig neue hinzukommen, ist es unbedingt erforderlich, daß
sich in einem möglichst weiten Maß Inhalt und Layout der Bedienungsoberfläche
konfigurieren lassen. Dabei sollte ein „Experte" die Möglichkeit haben, für jede
Aufgabe des Schichtbetriebs eine eigene Konfigurationsdatei zu erstellen, die bei
Systemstart für die jeweilige Aufgabe ausgewertet wird und sich auf den Startzustand und das Verhalten des Systems auswirkt.

Vor allem sollte der Startzustand mit den Default-Voreinstellungen für die Visualisierungsparameter so einzustellen sein, daß sich der Meteorologe bereits durch den Start des Systems beim Ausgangspunkt des Analysevorgangs befindet (z. B. die nötigen Daten bereits geladen und die Druckverteilung über Europa mittels Isobaren dargestellt sind). Dabei sind die Default-Voreinstellungen so zu verstehen, daß ein „Experten"-Meteorologe für den Anwender des Schichtbetriebs eine für die jeweilige Aufgabe sinnvolle Anfangseinstellung sämtlicher Parameter vorgenommen hat, die jedoch keine Einschränkung der Systemsteuerung darstellen sondern vielmehr als einen Ausgangspunkt für freies Interagieren zu verstehen sind. Außerdem müssen sich Anzahl der einzelnen Level sowie die jeweils darin verfügbaren Objekte und Funktionen für jede Aufgabe konfigurieren lassen.

Dynamischer Aufbau der Bedienungsschnittstelle. Aus zwei wichtigen Gründen ist ein dynamischer Aufbau der Bedienungsschnittstelle erforderlich. Zum einen stehen dem Benutzer in Abhängigkeit der Level verschiedene Objekte und Funktionen zur Verfügung, deren Interaktionselemente auch nur dann sichtbar sein sollen, wenn der jeweilige Level gewählt wurde. Das macht ein dynamisches ein- bzw. ausblenden dieser Interaktionselemente in der Bedienungsoberfläche nötig. Zum zweiten soll die Objekt-Funktion Denkweise des Anwenders durch die Bedienerführung voll unterstützt werden. Dafür müssen sämtliche verfügbaren Objekte klar erkennbar sein und bei Auswahl eines Objektes muß sich kontextsensitiv das entsprechende Funktionspanel aufbauen. Schließlich müssen zu der dann ausgewählten Funktion auch die Bedienelemente für deren Parameter leicht zugänglich sein. Aus der Vielzahl von Funktionen ist aber bedingt, daß nur jeweils die Bedienelemente für diejenigen Parameter sichtbar sein sollen, deren Funktion gerade auf ein Objekt angewandt wurde.

Benutzerinformationen. Die Bedienungsoberfläche muß den Benutzer stets leicht erkennbar über den aktuellen Systemzustand informieren. Darüberhinaus ist eine klare Anzeige der aktiven Objekte, der auf sie angewandten Funktionen, deren Parametereinstellungen sowie des Bezugs zu den Visualisierungsobjekten im Bild nötig.
Für die Information des Meteorologen sind für ein hochinteraktives, dreidimensionales Visualisierungssystem die folgenden Methoden zu fordern: Kontextleiste, Legendeleiste, Mauscursorveränderungen sowie der gezielte Einsatz von Farben.
In einer gesonderten Leiste der Bedienungsoberfläche muß stets der aktuell gültige geographische und zeitliche Kontext ersichtlich sein. So kann sich der Anwender mit einem Blick Klarheit über das gerade sichtbare Vorhersagegebiet und den ausgewählten Vorhersagezeitpunkt verschaffen. Idealerweise sollte der Benutzer sowohl den geographischen wie auch den zeitlichen Kontext direkt über Bedienelemente der Kontextleiste ändern können.
Eine stets aktualisierte Legendeleiste soll über die gerade im Bild sichtbaren Visualisierungsobjekte und die Parameter aller Visualisierungsfunktionen informieren. Für den Benutzer muß übersichtlich dargestellt werden, welche Objekte er

mit welchen Funktionen belegt hat und welche Parametereinstellungen diese haben.

Die Maus wird als physikalisches Eingabegerät auf verschiedene logische Eingabegeräte abgebildet (siehe auch [Felg95]). So wird sie u.a. zum Auswählen der Objekte, zum Einstellen der Parameter der Visualisierungsfunktionen, zum Navigieren in der 3D Visualisierungsszene, zum direkten Picken von Visualisierungsobjekten in dieser Szene sowie zum Plazieren von 3D-Cursorn und Proben benötigt. Zentrales Element der Aufmerksamkeit des Benutzers ist bei Interaktionen mit der Maus deren 2D Cursor im Monitorbild. Daher ist dies der Punkt, wo der Anwender über die aktuelle Zuordnung der Maus zu einem logischen Eingabegerät mittels Veränderung des Mauscursors zu informieren ist.

Schließlich erleichtert der gezielte Einsatz von Farben die Zuordnung von Bedienelementen zu den dazugehörigen Visualisierungsobjekten im Bild. Es ist also eine weitere Anforderung, daß die Farbe, mit der z. B. die Objekte in der Legendeleiste eingefaßt sind, mit der Farbe übereinstimmt, mit welcher im Bild die Isolinien gezeichnet oder die Farbflächen eingerahmt sind. Weiterhin muß die gleiche Farbe verwendet werden, um die Funktionspalette und die Bedienelemente der Parametereinstellungen einzufassen. So ist jederzeit klar erkennbar, welche Elemente der Bedienungsoberfläche und des Bildes zusammengehören.

Eingabegeräte. Als physikalische Eingabegeräte kommen derzeit lediglich die Maus und die Tastatur in Frage, da der Umgang mit diesen den Meteorologen vertraut ist und in den übrigen interaktiven Systemen des DWD quasi standardisiert ist. Neue, insbesondere dreidimensionale Eingabegeräte [Schr91], wie sie auf dem Desktop oder in virtuellen Welten verwendet werden (siehe auch [Felg95]) sind hier schrittweise einzuführen, sobald diese Techniken einen größeren Verbreitungsgrad erreicht haben und von den Meteorologen des operationellen Betriebs akzeptiert werden. So lange muß die Maus als zweidimensionales physikalisches Eingabegerät auf dreidimensionale logische Eingabegeräte wie den virtuellen Trackball angewandt werden (siehe auch Kap. 8.7.3).

Systemnavigation. Hier haben natürlich die bereits erwähnten Anforderungen nach möglichst flexibler und vom System unterstützter Navigation durch die Systemzustände auch ihre Gültigkeit. Auf die Objekt-Funktion Denkweise wurde bereits eingegangen und diese muß hier stark berücksichtigt werden. Sie spiegelt die natürliche Arbeitsweise der Menschen (z. B.: wenn eine Tasse bewegt werden soll, greift man sie zuerst und verschiebt sie dann) und die der Meteorologen im operationellen Betrieb im besonderen wider (z. B.: wenn Temperaturen visualisiert werden sollen, selektiert man zuerst das Temperaturobjekt und wählt dann eine Visualisierungsfunktion).

Alle Zugriffe auf Objekte, Funktionen und Funktionsparameter sollen dabei möglichst schnell und einfach erfolgen können. Durch die Fülle an potentiell interessanten Objekten und Visualisierungs- sowie Anwendungsfunktionen ist es jedoch nicht möglich, alle Bedienelemente direkt sichtbar anzuordnen. Durch

Interviews und Beobachtungen mit Meteorologen wurden daher in [Kais95] die Zugriffe nach Wichtigkeit und Häufigkeit sortiert. Aber auch Bedienelemente, die etwas verborgener in der Bedienungsoberfläche untergebracht werden, müssen leicht und ohne viel Vorwissen aufzufinden sein.

Es werden also die folgenden Bedienbereiche gefordert: Eine normale Menüleiste beinhaltet sämtliche Anwendungsfunktionen wie das Laden von Daten oder das Wechseln des Levels. Ein Objektbereich zeigt sämtliche verfügbare Objekte und erlaubt deren Selektierung sowie über einen eigenen Mechanismus das Aus- und wieder Einschalten sämtlicher Visualisierungsobjekte des Objekts im Bild. Ein kontextsensitives Funktionsmenü ermöglicht dem Benutzer Zugriff auf die Visualisierungsfunktionen des gerade selektierten Objekts. In einem gesonderten Bereich direkt auf der Oberfläche liegen die Bedienelemente dieser Funktionen. Er kann bei Bedarf gescrolled werden. Eine Kontextleiste informiert den Benutzer über den aktuellen Kontext und erlaubt dessen interaktive Veränderung. Schließlich muß es eine eigene Knopf- oder Symbolleiste geben, die das 3D Navigieren durch die Visualisierungsszene dadurch erleichtert, daß sie sinnvolle Ansichten auf Knopfdruck bereitstellen kann (z. B. Sicht von Süden auf das Datenvolumen).

Shortcuts und mnemonische Selektion. Um ein schnelleres und effizienteres Arbeiten für den geübten Benutzer des Systems zu ermöglichen, sind Shortcuts zu realisieren. So lassen sich über sogenannte Mnemonics, die eine bestimmte Tastenkombination bedeuten, auch verborgenere Menüpunkte direkt ansteuern. Geübte Anwender könnten so z. B. über eine schnelle Folge von drei gedrückten Tasten die Isobaren des Bodendrucks visualisieren oder auch wieder ausblenden lassen. Dies erhöht die Benutzerakzeptanz, da sowohl weniger als auch mehr geübte Benutzer die Systemnavigation jeweils optimal durchführen können.

Anordnung von Menü- und Graphikfenstern. Die Benutzer von Visualisierungssystemen im operationellen Betrieb des DWD sind im Umgang mit Fenstersystemen (z. B. X11) nicht immer vertraut und erwarten die bildschirmfüllende und gleichbleibende Anordnung sämtlicher Bedienelemente in einem Fenster, welches sowohl der Ein- wie auch der Ausgaben dient. Auf diese Weise sind Informationen und Bedienelemente stets am gleichen Platz und es können keine Eingabefenster hinter Graphikfenstern verschwinden oder umgekehrt. Für geübte Anwender, die Pop-Up Fenster bevorzugen, da sie somit häufig benötigte Elemente in der Dialoghierarchie hervorheben und die Anordnung der Bedienelemente ihrem Arbeitsstil anpassen können, werden sogenannte Tear-Off Menüs angeboten, die man bildlich „abreißen" kann und somit in ein Pop-Up Fenster verwandelt.

Schrift. Als Schrift der Bedienelemente und Informationsangaben sollte Times Roman gewählt werden, da sie als gut lesbar und weit verbreitet angesehen wird. Die Schreibweise für Objektbezeichnungen sollte stets in Großbuchstaben und für die Funktionen in normaler Gemischtschreibweise erfolgen, so daß auch in kombinierten Informationsangaben zwischen den beiden Gruppen klar unterschieden werden kann.

10.4.2 Beschreibung des Konzeptes

Schließlich wurde im Rahmen dieser Arbeit ein Konzept für eine ergonomisch optimal gestaltete Bedienungsoberfläche für hochinteraktive 3D Visualisierungssysteme für den operationellen Betrieb des DWD entwickelt, das hier nun vorgestellt werden soll. Es berücksichtigt die allgemeinen Anforderungen aus Kap. 10.1 und die speziellen Anforderungen aus Kap. 10.4.1. Hier soll allerdings lediglich auf die wichtigsten Dialogbereiche sowie auf die Navigationsweise näher eingegangen werden. Weitere Details finden sich in [Kais95].

Die Bedienungsoberfläche besteht aus den Haupt-Dialogbereichen des Objektfensters, des Bereichs für die Bedienelemente der Visualisierungsfunktionen, der Menüleiste der Anwendungsfunktionen, der kontextsensitiven Menüleiste der Visualisierungsfunktionen, der Kontextleiste, der Symbolleiste, den Knöpfen zum Starten einer Animation oder zum Beenden des Systems sowie des zentral angeordneten Graphikfensters (siehe auch Abb. 93).

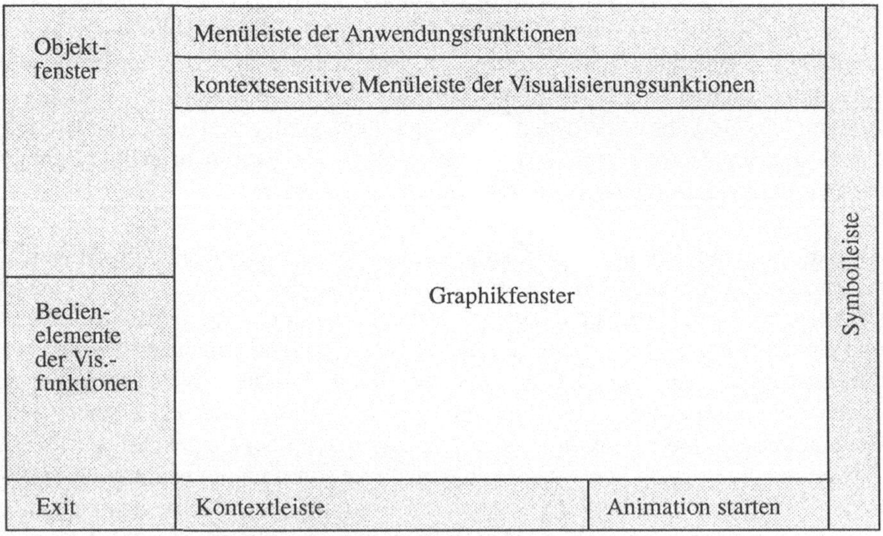

<table>
<tr><td rowspan="2">Objekt-
fenster</td><td colspan="2">Menüleiste der Anwendungsfunktionen</td><td rowspan="6">Symbolleiste</td></tr>
<tr><td colspan="2">kontextsensitive Menüleiste der Visualisierungsunktionen</td></tr>
<tr><td></td><td colspan="2" rowspan="3">Graphikfenster</td></tr>
<tr><td rowspan="2">Bedien-
elemente
der Vis.-
funktionen</td></tr>
<tr></tr>
<tr><td>Exit</td><td>Kontextleiste</td><td>Animation starten</td></tr>
</table>

Abb. 93. Das Konzept der Bedienungsoberfläche für RASSIN

10.4.3 Aufbau der Bedienungsoberfläche

Menüleiste der Anwendungsfunktionen. In der Menüleiste der Anwendungsfunktionen sind sämtliche Funktionen untergebracht, die unabhängig von den einzelnen meteorologischen Datenobjekten sind. Hier kann der Benutzer also neue

Daten nachladen, die Anzeige des geographischen Kontextes in Form eines Geländemodells oder Linienzügen ein- bzw. ausblenden, den Level wechseln, die Projektionsart beim Rendern von perspektivischer auf Parallelprojektion umschalten etc.

Objektfenster und Legendeleiste. Das Objektfenster stellt zugleich die Legendeleiste dar. Zum einen sind hier also sämtliche geladenen oder intern erzeugten Objekte für den Anwender zugänglich, um sie mit Funktionen zu bearbeiten, und andererseits kann der Benutzer sich hier stets darüber informieren, welche Objekte gerade wie visualisiert sind. Jedes Objekt wird dabei durch einen Knopf repräsentiert, der mit der spezifischen Objektfarbe eingerahmt ist und weitere Informationen über das Objekt enthält. Wird dieser Knopf gedrückt, erscheint die entsprechende kontextsensitive Menüleiste. Zusätzlich gibt es hier neben jedem dieser Knöpfe einen kleineren Toggle-Knopf, mit dem der Anwender sämtliche zu diesem Objekt gehörenden Visualisierungsobjekte aus- bzw. wieder einschalten kann.

Kontextsensitive Menüleiste der Visualisierungsfunktionen. Die kontextsensitive Menüleiste der Visualisierungsfunktionen erscheint bzw. wechselt, wenn ein Objekt selektiert wurde. Die Menüleiste ist in der Objektfarbe eingefaßt. Nun sind sämtliche Visualisierungs- und Bearbeitungsfunktionen sichtbar und erreichbar, die auf dieses Objekt angewandt werden können. Es ist also möglich, z. B. in der durch Selektion des Objekts „Bodendruck" erscheinenden Menüleiste die Visualisierungsfunktion „Isolinien" auszuwählen.

Bedienelemente-Bereich der Visualisierungsfunktionen. Nachdem eine Funktion auf das selektierte Objekt angewandt wurde, erscheinen die Bedienelemente ihrer Parameter in dem Bedienelemente-Bereich der Visualisierungsfunktionen. Sie sind ebenfalls mit der Objektfarbe umrahmt. Das Interagieren mit diesen Elementen beeinflußt direkt das Verhalten der Visualisierungsfunktionen. Wird die entsprechende Funktion abgeschlossen, verschwinden auch diese Bedienelemente wieder. Sind zu viele Elemente in diesem Dialogbereich, so kann der Benutzer durch Scrollen an das gewünschte Element gelangen.

Kontextleiste. In der Kontextleiste werden stets nebeneinander der geographische und zeitliche Kontext der momentan visualisierten Daten als Beschriftung von Knöpfen angezeigt. Wählt der Benutzer einen der Knöpfe an, so klappt ein Option-Menü auf, welches ihm sämtliche verfügbaren Möglichkeiten zu den aktuell geladenen Daten anzeigt. Über zwei Pfeilknöpfe kann der Anwender auch in der Zeit vor- bzw. zurückblättern, d. h. den vorherigen oder nächsten Zeitschritt der Simulationsdaten selektieren.

Graphikfenster. Im Graphikfenster werden die Visualisierungsobjekte (z. B. Isolinien) als Ergebnisse der Anwendung der Visualisierungsfunktionen auf die Datenobjekte angezeigt. Außerdem wird die Maus über diesem Fensterbereich auf das logische Eingabegerät des virtuellen Trackballs abgebildet, was dem Anwender durch eine Änderung des Mauscursors mitgeteilt wird. Sämtliche Mausbewegungen mit einer niedergedrückten Maustaste werden dann für die 3D Navigation durch die Visualisierungsszene interpretiert. Dies läßt sich aber für den untersten Level abschalten, so daß Anfänger nicht durch die Möglichkeit der freien Wahl von Blickrichtung und -winkel im Datensatz irritiert werden.

Durch Ausnutzung der Graphikhardware auf Rechnern der Firma Silicon Graphics kann hier noch bei recht hoher Komplexität der Szenen eine Echtzeitdarstellung erreicht werden. Somit sind die Ergebnisse sämtlicher Benutzereingaben, welche die graphische Ausgabe beeinflussen, sofort sichtbar, was als Rückkopplung einen wichtigen Beitrag für den Zyklus der Handlungssteuerung leistet.

Symbolleiste. Mit den Knöpfen auf der Symbolleiste, die mit Symbolen belegt sind, welche in Kompaßform die Himmelsrichtungen andeuten, kann der Benutzer vordefinierte Blickparametrisierungen auf die Daten anwählen. Damit ist nicht immer ein freies Navigieren durch die Daten erforderlich, um verschiedene Ansichten zu erhalten.

Animation Starten. Das aufwendige Animationsmodul, welches in Kap. 6 ausführlich beschrieben wurde, kann über diesen Knopf angewählt werden, der nur für die Experten verfügbar gemacht werden sollte. Es wird dann ein eigenes Pop-Up Fenster sichtbar, was die gesamte Funktionalität dieses Moduls bereitstellt.

System beenden. Der Knopf zum Verlassen des Systems sollte nicht verborgen sein und ist hier in der linken unteren Ecke der Bedienungsoberfläche plaziert. Beim Aktivieren dieses Knopfes wird ein modales Dialogfenster geöffnet, was den Benutzer um eine Bestätigung zum Beenden auffordert. Dies ist für die Fehlertoleranz wichtig.

10.4.4 Systemnavigation am Beispiel eines Visualisierungsschrittes

Die Systemnavigation des Anwenders in den einzelnen Schritten der operativen Ebene des Handlungsmodells soll hier als Beispiel für das Navigationskonzept ausgeführt werden. Der Anwender beginnt dabei damit, daß er das System in den Grundzustand für seine Analyse bringt, indem er die nötigen Daten lädt und den für ihn aktuell interessanten Kontext bestimmt. Dies geschieht über Eingaben im Bereich des Anwendungsfunktionsmenüs und der Kontextleiste, welche sich als oberstes respektive unterstes Dialogelement auf der Bedienungsoberfläche befinden. Nun wird ein Datenobjekt (z. B. Bodendruck) ausgewählt, wozu das Objektfenster links oben dient. Daraufhin erscheint ein kontextsensitives Funktionsmenü direkt über dem Graphikfenster, welches sämtliche Visualisierungsfunktionen zugänglich macht, die für das ausgewählte Objekt in Frage kommen. Nachdem eine Funktion (z. B. Isoliniendarstellung) selektiert und somit auf das Objekt angewandt wurde, erscheinen die Bedienelemente für die Funktion in einem Scrollbereich links unten auf der Bedienungsoberfläche. Das Einstellen der Funktionsparameter (z. B. Schwellwerte) beeinflußt dann direkt die Darstellung des entsprechenden Visualisierungsobjektes, welches im Graphikfenster sichtbar ist. Der Ablauf wird in Abb. 94 veranschaulicht.

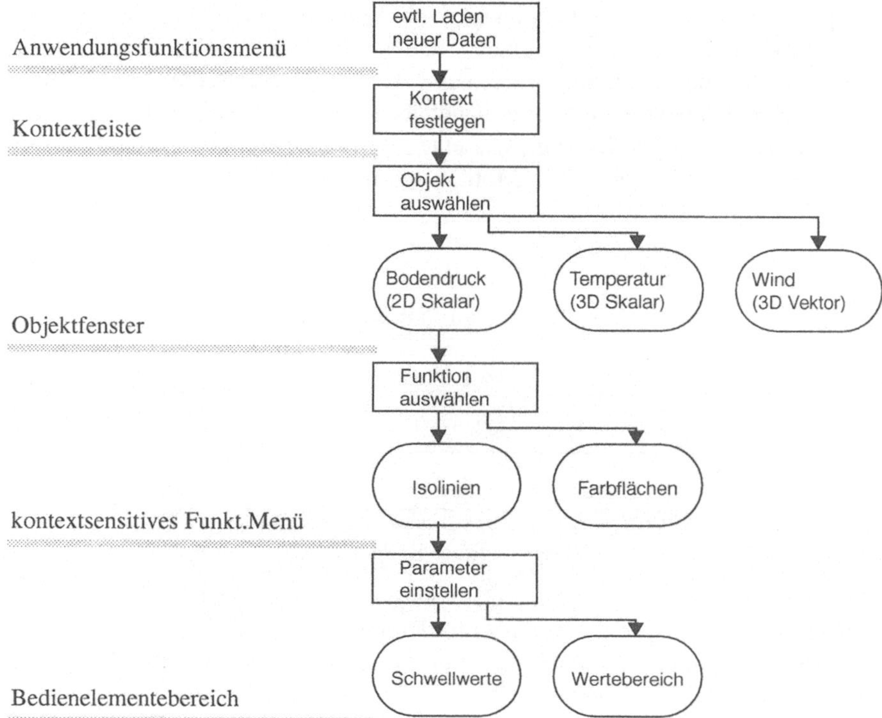

Abb. 94. Typische Vorgehensweise bei der Visualisierung meteorologischer Daten

10.4.5 Realisierung des Konzepts

Das in diesem Kapitel entwickelte Konzept wurde in dem ebenfalls im Rahmen dieser Arbeit entstandenen Visualisierungssystem RASSIN (siehe Kap. 8) realisiert. Eine Grundlage war die Entscheidung, sämtliche Entwicklung auf X11 unter der Verwendung von OSF/Motif durchzuführen, um die Maschinen der Firma Silicon Graphics mit ihrer schnellen Graphikhardware einzusetzen. Für die eigentliche Realisierung wurden dann zunächst verschiedene Implementierungsformen untersucht und getestet, nämlich das direkte Programmieren von Motif, das Benutzen der deskriptiven Sprache UIL und schließlich den Einsatz von sogenannten User-Interface Buildern.

Das Programmieren von Motif ist sehr aufwendig und verlangt viel Wissen über die darunterliegenden Bibliotheken von XtIntrinsics und der Xlib. Allerdings hat man hier auch die größtmögliche Flexibilität bei der Realisierung. Benutzt man die Beschreibungssprache UIL (ebenfalls von OSF), so wird die Realisierung beschleunigt und weitgehend flexibel gehalten, da das Layout der Bedienungsschnittstelle nicht zum Zeitpunkt des Übersetzens festgelegt sein muß. Die sich immer weiter verbreitenden User-Interface Builder schließlich verlangen kaum Wissen über die Einzelheiten des Fenstersystems und bieten zudem häufig noch eine gewisse Plattformunabhängigkeit. Als Programmieraufwand müssen hier lediglich die Funktionen der Applikation in den von diesen Werkzeugen produzierten Programmcode eingebunden werden. Das Design der Bedienungsoberfläche selbst geschieht dabei mit einfach zu handhabenden interaktiven, visuell ausgerichteten Werkzeugen. Abb. 95 zeigt, wie eine Applikation auf den Bibliotheken des User-Interface Builders, von OSF/Motif, XtIntrinsics und Xlib aufsetzt.

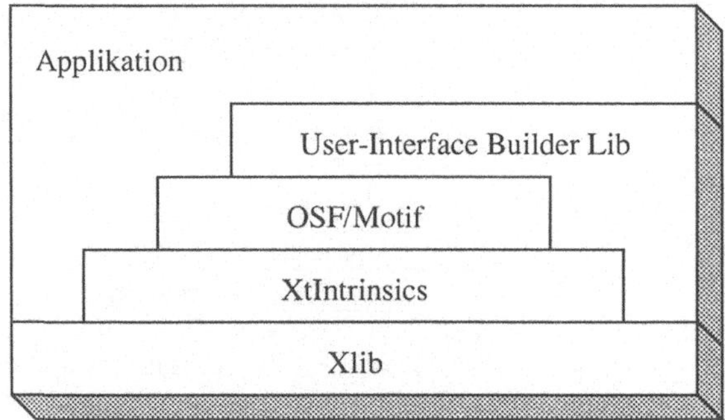

Abb. 95. Auf X11, Toolkits und User-Interface Builder aufsetzende Applikation

Da aber die Plattformunabhängigkeit wegen der benötigten Graphikhardware keine so große Rolle spielte und die Anforderung für eine dynamische Bedienungsoberfläche wesentlich wichtiger war, fiel die Entscheidung auf das direkte Programmieren in Motif. Weder die Sprache UIL noch die gängigen User-Interface Builder (z. B. iXbuild) unterstützen ein zur Laufzeit dynamisches Dialogfenster in ausreichender Weise. In Kap. 8.7 wurde bereits die realisierte Benutzungsoberfläche vorgestellt.

10.5 Zusammenfassung und Ausblick

In diesem Kapitel wurde ein Konzept für eine ergonomisch optimale Benutzungsoberfläche für hochinteraktive dreidimensionale Visualisierungssysteme in meteorologischen Anwendungen entwickelt.

Dazu wurden zunächst allgemeine Anforderungen an ergonomische Benutzungsoberflächen aus der Literatur und Standardisierungswerken (ISO, DIN, VDI) untersucht und im Kontext dieser Arbeit diskutiert. Stellvertretend sind die fünf Punkte von Aufgabenangemessenheit, Selbstbeschreibungsfähigkeit, Steuerbarkeit, Erwartungskonformität und Fehlerrobustheit aus [DIN88] hier zu nennen.

Anschließend wurden Modelle vorgestellt und angepaßt, die es erlauben, Benutzer, Handlungsweisen und Systemverhalten zu beschreiben und zu analysieren. Die Modelle für Handlungen und Systemverhalten sind dabei in die vier Abstraktionsebenen der Aufgaben-Ebene, der funktionalen Ebene, der operativen Ebene und schließlich der Ein-/Ausgabe Ebene gegliedert. Durch diese Ebenen läuft der Zyklus der Handlungssteuerung, wobei der Benutzer seine Eingaben durch die Ebenen nach unten konkreter werdend plant und die Ausgaben des Systems noch oben durch die Ebenen abstrakter werdend interpretiert.

Diese Modelle wurden dann abschließend auf den Bereich der Visualisierungssysteme im operationellen Betrieb des DWD angewandt. Interviews mit Meteorologen sowie Beobachtungen im Schichtbetrieb konkretisierten dabei die speziellen Anforderungen an Benutzerschnittstellen die dort zu berücksichtigen sind. Es wurde dann das neue Konzept entwickelt, vorgestellt und erläutert sowie kurz auf die Realisierung eingegangen, zu der die verschiedenen Implementierungsmethoden untersucht wurden. Die Navigationsweise innerhalb des Dialogkonzepts konnte exemplarisch veranschaulicht werden.

Als Ausblick bleibt zu erwähnen, daß fortgeschrittenere Visualisierungstechniken, welche die immer komplexer werdenden Datenmengen in unterschiedlichen Dimensionen bearbeiten, völlig neue Eingabetechniken und -paradigmen notwendig machen werden. Auch sind immersive Dialogkonzepte vorstellbar, bei denen sich der Betrachter virtuell im Datensatz, d. h. inmitten der dreidimensionalen Visualisierungsobjekte befindet und auf eine direktere und natürlichere Art und Weise über sie mit den Rohdaten interagieren möchte.

11 Das Rahmensystem zur Visualisierung meteorologischer Daten

Dieses Kapitel beschriebt nun, wie die beiden gerade vorgestellten Komponenten - RASSIN zur Visualisierung meteorologischer Daten für Experten und TriVis zur Erstellung von Wettervorhersagefilmen für Fernsehzuschauer - zusammen das offene Rahmensystem bilden, welches zu entwickeln Thema der vorliegenden Arbeit war.

Nachdem nun also die meteorologischen Daten und Simulationsmodelle zusammen mit den dafür geeigneten Visualisierungstechniken vorgestellt wurden, daraus die besonderen Anforderungen der Meteorologie an die wissenschaftlich-technische Visualisierung abgeleitet werden konnten, bereits existierende Visualisierungssysteme bzgl. dieser Anforderungen evaluiert wurden, die Bedeutung von Interaktivität in solchen Anwendungen herausgearbeitet wurde, die Rolle der Zeit und des Kontextes in der Visualisierung diskutiert wurden und anschließend die beiden Systemkomponenten für Experten und Laien entwickelt wurden, soll an dieser Stelle ein Überblick über das Zusammenspiel der beiden Komponenten gegeben werden.

11.1 RASSIN und TriVis als Komponenten des Rahmensystems

Das entwickelte Rahmensystem besteht aus den Komponenten RASSIN und Tri-Vis, die in den vorangegangenen Kapiteln beschrieben wurden. Es kann mit diesen beiden sich ergänzenden Systemkomponenten sehr breite Anwendungsbereiche der wissenschaftlich-technischen Visualisierung in der Meteorologie umfassend abdecken. Jede Komponente für sich ist dabei ein eigenes Turnkeysystem, welches auf die entsprechende Aufgabe hin entwickelt und optimiert wurde sowie eigene Visualisierungstechniken verwendet.

Abb. 96 verdeutlicht die Rolle des Rahmensystems beim Erforschen und Präsentieren meteorologischer Daten. Mit diesem Rahmensystem und seinen beiden Komponenten lassen sich also sowohl einerseits durch Experten die numerischen

Modelle verstehen und somit verbessern sowie die Wetterlagen anhand optimal visualisiertem Modelloutput schneller begreifen als auch andererseits die komplexen meteorologischen Informationen für Laien (z. B. Fernsehzuschauer) graphisch aufbereiten und vermitteln.

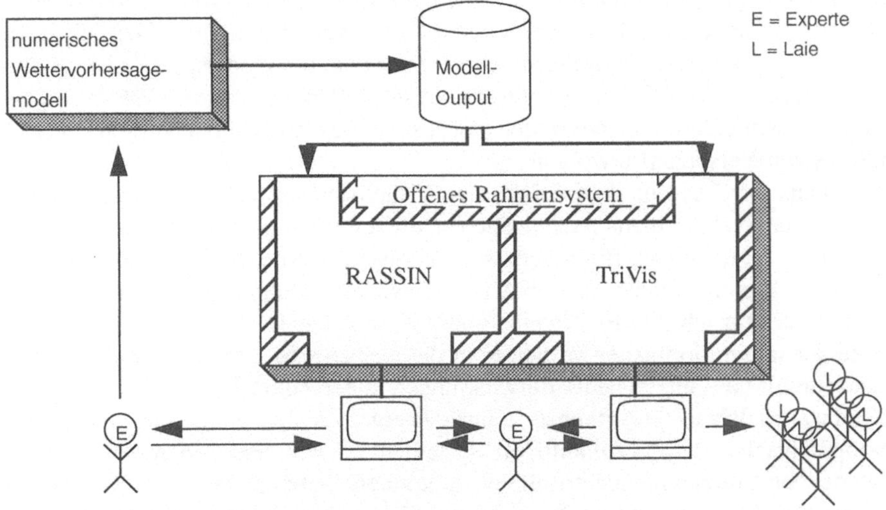

Abb. 96. Das offene Rahmensystem mit den Komponenten RASSIN und TriVis

Die typische Arbeitsweise ist dabei, daß sich ein Meteorologe oder eine Gruppe von Meteorologen (in Abb. 96 als Experte in der Mitte) mit Hilfe von RASSIN und anderen kartographischen Systemen die Wetterlage und den Output der numerischen Wettervorhersagemodelle für eine eingehende Analyse visualisieren. Anschließend setzen sie das System TriVis ein, um aus den Rohdaten und ihren Erkenntnissen fernsehgerechte Wettervorhersagefilme für viele Kunden (Laien rechts in Abb. 96) zu erzeugen. Sollte es dabei zu neuen Unklarheiten bei der meteorologischen Interpretation kommen, steht RASSIN für zusätzliche interaktive Untersuchungen bereit. Parallel dazu können weitere, an der Entwicklung und Verbesserung von Simulationsmodellen beschäftigte Meteorologen (in Abb. 96 als Experte links) RASSIN dazu nutzen, das Verhalten ihrer Modelle besser zu verstehen und diese so zu optimieren.

11.2 Ein offenes System

Aus den im folgenden aufgeführten zwei Gründen wurde das im Rahmen dieser Arbeit entwickelte System sehr offen gehalten und mit Schnittstellen zu anderen Systemen konzipiert, anstatt daß der Versuch unternommen wurde, ein für sämtliche Anwendungen von Visualisierung in der Meteorologie optimales System zu entwerfen.

Erstens gibt es bereits in beinahe jedem Wetterdienst einige vor allem zweidimensional kartographisch basierte Visualisierungssysteme, die hervorragend für die Aufgaben geeignet sind, für die sie seit der Verfügbarkeit von Plottern entwickelt wurden (siehe Kap. 4). Diese Systeme sind jeweils für die Besonderheiten der verwendeten numerischen Wettervorhersagemodelle, der dienstspezifischen Routineumgebung und für die Anforderungen der speziellen Kunden von Wetterprognosen maßgeschneidert. Es wäre weder wissenschaftlich noch wirtschaftlich sinnvoll, diese Systeme ersetzen zu wollen.

Zweitens wird es auf dem Sektor der Visualisierung meteorologischer Daten ständig neue Verfahren und Systeme geben, die jeweils eigene Stärken und Vorteile mit sich bringen werden. Ein geschlossenes System würde es nicht erlauben, diese zu nutzen. Das im Rahmen dieser Arbeit entwickelte Rahmensystem ist hingegen offen in der Hinsicht der Einbindung neuer Komponenten für neue Anwendungen sowie der Integration neuer Verfahren in die hier entwickelten Komponenten und erlaubt somit das Nutzen neuer Entwicklungen in der Zukunft.

Ziel war es daher von Anfang an, einerseits ergänzend zu den bereits verfügbaren kartographischen sowie zukünftigen Systemen zu sein und andererseits von zu erwartenden Entwicklungen profitieren zu können. Dabei sollen die Komponenten des offenen Rahmensystems RASSIN und TriVis ihre ihnen eigenen Stärken bei der hochinteraktiven Visualisierung meteorologischer Daten für Experten einerseits und der automatischen Produktion von laiengerechten Wettervorhersagefilmen für das Fernsehen andererseits in eine Visualisierungsumgebung mit evtl. mehreren anderen Systemen einbringen können.

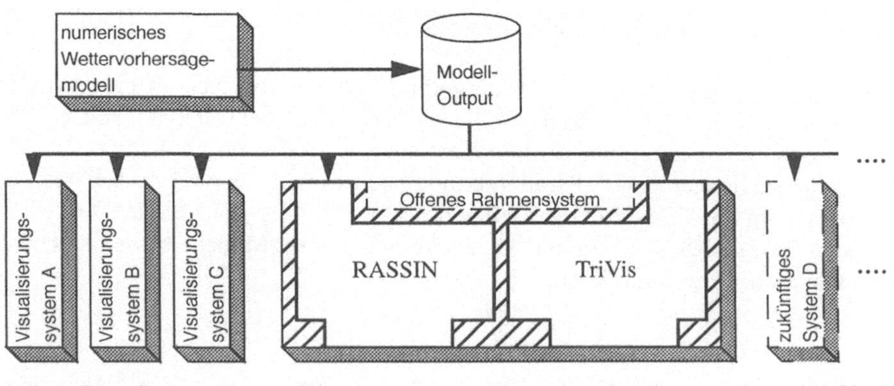

Abb. 97. Das offene Rahmensystem neben bestehenden und zukünftigen Visualisierungssystemen

Die beiden Komponenten des Rahmensystems sind dabei in zweierlei Hinsicht offen gehalten: Zum einen erlauben sie den direkten Datenaustausch über teilweise bereits implementierte Schnittstellen (siehe unten) zu anderen Visualisierungssystemen, um diese ohne großen Aufwand für den Anwender zu ergänzen bzw. von zukünftigen Systemen ergänzt zu werden.

Zum anderen sind beide Komponenten auch dafür vorgesehen, neue Visualisierungsalgorithmen in ihre modulare Programmstruktur aufzunehmen, um von diesen zu profitieren. So ist beispielsweise bei RASSIN das Unterstützen von Trajektorienvisualisierungen und für TriVis der Einsatz von automatisch animierten treibenden Laubblättern angedacht, als weitere Verfahren, um Windfelder für die jeweiligen Betrachtergruppen zu visualisieren.

11.3 Schnittstellen des offenen Rahmensystems

Im momentanen Stand der Implementierungen setzen beide Komponenten auf dem GRIB-Standard für meteorologische Datenbanken sowie auf beim Deutschen Wetterdienst entwickelten Pre-Prozessoren und Formatkonvertierern auf. Bei RASSIN wird zusätzlich zum GRIB-Standard auch alternativ ein stark hierarchisch strukturiertes ASCII-Dateiformat unterstützt, um einfacher Daten aus anderen Quellen importieren zu können.

Für TriVis ist es nötig, aus dem Modelloutput die für die Laienzuschauer relevanten Parameter zu extrahieren bzw. abzuleiten (siehe Kap. 9.2). So wird beispielsweise die vertikale Mächtigkeit von Wolken in der Simulation selbst nicht als zweidimensionales Feld berechnet. Dies wird von den bereits angesprochenen Pre-Prozessoren erledigt, die den Abstand von Wolkenunter- bis Obergrenze berechnen und daraus dieses Feld generieren. Da TriVis auch bei anderen Wetterdiensten und Fernsehstationen selbst installiert wurde, wird hier ausschließlich auf ein leicht verständliches ASCII-Dateiformat zurückgegriffen. Größere Datensätze lassen sich nach einer Konvertierung auch optional binär importieren, um Ladezeiten zu verkürzen. Auf diese Weise können fremde Wetterdienste ihre eigenen Datenbanken und Pre-Prozessoren verwenden sowie beliebige Datenaufbereitungsprozeduren auf bestehende TriVis Datensätze anwenden.

Untereinander können die beiden Komponenten die zweidimensionalen Datenfelder in polarstereographischer Projektion austauschen, da diese von beiden Systemen unterstützt werden. So lassen sich vor allem Orographiedateien sowie beispielsweise Bodendruckfelder oder 2m-Temperaturen direkt von beiden Systemen importieren. Weiterhin basieren die dreidimensionalen Visualisierungen von RASSIN und TriVis auf dem gleichen Renderingsystem und die Auswertung von Kameraparametern wird einheitlich vorgenommen. Auf diese Weise können direkt vergleichbare Ansichten auf identische Daten mit beiden Komponenten des offenen Rahmensystems erzeugt werden. Das erlaubt dann z. B., die Volumendaten des Modelloutputs in geeigneter Visualisierung durch RASSIN mit den dreidimensionalen fraktalen Wolken von TriVis zu vergleichen, welche auf Basis der von den Pre-Prozessoren extrahierten und abgeleiteten Modellvariablen entstanden sind.

Ein ähnlicher Vergleich ist in Abb. 98 zu sehen. Dort sind zwei Visualisierungen von Daten des Deutschlandmodells mit dem Blick jeweils von über England in Richtung Alpen dargestellt. RASSIN zeigt hier Temperaturflächen, Isotherme und Gitterschnitte während mit TriVis Wolkendaten visuell umgesetzt wurden. Zukünftige Implementierungsarbeiten werden einen noch einfacheren Datenaustausch zwischen beiden Komponenten sowie eine Anbindung an allgemeinen Datenformaten für wissenschaftlich-technische Daten zum Ziel haben.

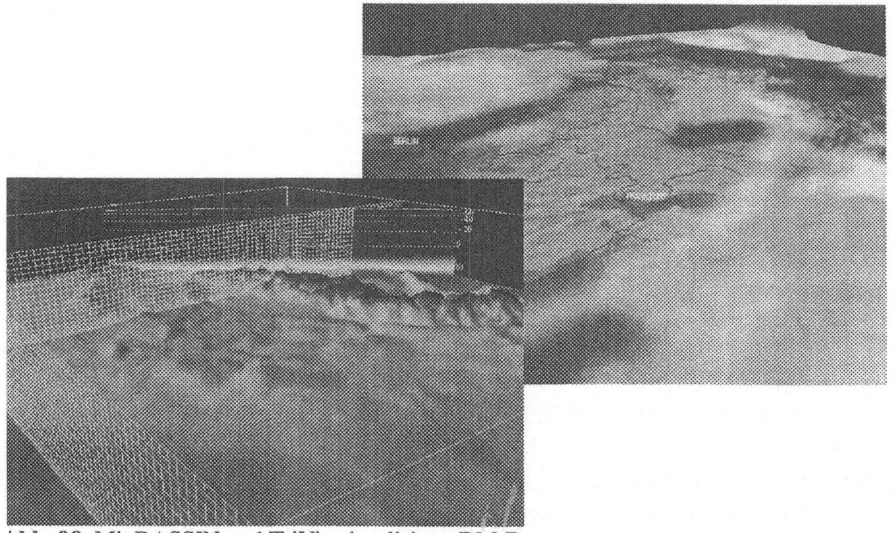

Abb. 98. Mit RASSIN und TriVis visualisierte DM-Daten

12 Anwendung und Bewertung des Systems

Das Rahmensystem mit seinen beiden Komponenten RASSIN und TriVis ist in Zusammenarbeit mit dem Deutschen Wetterdienst entwickelt und optimiert worden sowie dort seit Jahren installiert. Der Einsatz von RASSIN im operationellen Betrieb zur Auswertung und Analyse des dreidimensionalen Modelloutputs ist für Mitte 1996 vorgesehen und die momentanen Arbeiten bereiten das System darauf vor. TriVis läuft bereits seit Januar 1993 im Routinebetrieb und konnte seitdem tagtäglich Wettervorhersagefilme für die Fernsehübertragung erstellen. Es ist heute auch bei ausländischen Wetterdiensten operationell installiert und beliefert dort Sender mit Vorhersageclips für das tägliche Nachrichtenprogramm. Eine Versorgung von Onlineprovidern mit TriVis ist bereits geschehen und eine Anbindung als wirklich interaktiver Dienst in Vorbereitung. Im folgenden wird kurz auf die einzelnen Komponenten eingegangen.

12.1 RASSIN

RASSIN wurde im Sommer 1993 zusammen mit dem Deutschen Wetterdienst konzipiert und bis Frühjahr 1995 als Prototyp implementiert. Seitdem konnte es um weitere Visualisierungsverfahren wie freie Schnittflächen durch das Datenvolumen und das bereits ausführlich beschriebene Animationswerkzeug zur umfassenden Kontrolle von Zeit erweitert werden. Anschließend wurde speziell für RASSIN eine optimale Bedienungsoberfläche anhand einer eingehenden Analyse der Mensch-Maschine-Kommunikation bei hochinteraktiven Visualisierungssystemen in der Meteorologie entwickelt. Die jüngsten Arbeiten konzentrierten sich auf die Anbindung an den GRIB-Datenbankstandard sowie die Integration in die Routineumgebung des Deutschen Wetterdienstes.

Mit dieser Komponente können beinahe sämtliche Anforderungen an die Visualisierung meteorologischer Daten für Experten erfüllt werden. Die Daten werden in ihrem original Kontext dargestellt und bleiben bei der Visualisierung stets auf ihrem Modellgitter, so daß ein weitgehend unverfälschtes Bild der Daten wiedergegeben werden kann und außerdem ein Verstehen oder Nachvollziehen der Vorgänge im Simulationsmodell selbst möglich wird.

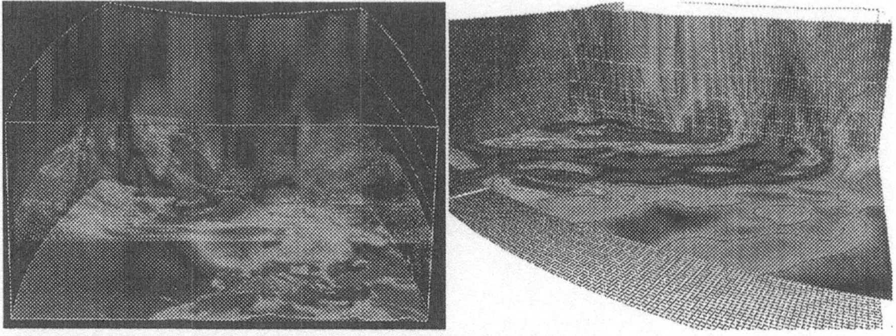

Abb. 99. Mit RASSIN für Experten visualisierte Datensätze

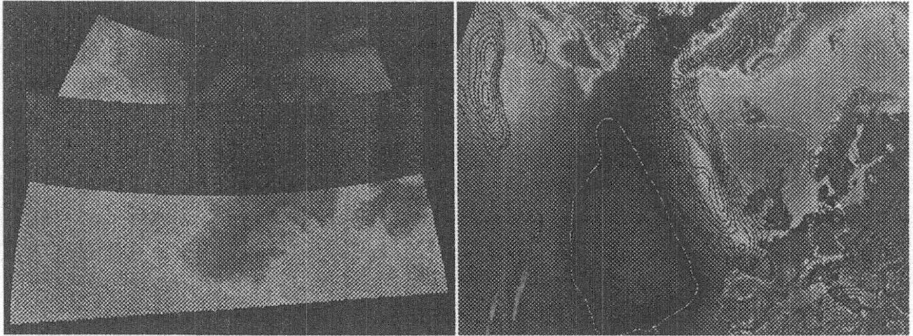

Abb. 100. Dynamische Effekte werden als räumliche Eigenschaften mit RASSIN
visualisiert / Druck und hohe Windgeschwindigkeiten in 2D mit RASSIN visualisiert

Abb. 99 und Abb. 100 zeigen noch einmal mit RASSIN visualisierte Datensätze.
Zu sehen sind neben dem Bodendruck auch Windgeschwindigkeiten und -vektoren. Außerdem ist eine interaktive und intuitive Navigation in dem visualisierten
Datenvolumen mit einem virtuellen Trackball möglich, was ein schnelles Begreifen der räumlichen Dimension und der dreidimensionalen Effekte in den Daten
selbst erlaubt. Diese Interaktion ist auch während Animationen möglich, so daß
räumliche und zeitliche Phänomene simultan analysiert werden können. Auf
Wunsch können die Daten auch jederzeit während der Programmausführung auf
andere Projektionen gebracht oder in der Zeit interpoliert werden. Ein Nachladen
unvorhergesehenerweise interessant gewordener Datensätze oder neuer Farbtabellen ist jederzeit einfach möglich, um ein aktives Erforschen von Wetterlagen zu
unterstützen.

RASSIN besitzt neben seinem neuartigen zentralen Datenverwaltungsmodul,
welches speziell für die hochinteraktive Visualisierung meteorologischer Daten
entwickelt wurde, vor allem zwei Funktionalitäten, die es von den übrigen Visualisierungssystemen unterscheidet und die sich in der Praxis als sehr wirksam und
mittlerweile auch als unverzichtbar zur effektiven Analyse meteorologischer Daten

erwiesen haben: Zum einen lassen sich die Daten wie erwähnt auf dem irregulären kurvilinearen hybriden Modellgitter visualisieren, welches sich dynamisch den Wetteränderungen anpaßt, die auch bei der Visualisierung berücksichtigt werden. Zum zweiten besitzt das System die ebenfalls bereits ausführlich diskutierten Werkzeuge zur umfassenden Kontrolle der zeitlichen Dimension der Daten. Hier ist es nicht nur möglich technisch ausgereifte wissenschaftliche Animationen zu erstellen, bei denen die Bildanzeigerate konstant und unabhängig von der Inhomogenität der Renderingzeiten ist und gleichzeitig beliebige Interaktionen mit den Daten, der Navigation und den Visualisierungsparametern möglich sind. Vielmehr wird das direkte Manipulieren dieser Dimension unterstützt, was bis hin zum Austausch einer beliebigen Raum- mit der Zeitachse der Daten geht.

Abb. 100 zeigt das Ergebnis eines solchen Achsenaustauschs in RASSIN, wo zeitliche Effekte als räumliche Eigenschaften sichtbar werden. In der Abbildung wurde die vertikale Achse der Erdatmosphäre mit der Zeitachsen vertauscht.

12.2 TriVis

TriVis wurde seit April 1992 in Zusammenarbeit mit dem Deutschen Wetterdienst zunächst als Prototyp zur Visualisierung wolkenspezifischer Daten entwickelt. Im Januar 1993 begannen die Fernsehsender ARD und SDR mit den Ausstrahlungen von TriVis Filmen im täglichen Programm.

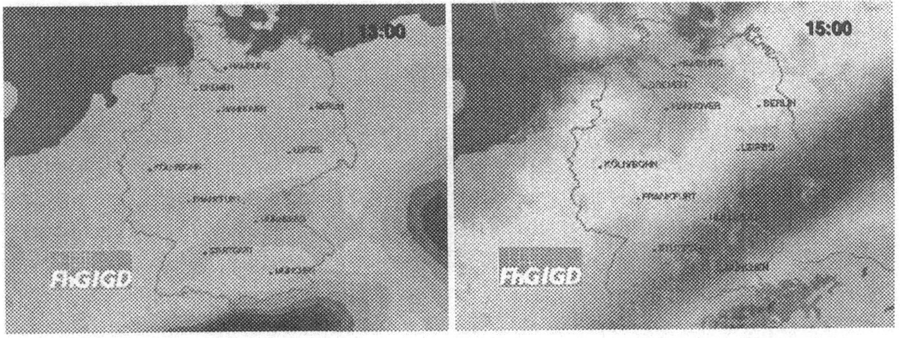

Abb. 101. TriVis Bilder mit Temperaturen und Wolken für das ARD Mittagsmagazin

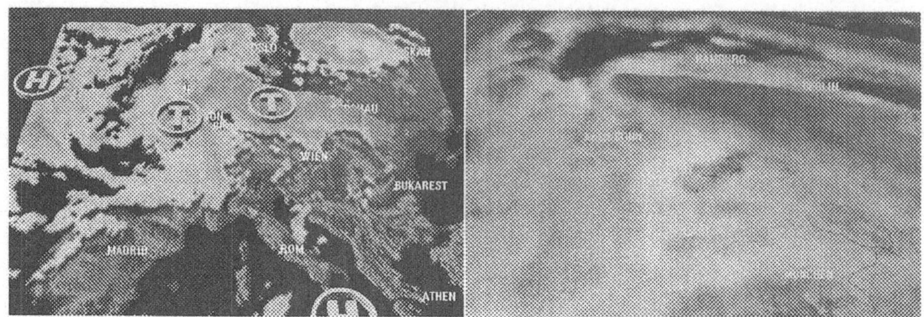

Abb. 102. TriVis Bilder zu Satellitendaten und Wolkendaten für das 3D-Wetter der ARD

In den Jahren 1993, 1994 und 1995 konnte TriVis auf die in Kapitel 9 dieser Arbeit beschriebene Funktionalität erweitert werden, so daß heute auch die Fernsehsender Arte, MDR und SAT1 allabendlich ausschließlich von TriVis erzeugte Wettervorhersagen senden. SAT1 greift dabei bei Temperaturen und Wolken auf Filme des 3D Moduls zurück. PRO7 sendete ein Jahr lang mit TriVis erzeugtes 3D-Wetter. Die ARD haben seit 1995 TriVis lizenziert und senden in den Nachrichtensendungen „Tagesschau", „Tagesthemen" und „Nachtmagazin" allabendlich ausschließlich von TriVis generierte 3D Wettervorhersagen. Im „Mittagsmagazin" und „Wochenendwetter" greifen sie noch auf 2D TriVis Sequenzen zurück. Schließlich werden für den ganzen Globus berechnete TriVis Wolken täglich im internationalen Fernsehprogramm der Deutschen Welle ausgestrahlt.

Seit Januar 1995 wird im Deutschen Wetterdienst eine Medienabteilung fast ausschließlich auf TriVis aufgebaut, was bei der Versorgung der Fernsehsender die zentrale Rolle spielt. Ebenfalls im Januar 1995 wurde das System beim finnischen Wetterdienst und beim Hessischen Rundfunk für die ARD installiert. Seit Anfang Februar senden zwei finnische Fernsehstationen bereits allabendlich TriVis Wettervorhersagesequenzen. Der Hessische Rundfunk baute seine eigene 3D-Wetter Abteilung auf dem System auf und begann im September 1995 mit der täglichen Sendung völlig dreidimensionaler Wettervorhersagen von TriVis. Seit Dezember 1994 gibt es einen Kooperationsvertrag zwischen deutschem und schwedischem Wetterdienst, der zum Ziel hat, mit TriVis auch weitere ausländische Fernsehsender mit Bildsequenzen zu versorgen. Das System konnte in Schweden im März 1995 erfolgreich installiert und an die Datenversorgung des schwedischen Wetterdienstes angeschlossen werden. Anfang 1996 wurde der Onlineprovider America Online an eine Versorgung mit TriVis-Filmen und -Standbildern, welche sowohl zwei- als auch dreidimensionale Visualisierungen darstellen, durch den Deutschen Wetterdienst angebunden. Ein Weather-on-Demand Projekt zusammen mit zusätzlich dem schwedischen Wetterdienst soll einen wesentlich interaktiveren Zugriff einzelner Empfänger auf maßgeschneiderte TriVis-Produkte ermöglichen.

Das System ist also zur Zeit bei drei Wetterdiensten und einer Fernsehanstalt installiert, die damit erzeugten Wettervorhersagefilme werden von sechs Fernsehanstalten im allabendlichen Programm mindestens einmal gezeigt und es hat bereits ein Onlineprovider TriVis Produkte in sein Informationsangebot aufgenommen.

TriVis zeichnet sich vor allem durch den bereits ausführlich beschriebenen Einsatz der fraktalen Funktionen zur algorithmischen Erzeugung von natürlich aussehenden Wolken direkt aus dem Modelloutput sowie durch die aufwendigen dreidimensionalen Präsentationstechniken, die auch Niederschläge, Gewitter und Winde umfassen, aus. Dabei stehen sämtliche Funktionen in einer vollständigen und integrierten Softwareumgebung zur Verfügung, die mit weitgehendem Automatismus vom meteorologischen sowie vom designtechnischen Standpunkt einwandfreie Bildsequenzen im tagtäglichen Routinebetrieb für beliebig viele Sendeanstalten oder Online-Kunden erzeugt.

13 Zusammenfassung und Ausblick

Im Rahmen der vorliegenden Arbeit wurde ein offenes Rahmensystem für die Visualisierung meteorologischer Daten entwickelt. Hierzu sind zunächst Methoden und Verfahren der wissenschaftlich-technischen Visualisierung sowie entsprechende Systeme, die sich für meteorologische Applikationen eignen, vorgestellt und untersucht worden. Dabei wurde auch die Bedeutung der Interaktivität in diesen Systemen diskutiert und ein neues Verfahren für die semantische Interaktion in datenflußorientierten Visualisierungssystemen erarbeitet sowie beschrieben. Anschließend konnten aufgrund der Erfahrungen mit diesen Systemen und Techniken Anforderungen an monolithische Turnkeysysteme zur Anwendung in der Meteorologie identifiziert werden. Diese erfüllt das in dieser Arbeit entwickelte offene Rahmensystem.

Bei den Forschungen auf diesem Gebiet waren sehr früh zwei sich ergänzende, aber technisch wenig zu vereinbarende Einsatzgebiete für Visualisierungstechniken in der Meteorologie erkennbar geworden.

Zum einen bestand ein starker Bedarf an hochinteraktiven sowie exakten visuellen Verfahren bei der Analyse von Wetterphänomenen oder der Entwicklung und Verbesserung von Prognosemodellen. In diesem Fall muß das Visualisierungssystem extrem flexibel sein und den Anwender bei seiner interaktiven Analyse und beim Erforschung von Effekten in Daten oder Modellen möglichst wirksam unterstützen.

Zum zweiten wurden innovative Visualisierungstechniken zur graphischen Präsentation von Wettervorhersagen für ein breites Laienpublikum im Bereich der Medien benötigt. Diese Arbeit konzentrierte sich dabei ausschließlich auf das Fernsehen, da sich dieses Medium vom Standpunkt der Computergraphik aus am anspruchsvollsten darstellt. Bei der Produktion von Wettervorhersagefilmen für Fernsehsender wird im Gegensatz zum wissenschaftlichen Bereich ein Automatismus unverzichtbar. Dieser muß die Simulationsdaten nach den Designvorstellungen der einzelnen Sender mit einem auf das Notwendigste beschränktem Maß an manuellem Eingreifen eines Meteorologen visuell umsetzen. Hier sind auch anstatt exakter Visualisierungstechniken stärker Verfahren gefragt, welche die numerischen Daten in für den Laienzuschauer möglichst intuitiv verständliche Bilder bringen.

Das Rahmensystem, welches in dieser Arbeit entwickelt wurde, besteht daher aus den beiden Komponenten RASSIN und TriVis. Sie wurden jeweils für die oben aufgeführten Anwendungsgebiete in Zusammenarbeit mit dem Deutschen Wetterdienst entwickelt und optimiert. Es sind dazu eigene Konzepte entworfen und realisiert sowie innovative Verfahren entwickelt und vorgestellt worden.

Mit RASSIN können die numerischen Daten und Simulationsmodelle interaktiv erforscht werden. Die Daten können zweidimensional, wie z. B. Bodendruck, und dreidimensional als Skalare oder Vektoren, wie z. B. Temperatur oder Windfelder, vorliegen und zeitabhängig sein und beispielsweise aus einer GRIB-Datenbank importiert werden. Dazu werden sie einerseits auf ihrem hybriden Original-Modellgitter visualisiert, das kurvilinear und durch seine Abhängigkeit von den aktuellen Druck- und Temperaturverhältnissen dynamisch ist. Andererseits sind sie stets mathematisch exakt und korrekt zu ihrem Kontext dargestellt. Dieser Kontext wird sowohl zeitlich als auch räumlich genau berücksichtigt.

Für die Darstellung des räumlichen Kontextes können topographische Höhendaten eingesetzt werden. Da diese allerdings bei den benötigten hohen Bildwiederholungsraten eine Verzögerung durch ihre üblicherweise großen Auflösungen mit sich bringen, wurde im Rahmen dieser Arbeit ein neuer Algorithmus zur Reduktion dieser Datenmengen bei Beibehaltung des visuellen Eindrucks erarbeitet. Für die exakte Berücksichtigung des zeitlichen Kontextes wurde ein aufwendiges Werkzeug für die wissenschaftlich-technische Animation entwickelt. Der forschende Meteorologe kann somit dynamische Vorgänge und Effekte in den Modelldaten analysieren und vergleichen.

Die Mensch-Maschine-Kommunikation von RASSIN ist so weit optimiert worden, daß ein intuitives Arbeiten von Meteorologen mit diesem System möglich ist. Die erforderliche Konzentration zur Bedienung des Systems wurde dabei auf ein Minimum reduziert, was das schnelle Analysieren der Daten fördert. Zuvor wurden bestehende, interaktive meteorologische Systeme bewertet und die Anforderungen der typischen Anwender ermittelt.

TriVis erlaubt die laiengerechte Visualisierung meteorologischer Daten zur Erstellung von Wettervorhersagefilmen für den Einsatz im Fernsehen. Es konnte eine weitgehend automatisierte Produktionsumgebung geschaffen werden, die es dem Anwender erlaubt, täglich mit nur zweimaligem Knopfdrücken oder völlig im Batch-Betrieb einen kompletten Wetterclip aus den aktuellen Prognosemodelldaten zu erzeugen sowie zu übertragen. Gleichzeitig werden ihm im Bedarfsfall umfangreiche gestalterische Freiheiten interaktiv ermöglicht.

Dazu wurden völlig neuartige Verfahren auf der Basis von fraktalen Funktionen zur intuitiv verständlichen Visualisierung von wolkenspezifischen Daten entwickelt und erfolgreich eingesetzt. Mit TriVis lassen sich Satellitendaten, wolkenspezifische und beliebige skalare Daten sowohl im Zweidimensionalen als auch in perspektivisch projizierten räumlichen Szenen darstellen. Das zusätzliche Einblenden von Isolinien, Textobjekten oder Symbolen ist ebenfalls möglich.

Das System ist außer beim Deutschen Wetterdienst bereits auch beim finnischen und schwedischen Wetterdienst sowie beim Hessischen Rundfunk installiert. In der Bundesrepublik beziehen momentan die Sender ARD, SAT1, PRO7 (ein Jahr Vollversorgung), n-tv (vorübergehend), arte, WDR, Deutsche Welle und MDR die mit TriVis erzeugten Filme.

Das entwickelte Rahmensystem mit seinen beiden leistungsfähigen Komponenten für die interaktive und die fernsehgerechte Visualisierung von meteorologischen Daten ist dabei offen in seinen Schnittstellen zu anderen Systemen, die ergänzend eingesetzt werden können.

So konnte durch diese Arbeit eine integrierte und offene Softwareumgebung mit neuartigen Konzepten, Verfahren und Algorithmen geschaffen werden, welche die beiden wichtigsten Einsatzgebiete der wissenschaftlich-technischen Visualisierung in der Meteorologie abdeckt.

Interessante Bereiche für mögliche zukünftige Forschungsarbeiten wurden bereits in der Arbeit angedeutet. Das System RASSIN konnte mit seiner Implementierung die Tragfähigkeit der entwickelten Konzepte belegen. Nun kann das System noch um weitere Visualisierungstechniken wie Trajektorienberechnungen oder Isoflächengenerierungen erweitert werden, die einerseits schnell genug für die erforderliche Interaktivität sind und andererseits die Besonderheiten der irregulären kurvilinearen und dynamischen Gitter berücksichtigen. Darüberhinaus ließe sich das System durch die Programmierung weiterer Schnittstellen verstärkt an standardisierte Datenbanken (z. B. für Beobachtungswerte) oder proprietäre Formate anderer Visualisierungssysteme anbinden. Auch wäre ein noch stärkerer Einsatz meteorologiespezifischer Visualisierungsmethoden mit dort vorkommenden Symbolen denkbar.

TriVis ist bereits von der Funktionalität sehr ausgereift und vollständig. Die Forschungsarbeiten, die hier vor allem interessant sind, konzentrieren sich daher hauptsächlich auf wahrnehmungspsychologische Aspekte. Da die Zeit für eine Wettervorhersagepräsentation im Fernsehen meist sehr begrenzt ist, muß die effektivste Form der Informationsvermittlung gewählt werden. Hier ist zu untersuchen, inwieweit sich die bisher als geeignet gezeigten Verfahren weiter verbessern ließen.

14 Literaturverzeichnis

[Accu96]   AccuWeather, Inc.; Werbe-Broschüre verteilt auf dem 6. Festival International de Meteo in Paris 1996

[ASaSc95]   Aftahi, H.; Sakas, G.; Schröder, F.: „Merging Simulated Data with Fractal Clouds for 3D Weather Forecasting"; internal technical paper; Fraunhofer-IGD; 1995

[Aftahi94]   Aftahi, H.: „Visualisierung meteorologischer Daten"; Diplomarbeit betreut von Prof. W. Kestner und F. Schröder; Fachhochschule Darmstadt; März 1994

[AGOCG95]   Advisory Group On Computer Graphics (Brodlie, K. W.; Gallop, J. R.; Grant, A. J.; Haswell, J.; Hewitt, W. T.; Larkin, S.; Lilley, C. C.; Morphet, H.; Townend, A.; Wood, J.; Wright, H.): „Review of Visualization Systems"; Technical Report; 2nd Edition; No. 9; AGOCG Technical Report Series; Feb. 1995

[ALSch95]   Aftahi, H.; Lux, M.; Schröder, F.: „Gaining Insight into Dynamics - Extensive Control of Time in Interactive Scientific Visualization"; internal technical paper; Fraunhofer-IGD; 1995

[Ande89]   Anderson, H. S.; Berton, J. A.; Carswell, P. G.; Dyer, D. S.; Faust, J. T.; Kempf, J. L.; Marshall, R. E.: „The animation production Environment: A Basis for Visualization and Animation of Scientific Data"; internal memorandum; Ohio State University; 1989

[apE90]   The Ohio Supercomputer Graphics Project; apE documentation and tutorials; Ohio State University; November 1990

[Arndt92]   Arndt, S.; Frühauf, T.; Karlsson, K.; Schröder, F.:„Integration of Compute Servers in an Environment for Distributed Simulation and Visualization"; ECUC'92 Proceedings; European Convex Users Conference; 1992

[AsFeGö91]   Astheimer, P.; Felger, W.; Göbel, M.: „Time in Scientific Visualization"; internal memorandum; Fraunhofer-IGD; 1991

[Asth92]   Astheimer, P.: „Sonification Tools to supplement Dataflow Visualization"; 3rd EUROGRAPHICS Workshop on Visualization in Scientific Computing; 1992; in: Palamidese, P. (ed.): „Scientific Visualization - Advanced Software Techniques"; Ellis Horwood Workshop Series; London; 1993

[Asth95]   Astheimer, P.: „Sonifikation numerischer Daten für Visualisierung und Virtuelle Realität"; Dissertation Technische Hochschule Darmstadt; Shaker Verlag, Aachen; 1995

[AFGMZ94]   Astheimer, P.; Felger, W.; Göbel, M.; Müller, S.; Ziegler, R: „Industrielle Anwendungen der Virtuellen Realität - Beispiele, Erfahrungen, Probleme & Zukunftsperspektiven"; Virtual Reality'94 Forum; Stuttgart; Tagungsband; 9./10. Feb. 1994

[Aue90]   Auerbach, S; Schaeben, H.: „Surface Representation Reproducing Given Digitized Contour Lines"; Mathematical Geology; Vol 22, No. 6; 1990

[Balz82]   Balzert, H.: „Die Entwicklung von Software-Systemen: Prinzipien, Methoden, Sprachen, Werkzeuge"; Wissenschaftsverlag Mannheim; 1982

[BAWW90]   Brittain, D. L.; Aller, J.; Wilson, M.; Wang, S.-L. C.: „Design of an End-User Data Visualization System"; IEEE VISUALIZATION'90 Proceedings; 1990

[Bdw96a]   Bild der Wissenschaft & Chip Special: „Multimediales Wetter"; in „Wetter und Klima"; Januar 1996

[Bdw96b]   Bild der Wissenschaft & Chip Special: „Wetterkarten auf Abruf"; in „Wetter und Klima"; Januar 1996

[BeGr89]   Bergeron, R. D.; Grinstein, G. G.: „A reference model for the visualization of multi-dimensional data"; EUROGRAPHICS'89 Proceedings; 1989

[BMMS91]   Buja, A.; McDonald, J. A.; Michalak, J.; Stuetzle, W.: „Interactive Data Visualization using Focusing and Linking"; IEEE VISUALIZATION'91 Proceedings; 1991

[Bow81]   Bowyer, A.: „Computing Dirichlet tessellations"; The Computer Journal; Vol. 24, No. 2; 1981

[Brock74]   Brockhaus Enzyklopädie; 17. Auflage, Bd.2 & 20 F.A.; Brockhaus; Wiesbaden; 1974

[Brodlie92] Brodlie, K. W.; Carpenter, L. A.; Earnshaw, R. A.; Gallop, J. R.; Hubbold, R. J.; Mumford, A. M.; Osland, C. D.; Quarendon, P.: „Scientific Visualization - Techniques and Applications"; Springer Verlag; 1992

[BrSe87]   Bronstein, I. N.; Semendjajew, K. A.: „Taschenbuch der Mathematik"; Verlag Harri Deutsch; Thun und Frankfurt am Main; 23. Auflage; 1987

[Brys93]   Bryson, S.: „Virtual Environments in Scientific Visualization"; Report of the Computer Sciences Corporation; NASA Ames Research Center; 1993

[Chen93]   Chen, P. C.: „A Climate Simulation Case Study"; Proceedings of the IEEE VISUALIZATION'93 Conference; 1993

[ChGu87]   Chen, Z. T.; Guevara, J. A.: „Systematic selection of very important points (VIP) from digital terrain model for constructing triangular irregular networks"; Proceedings of AUTO-CARTO 8; Baltimore, MD, USA; 1987

[Cher73]   Chernoff, H.: „The use of faces to represent points in k-dimensional space graphically"; Journal of the American Statistical Association; Vol. 68; 1973

[ChMS88]   Chen, M.; Mountford, S. J.; Sellen, A.: „A study in interactive 3-D rotation using 2-D devices"; Computer Graphics; Vol. 22; No. 4; August 1988

[Cian93]   Cianciolo, M.: „Cumulus Cloud Sense Simulation Modeling Using Fractals and Physics"; 9th Conference of the American Meteorological Society; 1993

[CLR85]   Cleroux, R.; Lepage, Y.; Ranger, N.: „Computer Graphics for Multivariate Data"; Graphics Interface'85 Proceedings; Canada; 1985

[CrMa93]   Crawfis, R. A.; Max, N.: „Texture Splats for 3D Scalar and Vector Field Visualization"; IEEE VISUALIZATION'93 Proceedings; 1993

[Damr92]   Damrath, U.; Majewski, D.; Steppeler, J.: „Atmosphäre im Computer -
            Möglichkeiten und Grenzen der numerischen Wettervorhersage";
            Zeitschrift „c't"; Heft 12; Dezember 1992

[DIN81]   DIN-Norm 66234 (Bildschirmarbeitsplätze) Teil 5: „Codierung von
            Information Farbkombination"; Beuth Verlag; 1981

[DIN88]   DIN-Norm 66234 (Bildschirmarbeitsplätze) Teil 8: „Grundsätze
            ergonomischer Dialoggestaltung"; Beuth Verlag; 1988

[Dunc88]   Duncan, G. C.: „Head-on Collision of a Black Hole and a Star";
            Proceedings of the Fourth Science and Engineering Symposium; Cray
            Research Inc.; October 1988

[DWD91]   „Daten des operationellen EUROPA-Modells (EM) auf der Cray Y-MP und
            der MFB"; interner Bericht; Deutscher Wetterdienst, Zentralamt Offenbach;
            Februar 1991

[Dyer89]   Dyer, D. S.: „apE - Providing Visualization Tools for a Statewide
            Supercomputing Network"; 24th Cray User Group meeting proceedings;
            Norwegen; September 1989

[Dyer90]   Dyer, D. S.: „A Dataflow Toolkit for Visualization"; IEEE Computer
            Graphics and Applications; July 1990

[Dyer91]   Dyer, D. S.: Panel speech and discussion at „Future Directions of
            Visualization Software Environments"; SIGGRAPH'91; July 1991

[Earn92]   Earnshaw, R. A.; Wiseman, N.: „An Introductory Guide to Scientific
            Visualization"; Springer Verlag; 1992

[Earth96]   EarthWatch Communications, Inc.: „The World Is Anything But Flat";
            Werbe-Broschüre verteilt auf dem 6. Festival International de Meteo in
            Paris; 1996

[EdMa93]   Eddmann, W.; Majewski, D.: „Die Datenbank des Europa-Modells auf der
            Cray und MFB(MFA) des DWD"; Forschungsabteilung des DWD; 1993

[Enc88]   Encarnação, J. L.; Straßer, W.: „Computer Graphics" (3. Auflage);
            Oldenburg Verlag; München, Wien; 1988

[Enc91]   Encarnação, J. L.; Astheimer, P.; Felger, W.; Frühauf, M.; Göbel, M.;
            Karlsson, K.: „Graphics Modeling as a basic Tool for Scientific
            Visualization"; Proceedings of IFIP TC 5/WG 5.10 Conference on
            Modeling in Computer Graphics; Tokyo, Japan; Springer Verlag; 1991

[Enc92]   Encarnação, J. L.; Astheimer, P.; Felger, W.; Frühauf, M.; Göbel, M.;
            Karlsson, K.: „Interactive modeling in high performance scientific
            visualization - the Vis-a-Vis project"; Computers in Industry; North-
            Holland; Volume 19, No. 2; 1992

[Enc93]   Encarnação, J. L.; Astheimer, P.; Felger, W.; Frühauf, T.; Göbel, M.; Müller,
            S.: „Graphics and Visualization: The Essential Features for the
            Classification of Systems"; ICCG'93 Proceedings; Bombay, Indien; 1993

[ETW81]   Evans, K. B.; Tanner, P. P.; Wein, M.: „Tablet-based valuators that provide
            one, two or three degrees of freedom"; ACM Computer Graphics; Vol. 15,
            No. 3; August 1981

[FaDy90]   Faust, J.; Dyer, S.: „An Effective Data Format for Scientific Visualization";
            Proceedings SPIE Conference; February 1990

[Fal90]   Falcidieno, B.; Pienovi, C.: „Natural surface approximation by constrained
            stochastic interpolation"; CAD - computer-aided design; Vol. 22, No. 3;
            April 1990

[Felg90]   Felger, W.; Frühauf, M.; Göbel, M.; Gnatz, R.; Hofmann, G. R.: „Towards a reference model for scientific visualization systems"; 1st EUROGRAPHICS Workshop on Visualisation in Scientific Computing; Clamart, Frankreich; April 1990; in [Grav94]

[Felg95]   Felger, W.: „Innovative Interaktionstechniken in der Visualisierung"; Springer Verlag; 1995

[FeSchr92]   Felger, W.; Schröder, F.: „The Visualization Input Pipeline - Enabling Semantic Interaction in Scientific Visualization"; EUROGRAPHICS'92 Proceedings; Cambridge, UK; Computer Graphics Forum; NCC Blackwell Publishers; 1992

[FGHK94]   Frühauf, T.; Göbel, M.; Haase, H.; Karlsson, K.: „Design of a Flexible Monolithic Visualization System"; in [RoEa94]; 1994

[FoWa74]   Foley, J. D.; Wallace, V.: „The Art of Natural Man-Machine Communication"; Proceedings IEEE; 62 (4); April 1974

[Fol91]   Foley, J. D.; van Dam, A.; Feiner, S. K.; Hughes, J. F.: „Computer Graphics principles and practice" (second edition); Addison-Wesley Publishing Co.; 1991

[FoLi79]   Fowler, R. J.; Little, J. J.: „Automatic Extraction of Irregular Network Digital Terrain Models"; Proceedings of SIGGRAPH'79; Computer Graphics 12 (3); 1979

[Fren88]   Frenkel, K. A.: „The Art and Science of Visualizing Data"; Communications of the ACM; Vol. 31, No. 2; Februar 1988

[FrGö91]   Frühauf, M.; Göbel, M. (Eds.): „Visualisierung von Volumendaten"; Springer Verlag; 1991

[FrHaSchr92]   Frühauf, M.; Haas, S.; Schröder, F.: „Die Vis-a-Vis Renderingschnittstelle Version 2.3"; Fraunhofer-IGD; 1992

[Früh93]   Frühauf, M.: „Ein Rahmensystem für die integrierte Visualisierung hybrider wissenschaftlicher Daten"; Dissertation Technische Hochschule Darmstadt; Verlag Shaker, Reihe Informatik, Aachen, 1993

[Früh94]   Frühauf, T.: „Interactive Visualization of Vector Data in Unstructured Volumes" Computers & Graphics; 18 (1); 1994

[Früh95]   Frühauf, T.: „Efficient 3D Interaction With Scientific Data Using 2D Devices"; In: Göbel, M.; Mueller, H.; Urban, B.: „Visualization in Scientific Computing"; Springer Verlag; 1995

[GaSh84]   Gain, B.; Shaw, M.: „The Art of Computer Conversation"; Prentice-Hall International; Englewood Cliffs; NJ, USA; 1984

[GeSt87]   Gelberg, L. M.; Stephenson, T. P.: „Supercomputing and Graphics in the Earth and Planetary Sciences"; IEEE Computer Graphics and Applications; Juli 1987

[Globus93]   Globus, A.: „Perspectives on the IRIS Explorer Visualization Environment"; Report of Computer Science Corporation; NASA Ames Research Center; 1993

[Gnatz91]   Gnatz, R.: „Referenzmodell für Visualisierungssysteme - Entwurf eines Konzeptes"; in [FrGö91]

[Goes95]   Zwirn, J.: „Everything Goes - The Goes Program Newsletter"; Space Systems / Loral; Volume 4; 1/95; Sommer 1995

[Göbel90]   Göbel, M.: „Analyse und Bewertung der Konfigurierung von Graphischen Systemen auf Mehrprozessor-Architekturen"; Dissertation an der Technischen Hochschule Darmstadt, FB Informatik, FG GRIS; 1990

[GPW89]   Grinstein, G.; Picket R. M.; Williams M. G.: „EXVIS: An exploratory visualization environment"; Proceedings of Graphics Interface'89; CIPS; Toronto; 1989

[Grav94]   Grave, M.; Le Lous, Y.; Hewitt, W. T. (Eds.): „Visualisation in Scientific Computing"; Springer Verlag; 1994

[Grin90]   Grinstein, G.: „The visualization of scientific data - current issues"; ACM SIGGRAPH'90 Course Notes; No. 27; New York; 1990

[GrLe95]   Grinstein, G.; Levkowitz, H. (Eds.): „Perceptual Issues in Visualization"; Springer Verlag; 1995

[Haa87]   Haarslev, V.: „Eine ergonomische Benutzerschnittstelle für den Anwendungsbereich der Bildfolgenauswertung"; Universität Hamburg; in [SchWi87]; April 1987

[Habe88]   Haber, R. B.: „Visualization in engineering techniques: Techniques, systems and issues"; ACM SIGGRAPH'88 Course Notes: „Visualization techniques in the physical sciences"; New York; 1988

[Haeb88]   Haeberli, P. E.: „ConMan: A Visual Programming Language for Interactive Graphics"; Computer Graphics 22, 4; August 1988

[HaGö94]   Haase, H.; Göbel, M.; Astheimer, P.; Karlsson, K.; Schröder, F.; Frühauf, T.; Ziegler, R.: „How Scientific Visualization Can Benefit From Virtual Environments"; in CWI Quarterly, Vol. 7, No. 2; Special Issue Scientific Visualisation; Juni 1994

[Hans71]   Hansen, W.: „User Engineering Principles for Interactive Systems"; FJCC 1971; AFIPS Press, Montvale, NJ, USA; 1971

[Hawk88]   Hawking, S. W.; „Eine kurze Geschichte der Zeit"; Rowohlt, New York; 1988

[HeBa91]   Hearn, D. D.; Baker, P.: „Scientific Visualization"; Tutorial Notes, EUROGRAPHICS'91

[Heck82]   Heckbert, P.: „Color-Image Quantization for Frame Buffer Display" ACM Computer Graphics; SIGGRAPH'82, Vol. 16, No. 3; July 1982

[HeHe89]   Helman, J.; Hesselink, L.: „Representation and Display of Vector Field Topology in Fluid Data Sets"; IEEE Computer; August 1989

[Hibb89]   Hibbard, W.; Santek, D.: „Visualizing Large Data Sets in the Earth Sciences"; IEEE Computer; August 1989

[Hibb93]   Hibbard, W.: Report of the working group on interaction; IFIP WG 5.10 Workshop on Perceptual Issues in Scientific Visualization; Jan Jose CA 1993; published in [GrLe95]

[Hodg96]   Lindstrom, P.; Koller, D.; Hodges, L. F.; Ribarsky W.; Faust, J.; Turner, G.: „Level-of-Detail Management for Real-Time Rendering of Phototextured Terrain"; Georgia Institute of Technology, College of Computing; 1996

[HoCe88]   Hobgood, J. S.; Cerveny, R. S.: „Ice Age Hurricanes and Tropical Storms"; Nature; 1988

[HüSh93]   Hüskes, R.; Shahrbabaki, K.: „Normierter Luxus"; Software-Ergonomie Report, GUIs in Theorie und Praxis; Zeitschrift „c't"; Heft 9; 1993

[ISO9241]   ISO-Norm 9241; Teil 10: „Dialogue Principles"

[Jung92]   Jung, V.: „Visualization of Flow Simulation Data in Environmental Modeling"; Luso Workshop Proceedings; Darmstadt; 1992

[JüSa88]   Jürgens, H.; Saup, D. (Hrsg.): „Visualisierung in Mathematik und Naturwissenschaften"; Bremer Computergraphik-Tage; 1988

[KaCoYa93]   Kaufman, A.; Cohen, D.; Yagel, R.: „Volume Graphics"; IEEE Computer; Juli 1993

[Kaha87]   Kahan, G.: „Einsteins Relativitätstheorie"; DuMont Buchverlag, Köln; 1987

[Kais95]   Kaiser, U.: „Optimierung der Mensch-Maschine Kommunikation bei interaktiven Visualisierungssystemen in meteorologischen Anwendungen"; Diplomarbeit betreut von Prof. W. Kestner und F. Schröder; FH Darmstadt; 1995

[Kan89]   Kaneda, K.; Kato, F.; Nakamae, E.; Nishita, T.; Tanaka, H.; Noguchi, T.: „Three Dimensional Terrain Modeling and Display for Environmental Assessment"; ACM Computer Graphics; Vol. 23, No. 3; Juli 1989

[Karl92]   Karlsson, K.: „Turbo-ISVAS: An Interactive Visualization System for 3D Finite Element Data"; in [PoHi92]; 1992

[Karl94]   Karlsson, K.: „Ein interaktives System zur visuellen Analyse von Simulationsergebnissen"; Dissertation Technische Hochschule Darmstadt; Verlag Shaker, Aachen; Reihe Informatik; 1994

[Kau91]   Kaufman, A.: „Volumen Visualization"; IEEE Computer Society Press Tutorial 1991

[Kav95]   Kavouras Inc.: „On the Front - The Newsletter for Kavouras Customers and Weather Aficionados"; Volume 6; 4/95; August 1995

[Kav96a]   Kavouras Inc.: „On the Front - The Newsletter for Kavouras Customers and Weather Aficionados"; Volume 6; 1/96; Januar 1996

[Kav96b]   Kavouras Inc.: „Triton i7, Establishing The Rules for Weather Imaging"; Werbe-Broschüre verteilt auf dem 6. Festival International de Meteo in Paris; 1996

[Kempf90]   Kempf, J.; Marshall, R.; Yen, C.: „Visualizing Complex Hydrodynamic Features"; Proceedings SPIE/SPSE Symposium on Electronic Imaging; Februar 1990

[KoHe92]   Koh, E.-K.; Hearn, D. D.: „Fast Generation and Surface Structuring Methods for Terrain and Other Natural Phenomena"; EUROGRAPHICS'92 Proceedings; Vol. 11, No. 3; 1992

[Kopp89]   Koppert, H.-J.: „Automated Significant Weather Charts at the DWD"; 3rd International Conference on the Aviation Weather System; American Meteorological Society; 1989

[Kopp90]   Koppert, H.-J.: „Interactive Revision of an automated Significant Weather Chart"; 6th International Conference on Interactive Information and Processing Systems for Meteorlogy, Oceanography and Hydrology; Anaheim, American Meteorological Society; 1990

[KoScSa93]   Koppert, H.-J.; Schröder, F.; Sakas, G.: „Visualizing DWD's Numerical Output for the Public"; Proceedings of the American Meteorological Society Conference; 1993

[Krö91]   Krömker, D.: „Visualisierungsysteme"; Springer Verlag; 1991

[Lau87]   Lauter, B.: „Software-Ergonomie in der Praxis"; Oldenbourg Verlag; 1987

[Lee89]   Lee J.: „A drop heuristic conversion method for extracting irregular networks for digital elevation models"; Proceedings GIS/LIS, Orlando, FL, USA; 1989

[Lee91]   Lee J.; „Comparison of existing methods for building triangular irregular network models of terrain from grid digital elevation models"; International Journal of GIS, 5(3); 1991

[Lerch91]   Lerch, U.: „Tools for Simulation and Animation in Scientific Visualization"; Diplomarbeit; Technische Hochschule Darmstadt; 1991

[Levoy88]   Levoy, M.: „Display of surfaces from volume data"; IEEE Computer Graphics & Applications; May 1988

[LoMa85]   Lovejoy, S.; Mandelbrot, B.: „Fractal Properties of Rain, and a Fractal Model" Tellus; Vol. 37 A, No. 3; May 1985

[Lucas92]   Lucas, B.; Abram, G. D.; Collins, N. S.; Epstein, D. A.; Gresh, D. L.; McAuliffe, K. P.: „An Architecture for a Scientific Visualization System"; IEEE VISUALIZATION'92 Proceedings; September 1992

[Lux95]   Lux, M.: „Bedeutung der Zeit in der wissenschaftlich-technischen Visualisierung und ihre Berücksichtigung bei meteorologischen Anwendungen"; Diplomarbeit betreut von Prof. Encarnação und F. Schröder; Technische Hochschule Darmstadt; 1995

[Main95]   Mainzer, K.: „Von der Urzeit zur Computerzeit"; Verlag C.H. Beck, München; 1995

[Maje91]   Majewski, D.: „ The Europa Model of the DWD"; ECMWF Seminar on Numerical Methods in Atmospheric Models; Vol. 2; 1991

[Man72]   Manier, G.: „Einführung in der Meteorologie"; Technische Hochschule Darmstadt; April 1972

[Mand83]   Mandelbrot, B. B.: „The Fractal Geometry of Nature"; Freemann N.Y.; 1983

[Mar93]   Marchak, F. M. (Chair); Cleveland, W. S.; Rogowitz, B. E.; Wickens, C. D.: „The Psychology of Visualization"; Panel Discussion; IEEE VISUALIZATION'93 Proceedings; 1993

[MaRoKe87]   Maas, S.; Rosson, M.; Kellog, W.: „Benutzerfreundlichkeit, Systemkonsistenz und andere schwer definierbare Prinzipien: Interviews mit Systementwicklern"; IBM T. J. Watson Research Center; Yorltown Heights, USA; in [SchWi87]; April 1987

[Marsh90]   Marshall, R.; Kempf, J.; Dyer, S.; Yen, C.: „Visualization Methods and Simulation Steering for a 3D Turbulence Model of Lake Erie"; ACM Computer Graphics; 24, 2; March 1990

[Max92]   Max, N.; Crawfis, R; Williams, D.: „Visualizing Wind Velocities by Advecting Cloud Textures"; Lawrence Livermore National Laboratory; 1992

[Max93]   Max, N.; Crawfis, R; Williams, D.: „Visualization for Climate Modeling"; IEEE Computer Graphics & Applications; July 1993

[Mayh90]   Mayhew, D.: „Principles and Guidelines in User Interface Design"; Prentice-Hall, Englewood Cliffs, NJ, USA; 1990

[McCo87]   McCormick, B. H.; DeFanti, T. A.; Brown, M. D.; „Visualization in Scientific Computing"; ACM Computer Graphics, Vol. 21, 6; ACM SIGGRAPH; November 1987

[Merc92]   Mercurio, P. J.: „Khoros"; Pixel Magazine; März/April 1992

[Mill86]   Miller, G. S. P.: „The Definition and Rendering of Terrain Maps"; ACM
                SIGGRAPH'86, Computer Graphics; Vol. 20, No. 4; August 1986

[NCSA91]   NCSA: „apE Evaluation Report", National Center for Supercomputing
                Applications (System Development Group); February 1991

[Niel91]   Nielson, G. M.: „Visualization in Scientific and Engineering Computation";
                IEEE Computer; September 1991

[Nimb95]   SINTEF: „Nimbus"; Norwegen; 1995

[NiOl87]   Nielson, G. M.; Olson, D. R.: „Direct manipulation techniques for 3D
                objects using 2D locator devices"; Proceedings of the 1986 workshop on
                interactive 3D graphics; ACM New York; 1987

[Noack96]   Noack, D: „How's the Weather?"; Internet World Magazine; Januar 1996

[Opitz96]   Opitz, C.: „Der Flug durch die Wolken - 3D-Wetterkartenproduktion im
                Hessischen Rundfunk"; Journal Fernseh- und Kinotechnik; Mai 1996

[Orth83]   Orth, W.: „Phänomenologische Forschungen: Zeit und Zeitlichkeit bei
                Husserl und Heidegger"; Bd. 14; Alber Verlag, München; 1983

[OSGP90]   The Ohio Supercomputer Graphics Project: „apE: A Dataflow Environment
                for Visualization"; Ohio State University; 1990

[PaScJu88]   Papathomas, T. V.; Schiavone, J. A.; Julesz, B.: „Applications of Computer
                Graphics to the Visualization of Meteorological Data"; ACM Computer
                Graphics; Vol. 22, 4; August 1988

[PaTr92]   Pajon, J. L.; Tran, V. B.: „Discrete Data Visualization in Geology"; in
                [PoHi92]; 1992

[Perl85]   Perlin, K.: „An Image Synthesizer"; ACM Computer Graphics;
                SIGGRAPH'85 Proceedings, Vol. 19, No. 3; Juli 1995

[PiGr88]   Pickett, R. M.; Grinstein, G. G.: „Iconographic displays for visualizing
                multidimensional data"; IEEE Conference on Systems, Man, and
                Cybernetics; Beijing and Shenyang, China; 1988

[Pöpp83]   Pöppel, E.: „Erlebte Zeit und überhaupt"; in „Die Zeit"; Schriften der Carl-
                Friedrich-von-Siemens-Stiftung; Bd 6, Oldenburg Verlag; München 1983

[PoHi92]   Post, F. H.; Hin, A. J. S. (Eds.): „Advances in Scientific Visualization";
                Springer Verlag; 1992

[PoRu94]   Polthier, K.; Rumpf, M.: „A Concept for Time-Dependent Processes"; 5th
                EUROGRAPHICS Workshop on Visualization in Scientific Computing;
                Rostock, Germany; 1994

[Pro76]   Promet - meteorologische Fortbildung - (Herausgeber DWD); „Das
                Baroklin Modell"; 1976

[Pro81]   Promet - meteorologische Fortbildung - (Herausgeber DWD); „Meso-scale-
                Modell"; 1981

[Pro84]   Promet - meteorologische Fortbildung - (Herausgeber DWD); „Das
                Europäische Zentrum für Mittelfristige Wettervorhersage (EZMW)"; 1984

[Ramos96]   Ramos, D.: „News, Weather, Sports - Get the truth you want, when you
                want it"; Virtual City Magazine; Winter 1996

[Rhyne93]   Rhyne, T.; Bolstad, M.; Rheingans, P.; Petterson, L.; Shackelford, W.:
                „Visualizing Environmental Data at the EPA"; IEEE Computer Graphics &
                Applications; März 1993

[RoEa94]   Rosenblum, L.; Earnshaw, R.; et al. (eds.): „Scientific Visualization -
                Advances and Challenges"; Academic Press, London; 1994

[Ross93]   Roßbach, P.: „Gegenüberstellung verschiedener Algorithmen und Verfahren zur Aufbereitung von Geländedaten"; Diplomarbeit betreut von Prof. W. Kestner und F. Schröder; FH Darmstadt; 1993

[Rud89]   Rudolf, B.: „Die Anwendung von meteorologischen Modellen im Deutschen Wetterdienst für Fragen der Regionalklimatologie und des Umweltschutzes"; Deutscher Wetterdienst; 1989

[RuHe84]   Rubenstein, R.; Hersh, H.: „The Human Factor - Designing Computer Systems for People"; Digital Press, Burlington, MA; 1984

[Saka93]   Sakas, G.: „Modeling and Animating 3-D Turbulence Using Spectral Synthesis"; The Visual Computer; Vol. 9, No. 4; January 1993

[SaSchrK93]   Sakas, G.; Schröder, F.; Koppert, H. J.: „Pseudo-Satellitefilm - Using Fractal Clouds to Enhance Animated Weather Forecasting"; EUROGRAPHICS'93 Proceedings; Computer Graphics Forum; NCC Blackwell Publishers; 1993

[Saup88]   Saupe, D.: „Point Evaluation of Multi-Variable Random Fractals" in: J. Jürgens, D. Saupe (eds.): „Visualisierung in Mathematik und Naturwissenschaft"; Bremer Computergraphik Tage 1988; Springer Verlag, Heidelberg; 1989

[SaWe92]   Sakas, G.; Westermann, K.: „A Functional Approach to the Visual Simulation of Gaseous Turbulence"; Computer Graphics Forum, Vol. 11, No. 3; EUROGRAPHICS'92 Proceedings, Cambridge, UK; September 1992

[SaBhPr90]   Saxena, S.; Bhatt P. C. P.; Prasad, V. C.: „Efficient VLSI Parallel Algorithm for Delaunay Triangulation on Orthogonal Tree Network in Two and Three Dimensions"; IEEE Transactions on Computers, Vol. 39, No. 3; März 1990

[Schi90]   Schiavone, J. A.; Papathomas, T. V.: „Visualizing Meteorological Data"; Bulletin of the American Meteorological Society; Juli 1990

[ScPa92]   Scarlatos, L. L.; Pavlidis, T.: „Optimizing Triangulations By Curvature Equalization"; VISUALIZATION'92 Proceedings, IEEE; 1992

[Scho85]   Scholl, L.: „Heuristic Rules for Visualization"; Proceedings of Graphics Interface'85; Canada; 1985

[SchZL92]   Schroeder, W. J.; Zarge, J. A.; Lorensen, W. E.: „Decimation of Triangle Meshes"; ACM SIGGRAPH'92 Proceedings; Computer Graphics, Vol. 26, No. 2; July 1992

[Schr91]   Schröder, F.: „Semantic Input in the Visualization Process"; Diplomarbeit an der Technischen Hochschule Darmstadt, FB Informatik, FG GRIS; 1991

[Schr93a]   Schröder, F: „Visualizing Meteorological Data for a Lay Audience"; IEEE Computer Graphics and Applications; September 1993

[Schr93b]   Schröder, F: „Audience Dependence of Meteorological Data Visualization"; IFIP WG 5.10 Computer Graphics; Workshop on Perceptual Issues in Visualization; San Jose, CA 1993; published in [GrLe95] by Springer Verlag 1995

[SchRo94]   Schröder, F.; Roßbach, P.: „Managing the Complexity of Digital Terrain Models"; Computers & Graphics; Special Issue on „Modelling and Visualisation of Spatial Data in Geographic Information Systems"; Pergamon Press; November/December 1994

[Schr95]   Schröder, F.: „apE - The original Dataflow Visualization Environment"; ACM SIGGRAPH Computer Graphics, Vol. 29, No. 2; Mai 1995

[SchWi87]   Schönpflug, W.; Wittstock, M. (Hrsg.): „Nützen Informationssysteme dem
             Benutzer?"; Software-Ergonomie'87; German Chapter of the ACM,
             Berichte, Tagung II; Berlin; April 1987

[SeIg90]   Senay, H.; Ignatius, E.: „Rules and Principles of Scientific Data
             Visualization"; in ACM SIGGRAPH'90 Course Notes No. 27 „State of the
             Art in Data Visualization"; 1990

[Seyd88]   „Seydlitz Weltatlas"; Cornelsen & Schroedel Geographische
             Verlagsgesellschaft, Berlin; 1988

[SGI91]   Silicon Graphics: „IRIS Explorer - Technical Report"; 1991

[Shne92]   Shneiderman, B.: „Designing a User Interface, Strategies for Effective
             Human-Computer Interaction"; 2nd Edition; Addison-Wesley; 1992

[SlDa91]   Slater, M.; Davison, A.: „Liberation from flatland: 3D interaction based on
             the desktop bat"; EUROGRAPHICS'91 Proceedings; Elsevier Science
             Publishers; 1991

[Song93]   Song, D.; Golin, E.; Norman, M.: „A Fine-Grain Dataflow Model for
             Scientific Visualization Systems"; Proceedings of the 4th
             EUROGRAPHICS Workshop on Visualisation in Scientific Computing,
             Abingdon, United Kingdom; April 1993

[Suig93]   Suignard, P.: „Application Builders: Architecture and internal operation";
             Proceedings of the 4th EUROGRAPHICS Workshop on Visualisation in
             Scientific Computing, Abingdon, United Kingdom; April 1993

[Trein92]   Treinish, L. A.; Butler, D. M.; Hikmet, S.; Grinstein, G. G.; Bryson, S. T.:
             „Grand Challenge Problems in Visualization Software"; IEEE
             VISUALIZATION'92 Proceedings; September 1992

[TRI95]   Aftahi, H.; Schröder, F.: „TRITON V3.1 Benutzerhandbuch"; Fraunhofer-
             Institut für Graphische Datenverarbeitung, Darmstadt; 1995

[Tufte83]   Tufte, E. R.: „The Visual Display of Quantitative Information"; Graphics
             Press; Cheshire, Conneticut; 1983

[Turk92]   Turk, G.: „Re-Tiling Polygonal Surfaces", ACM SIGGRAPH'92,
             Computer Graphics, Vol. 26, No. 2; Juli 1992

[Upson89]   Upson, C.; Faulhaber, T.; Kamins, D.; Laidlaw, D.; Schlegel, D.; Vroom, J.;
             Gurwitz, R; van Dam, A.: „The Application Visualization System: A
             Computational Environment for Scientific Visualization"; IEEE Computer
             Graphics & Applications; Vol. 9, 4; July 1989

[VDI90]   VDI-Richtlinie 5005: „Software-Ergonomie in der Bürokommunikation";
             Verein deutscher Ingenieure; Beuth Verlag; 1990

[Voss85]   Voss, R.: „Random Fractal Forgeries"; ACM Computer Graphics,
             SIGGRAPH'85 Tutorial Notes; 1985

[Watson90]   Watson, D.: „The State of the Art of Visualisation"; Proceedings of the
             SuperComputing Europe Fall Meeting, Aachen; September 1990

[WeiZes94]   Weihai, C.; Zesheng, T.: „A highly interactive meteorological visualization
             system MeteoVis"; Pacific Graphics'94 / CADDM'94; August 1994

[WeiZes95]   Weihai, C.; Zesheng, T.: „MeteoVis -- Visualizing Multi-variables
             Interactively in 3D Meteorological Data Sets"; Tsinghua University,
             Peking; 1995

[White96]   Whitehouse, K.: „Weather Without the Weatherman"; IEEE Computer
             Graphics & Applications; März 1996

[Wijk93]	van Wijk, J. J.: „Flow Visualization with Surface Particles"; IEEE Computer Graphics & Applications; Juli 1993
[Wijk94]	van Wijk, J. J.: „Time control in interactiv scientific animation"; 5th EUROGRAPHICS Workshop on Visualization in Scientific Computing, Rostock, Germany; 1995
[WLR93]	Wierse, A.; Lang, U.; Rühle, R.: „Architectures of Distributed Visualization Systems and their Enhancements"; Proceedings of the 4th EUROGRAPHICS Workshop on Visualization in Scientific Computing; Abindon, UK; April 1993
[WRH92]	Williams, C.; Rasure, J.; Hansen, C.: „The State of the Art of Visual Languages for Visualization"; IEEE VISUALIZATION'92 Proceedings; 1992
[WSI95]	WSI Corporation: „There´s a new WEATHERproducer in town"; April 1995
[WWC92]	Williams, R. D.; Wefer, F. L.; Clifton, T. E.: „Direct Volumetric Visualization"; IEEE VISUALIZATION'92 Proceedings; 1992
[Ziegler95]	Ziegler, R.; Müller, W.; Fischer, G.; Göbel, M.: „A Virtual Reality Medical Training System"; CVRMed'95; Nice, France; Springer Verlag; Lecture Notes in Computer Science; April 1995

Farbteil

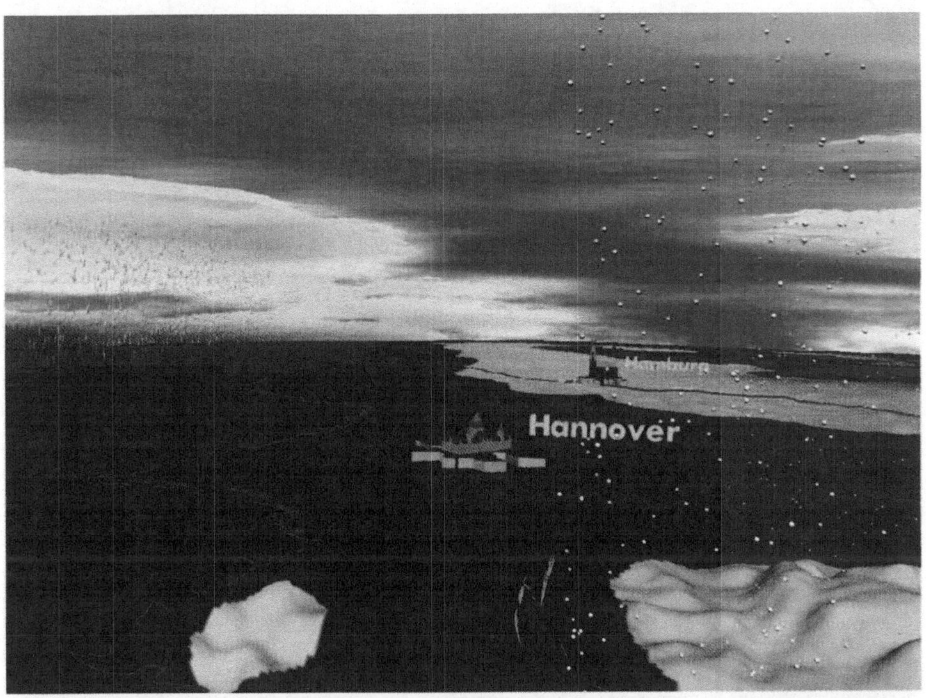

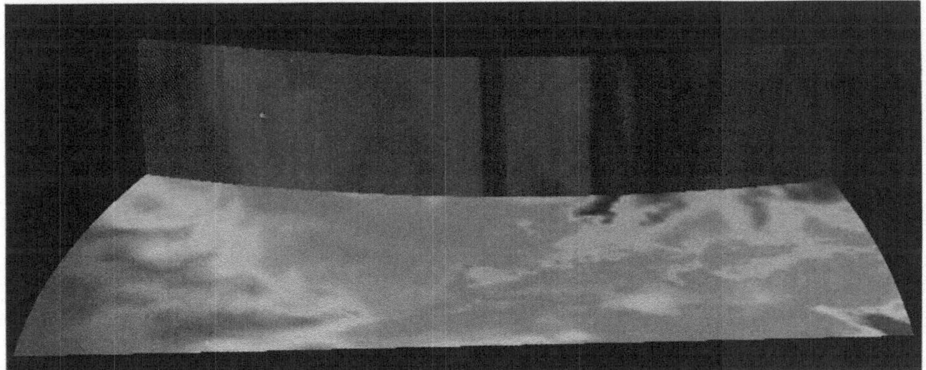

Abb. 2. (oben): Für Laien visualisierte meteorologische Daten (vgl. Seite 6)

Abb. 72. (unten): Bild nach dem Austausch der vertikalen Raum- und der Zeitachse (vgl. Seite 144)

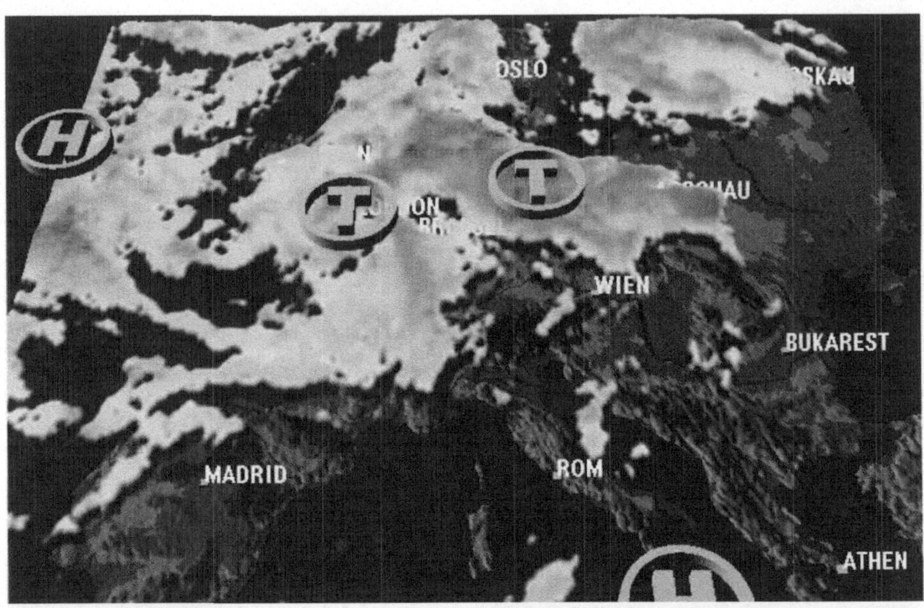

Abb. 78. (oben): Satellitendaten (Meteosat, Infrarotkanal) über Europa in dreidimensionaler Präsentation (vgl. S. 166)

Abb. 79. (unten): Bodentemperaturen in dreidimensionaler Präsentation (vgl. S. 167)

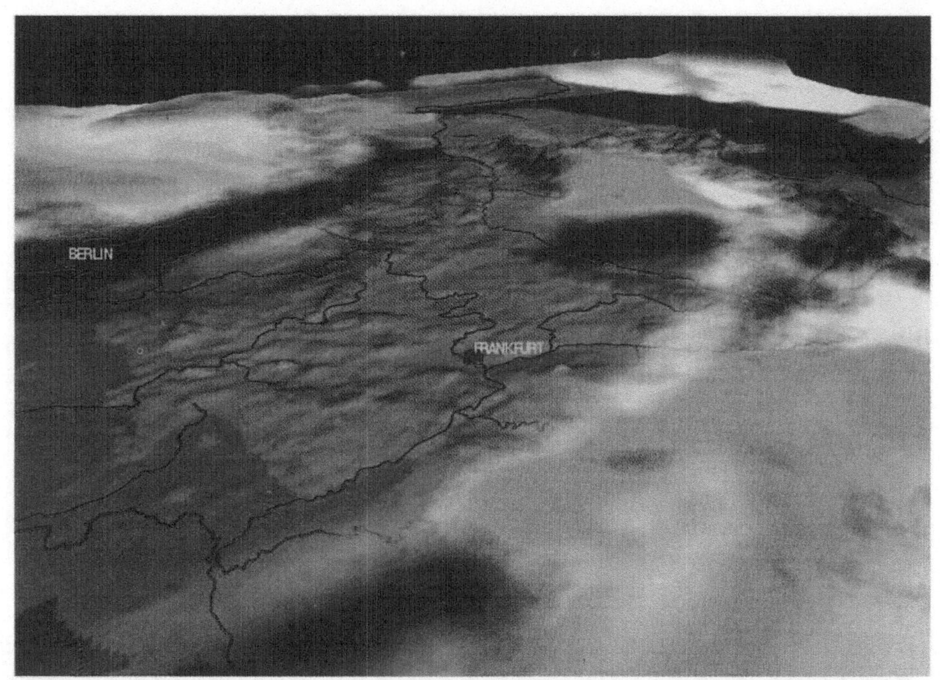

Abb. 98. (oben): Mit TriVis visualisierte DM-Daten (vgl. S. 216)

Abb. 100. (unten): Druck und hohe Windgeschwindigkeiten in 2D mit RASSIN visualisiert (vgl. S. 218)

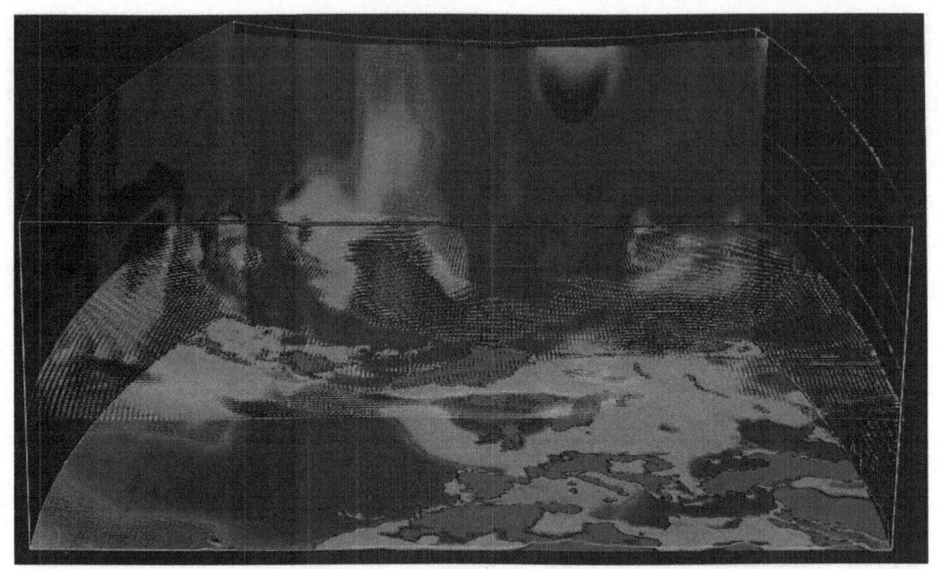

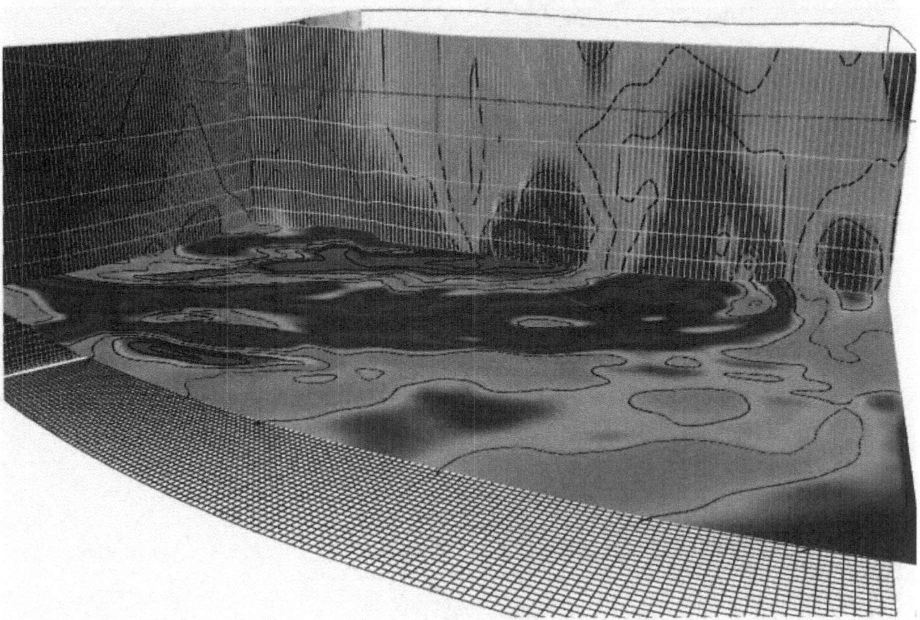

Abb. 99: Mit RASSIN für Experten visualisierte Datensätze (vgl. S. 218)

Beiträge zur Graphischen Datenverarbeitung

J. L. Encarnação (Hrsg.): Aktuelle Themen der Graphischen Datenverarbeitung. IX, 361 Seiten, 84 Abbildungen, 1986

G. Mazzola, D. Krömker, G. R. Hofmann: Rasterbild - Bildraster. Anwendung der Graphischen Datenverarbeitung zur geometrischen Analyse eines Meisterwerks der Renaissance: Raffaels „Schule von Athen". XV, 80 Seiten, 60 Abbildungen, 1987

W. Hübner, G. Lux-Mülders, M. Muth: THESEUS. Die Benutzungsoberfläche der UNIBASE-Softwareentwicklungsumgebung. X, 391 Seiten, 28 Abbildungen, 1987

M. H. Ungerer (Hrsg.): CAD-Schnittstellen und Datentransferformate im Elektronik-Bereich. VII, 120 Seiten, 77 Abbildungen, 1987

H. R. Weber (Hrsg.): CAD-Datenaustausch und -Datenverwaltung. Schnittstellen in Architektur, Bauwesen und Maschinenbau. VII, 232 Seiten, 112 Abbildungen, 1988

J. Encarnação, H. Kuhlmann (Hrsg.): Graphik in Industrie und Technik. XVI, 361 Seiten, 195 Abbildungen, 1989

D. Krömker, H. Steusloff, H.-P. Subel (Hrsg.): PRODIA und PRODAT. Dialog- und Datenbankschnittstellen für Systementwurfswerkzeuge. XII, 426 Seiten, 45 Abbildungen, 1989

J. L. Encarnação, P. C. Lockemann, U. Rembold (Hrsg.): AUDIUS Außendienstunterstützungssystem. Anforderungen, Konzepte und Lösungsvorschläge. XII, 440 Seiten, 165 Abbildungen, 1990

J. L. Encarnação, J. Hoschek, J. Rix (Hrsg.): Geometrische Verfahren der Graphischen Datenverarbeitung. VIII, 362 Seiten, 195 Abbildungen, 1990

W. Hübner: Entwurf Graphischer Benutzerschnittstellen. Ein objektorientiertes Interaktionsmodell zur Spezifikation graphischer Dialoge.IX, 324 Seiten, 129 Abbildungen, 1990

B. Alheit, M. Göbel, M. Mehl, R. Ziegler: CGI und CGM. Graphische Standards für die Praxis. X, 192 Seiten, 44 Abbildungen, 1991

M. Frühauf, M. Göbel (Hrsg.): Visualisierung von Volumendaten. X, 178 Seiten, 107 Abbildungen, 1991

D. Krömker: Visualisierungssysteme. X, 221 Seiten, 54 Abbildungen, 1992

G. R. Hofmann: Naturalismus in der Computergrahik. VIII, 136 Seiten, 78 Abbildungen, 1992

J. L. Encarnação, H.-O. Peitgen, G. Sakas, G. Englert (Eds.): Fractal Geometry and Computer Graphics. XI, 254 Seiten, 172 Abbildungen, 1992

Beiträge zur Graphischen Datenverarbeitung

K. Klement: Präsentation mit STEP. Schnittstellen zwischen Computer-Graphik und CAD/CIM. IX, 168 Seiten, 50 Abbildungen, 1992

M. Göbel, J. C. Teixeira (Eds.): Graphics Modeling and Visualization in Science and Technology. XII, 263 Seiten, 137 Abbildungen, 1993

G. Sakas: Fraktale Wolken, virtuelle Flammen. XII, 242 Seiten, 138 Abbildungen, 1993

G. R. Hofmann (Hrsg.): Imaging: Bildverarbeitung und Bildkommunikation. XII, 356 Seiten, 141 Abbildungen, 1993

W. Felger: Innovative Interaktionstechniken in der Visualisierung. X, 175 Seiten, 89 Abbildungen, 1995

U. Dietrich, B. Kehrer, G. Vatterrott (Hrsg.): CA-Integration in Theorie und Praxis. IX, 337 Seiten, 153 Abbildungen, 1995

J. Teixeira, J. Rix (Eds.): Modelling and Graphics in Science and Technology. XVI, 278 Seiten, 141 Abbildungen, 1996

F. Schröder: Visualisierung meteorologischer Daten. XI, 240 Seiten, 107 Abbildungen, 1997